国家出版基金项目
NATIONAL PUBLICATION FOUNDATION

中華美學全史

第一卷

陈望衡 著

人民出版社

责任编辑：洪　琼
封面设计：林芝玉
版式设计：顾杰珍

图书在版编目（CIP）数据

中华美学全史：第1—10卷 / 陈望衡著 .-- 北京 ：人民出版社，2025. 6. -- ISBN 978 - 7 - 01 - 027398 - 3

Ⅰ . B83 - 092

中国国家版本馆 CIP 数据核字第 202560BX77 号

中华美学全史
ZHONGHUA MEIXUE QUANSHI
（第一——十卷）

陈望衡　著

人民出版社 出版发行
（100706　北京市东城区隆福寺街 99 号）

北京中科印刷有限公司印刷　新华书店经销

2025 年 6 月第 1 版　2025 年 6 月北京第 1 次印刷
开本：710 毫米 ×1000 毫米 1/16　印张：248.5
字数：4000 千字

ISBN 978 - 7 - 01 - 027398 - 3　定价：1698.00 元（全十卷）

邮购地址 100706　北京市东城区隆福寺街 99 号
人民东方图书销售中心　电话（010）65250042　65289539

序

陈 望 衡

　　中国美学史受到重视，还是 20 世纪 70 年代末的事。这个时候，以李泽厚为代表的一批学者开始对中国美学史做系统的整理与研究。笔者进入这个领域，比他们要晚十年。1998 年，笔者在湖南教育出版社出版了《中国古典美学史》。此书出版后，我做过两次修订和增订，分别形成了武大版的《中国古典美学史》（三卷本）和江苏版的《中国古典美学史》（两卷本）。此次修订、扩写，字数、内容有很大扩展，字数由初版本的近 100 万字，增加到近 400 万字。更重要的是，笔者在诸多问题上有了新的认识。此次扩写，我将汉族美学视野扩大为中华民族美学的视野，书名相应地更名为《中华美学全史》。中华概念不仅包括中国，也包括中华民族。我对中华美学史的体系也做了新的思考。笔者著《中国古典美学史》时，曾拎出一个框架，这就是该书"绪论"所说的中国古典美学体系：以"意象"为基本范畴的审美本体论系统；以"味"为核心范畴的审美体验论系统；以"妙"为主要范畴的审美品评论系统；真善美相统一的艺术创作理论系统。现在看来这一体系还是有些问题的，因为这一体系主要是艺术美学体系，写作《中华美学全史》时，我将此体系更名为"艺术美学体系"，至于其他部门美学体系和中华美学总体系，见之于本书"总论"中的第一章至第四章。在这个序中，我将中华美学的性质及内在逻辑做一个总体的概括。

一、中华美学的民族性

李济在他的名著《中国民族的形成》中说，现代中国人是多种民族组成的。这些民族共同生活在以如今的中国为核心广袤大地上，它们之间或因战争，或因移民，最终融会成一个大民族——中华民族。

生活在中国大地上的诸多民族我们统称为中华民族，之所以能统称为中华民族，不仅是因为这诸民族生活在共同的土地上，从史前开始就有交往，有通婚，而且因为它们的始祖认定从多元趋向交迭，其中认可程度最高的为炎帝和黄帝。

炎黄是不是中华民族真实的始祖呢？这就要看对始祖概念的理解了。始祖有两种含义：一是血缘始祖，二是文化始祖。将中华民族的血缘始祖追溯到炎帝与黄帝，在科学上是很难认定的。炎帝与黄帝的事迹有文献记载，但目前尚无考古发现证明他们确实存在。即便远古实有炎帝黄帝其人其族存在过，但在炎帝黄帝时期，生活在中国大地上的人类彼此之间是存在有婚姻关系的，民族血统不可能纯正。《国语·晋语四》说："昔少典取于有蟜氏，生黄帝、炎帝。"① 炎帝为姜姓，黄帝为姬姓。"姬姜两姓的族系渊源，是不是就上溯到生出炎、黄的少典、有蟜两族为止了呢？其实还不是。少典、有蟜两姓的族系渊源还可追溯得更远，那就是古代的氐、羌族。"② 中国古代文献中，有一单称"氐羌"的氏族，刘起釪先生说，那是羌族中一支的专名。"羌"则是各种羌族的总名。后来，"氐羌"发展成一大部族，则就单称"氐"。③ 这样说来，炎帝族、黄帝族有氐、羌族的血统。夏朝实际的开国之君大禹，史说他为黄帝之后，但他有羌人血统。《史记·六国年表》云："禹兴于西羌。"故《潜夫论·五德志》称禹为"戎禹"④。

---

① 邬国义等：《国语译注》，上海古籍出版社 1994 年版，第 310 页。

② 刘起釪：《古史续辩》，中国社会科学出版社 1991 年版，第 172 页。

③ 参见刘起釪：《古史续辩》，中国社会科学出版社 1991 年版，第 172 页。

④ 王符：《潜夫论》，见《诸子集成》八，上海书店 1986 年版，第 165 页。

《山海经》中说犬戎是黄帝之后①，又说黄帝之孙"颛顼生驩头，驩头生苗民"②。按《汉书·匈奴传》的说法，给汉朝造成极大威胁的游牧民族——匈奴"其先夏后氏（禹）之苗裔"。宋朝时，在中国北方建立政权的辽为匈奴一支，如此说来，辽也是"夏后氏之苗裔"了。

魏晋南北朝时期一度统一中国北方的鲜卑人建立的魏（北魏）也被史书认为是黄帝之后，北齐魏收著的《魏书·序纪第一》这样说：

> 黄帝以土德王，北俗谓土为跋，故为氏。其裔始均，入仕尧世，逐女魃于弱水之北，民赖其勤，帝舜嘉之，命为田祖。爰历三代，以及秦汉，獯鬻、猃狁、山戎、匈奴之属，累代残暴，作害中州，而始均之裔，不交南夏，是以载籍无闻焉。

按此说法，鲜卑拓跋氏与黄帝具有血缘关系，他的祖先始均是黄帝的后裔，始均在尧的时代做过官。帝舜时代受到过舜的嘉奖，受封为田祖。与獯鬻、猃狁、山戎、匈奴这些蛮夷不同，鲜卑拓跋氏不为害中原，因此，他默默无闻，没能载诸史册。这话当然不可信，但至少说明鲜卑拓跋氏是认祖于黄帝的。

现在我们说炎帝和黄帝是我们的始祖，不是取血缘始祖这重意义而是取文化始祖这重意义，所谓文化始祖，指传说中的炎帝黄帝所体现出来的精神是我们的文化之祖。炎黄作为文化始祖其文化指什么，目前也没有公认的说法，多将产生于周朝的儒、道、墨、阴阳诸家文化归属于炎黄文化。

汉民族作为儒、道、墨、阴阳诸家文化的创造者，认同炎黄文化是自然的，生活在中国大地上的诸少数民族为什么要认同炎黄始祖呢？一是以农耕为本的炎黄文化确实较少数民族的游猎文化先进。二是为了获得入主中原建立国家政权的合法性。中原地带一直是汉民族国家所在地，它们已经将自己国家的正统性定在尊奉炎黄始祖上了。异民族入主中原要建立国家政权不能不将自己的始祖定在炎黄上，因为只有这样才具有中原建国的文

---

① 参见袁珂：《山海经校译》，上海古籍出版社 1985 年版，第 287 页。

② 袁珂：《山海经校译》，上海古籍出版社 1985 年版，第 287 页。

化根据。不能否认这其中的思想有真诚性的一面,但也有功利性的一面。但是当这种始祖认定写入历史,就具有典则性、神圣性,逐渐地融入族人的精神血液,成为族人的精神信仰。在这个过程中,本民族的文化也加入了中华文化的创造。

虽然早在史前"中华民族"就成雏形,但"中华民族"作为概念提出是20世纪初的事。梁启超在《论中国学术思想之变迁大势》一文中首次提出"中华民族"这一概念。其后,在《历史上的中国民族之观察》中,他分析了中华民族的多元性与混合性,这样,中华民族就成为生活在中华大地上的共尊中华文化的所有民族的共称。

以中华民族的视角来看中华美学史的发展历程,研究的视域扩大了。

第一,史前可以写入。史前有部族联盟,但没有国,生活在中华大地上的诸部族后来以各种不同的方式、在不同的时期,百川入海般地汇入中华民族。史前没有文字,当然也没有理论,但有诸多的可以认作艺术的作品,如陶器、玉器等。从这些作品中,可以感受史前人类的思想和情感,可以分析他们部族的生活方式、礼仪制度。这其中就有美学的胚胎。如果仅因为史前没有文字而将如此宝贵的东西舍弃,那就太可惜了。在"中华美学"的名义下,将其纳入其内,应该是说得过去的。

从史前文化研究,笔者发现,审美是人类的原意识,蕴藏着人类诸多意识的种子。人类的早期的礼制意识、宗教意识均孕育于审美之中,不是礼制,也不是宗教孕育出审美,而是审美孕育了礼制与宗教。

第二,中华文化主题突出了。生活在中华大地上的中国人,有很多民族,不只是汉族,但以汉族文化最高。5000年来的历史证明,无论是汉民族主持国家政权,还是少数民族主持国家政权,作为国家统治思想的意识形态,都是汉民族创立的儒家文化。

汉族文化不是封闭的,而是开放的。一方面,汉族文化影响着其他民族;另一方面,其他民族也影响着汉族文化。如果说,在史前,华夏还只是汉族、汉族国家的专名,那么,自夏朝开始,华夏就逐渐成为中华民族、中华文化、以中华文化立国的政权的共名。

第三,夷夏关系是中华美学史的重要内容。夷夏关系本质是文化关系,它包括别与合。夷夏之别是孔子提出的观点。孔子讲"夷夏之别"。这个别主要不在族性上,而在文化上。凡是认同周礼的,就是夏,反之就是夷。春秋时期,一些诸侯国的夏夷性质是不确定的。楚原本为夷,接受周礼后就成了夏。夷夏关系主体不是夷夏之别,而是夷夏之合,合是相互学习吸收,但主流是夏化即汉化。这个过程曲折而漫长,充满着矛盾冲突,最后取得了极大的成功,强大统一的中华民族由此诞生。中华美学作为中华民族形成史的一个组成部分,夷夏关系是其中重要内容。夷夏之合唐朝最为突出。唐朝的开放国策不仅让中华民族实现了空前的大融合,而且让中华美学呈现出从来没有过的灿烂辉煌。

第四,作为第一个非汉民族统治的中华帝国——元,在中华美学史上的地位值得高度重视。元之前中国大地上多个非汉人的统治政权如辽、西夏、金在美学上均有骄人的成绩,在元一统中国后,宋、辽、西夏、金的美学一并进入了元帝国。元统治者为蒙古族,草原文化因蒙古族入主中原而融入中华文化之中,它以强悍的野性为中华美学灌注了新的活力,也就在元朝,西藏正式归入中华版图,藏传佛教由此进入内地,对于已经成为中华美学重要部分的佛教美学产生强大的影响。元文化为清文化奠定了基础,全方位地影响着清朝美学的建构,这些均是中华美学史研究要予以重要关注的。

在本书中,中国美学、中华美学、华夏美学,一般是可以置换的,不同地方用不同称谓,只是为了某种论述的方便,以及让所要强调的某种思想得以凸显。

二、中华美学的国家性

中华美学虽然是中华民族的美学,也是中国的美学,它们拥有共同的名字:中、华、夏以及用中、华、夏三字组成的中华、华夏。事实上,中华民族与中国具有叠合性。凡中华民族立的国均为中国,而组成中国的民族均是中华民族。

夏是中国建立的第一个国家政权，夏人即中国人。"华"本义是花，引申为光、盛、艳、美等。也用来表达中国、中国人。《文选·颜延之阳给事诔》："以缉华裔之众"。刘良注："华，谓中国也。"《文选·曹植七启》："华夏称雄"。张铣注："华夏，中国也。"①

"中国"这一概念首先在西周的何尊的铭文中出现，其使用是多义的，主要有：国中义，九州义，京师义，国都义，中原义，礼义之国义。另外还有中华民族所建国义，《史记》所载帝尧所建的那个国就是中国。②周王朝自称地处世界中央，故称之为中国。中，其实不只是方位的概念，也是一个哲学、伦理、美学的概念。它具有诸多美好的意义。《春秋繁露·循天之道》云："中，天地之美达理也，圣人之所保守也。"《中庸》将"中"与"和"联缀起来，云："中也者，天下之大本也；和也者，天下之达道也。致中和，天地位焉，万物育焉。"③中华民族将自己创建的国称为中国，意味着中国乃文明之国、和平之国、核心之国、领导之国。

中华美学不仅具有鲜明的民族性，而且还具有强烈的国家性。可以说，国家性已经成为中华美学的一大特征。

（一）美学与国家治理

中国进入文明时代的最早王朝是夏、商、周三个朝代，三个朝代中，就文献记载来看，周朝的贡献是最大的，也是最重要的。西周初年，以周公旦为首的一批学者已经构建了一个完整的国家意识形态以及上层建筑的体系，这个体系的核心是礼与乐。

礼乐治国的总体原则，主要落实为国家制度、行为规范。乐在周朝时是以音乐为主体的文学艺术的总称。它们共同承担着治国的重任，成为治国的主要手段。

礼的性质主要在政治上，也具有一定的审美性。礼的审美性主要体现

---

① 参见拙文：《中华美学之魂——为中华美学释名》，《人民日报》2016年12月19日。

② 《史记·五帝本纪》云："尧崩，三年之丧毕……舜曰天也夫！后之中国践天子位焉，是为帝舜。"

③ 朱熹：《四书集注》，岳麓书社1985年版，第30页。

在礼的形式上。礼离不开仪，仪就是形式。乐的性质主要在审美上，虽然乐以审美为本质，但它不可以离开礼的统属与指导，因此具有政治性。

礼与乐各自的作用以及它们的关系在周朝的三部著作《周礼》《仪礼》《礼记》中有充分的阐述。关于礼与乐的关系，《礼记》是这样说的：

> 乐者为同，礼者为异。同则相亲，异则相敬。……礼义立，则贵贱等矣。乐文同则上下和矣。①

所谓"乐者为同"，这"同"指情感上的相同并相通。虽然人的地位身份不同，但情感是可以相同及相通的。乐强化人性中本有的这种情感的相同性和相通性，以美好的艺术来安抚人们心中的不平，转移或淡化心中的不良情绪，以缓和人与人之间因阶级不同所带来的矛盾性、冲突性，求得人与人之间的和谐相处。所谓"礼者为异"，强调礼的性质主要是辨清人的社会等级。处于不同等级的人均有自己的责任与待遇。划清责任与待遇，于下层人士来说，不至于犯上作乱；于上层人士来说，能够按规定约束自己的行为和享受。

《礼记》说："礼节民心，乐和民声。"② 针对的都是民——国民。节具有约束性，用什么来节，用礼来节，礼即是理；和具有审美性，和的虽然是声，但声与情相连，因此本质上和的是情。人性中有理有情，理要心服，情要心和，在礼与乐的共同作用下，理明情和，社会秩序稳定了。

礼乐两种方式均用于治国，前者以法律与道德为手段，体现为以法治国、以德治国；后者以艺术与审美为手段，体现为以艺治国、以美治国。两者的统一见出善与美的统一。周朝的礼乐说既属于政治学，也属于美学，都用之于治国，因此，周朝以礼乐为代表的美学俨然就是国家美学。

(二) 美学与人才培养

以人性为本来看美学，审美的确立是人成为人的标志之一。

对于人生的意义，《礼记·大学》中有着最简明的概括：这就是：

---

① 王文锦：《礼记译解》下册，中华书局 2001 年版，第 530 页。
② 王文锦：《礼记译解》下册，中华书局 2001 年版，第 530 页。

古之欲明明德于天下者先治其国，欲治其国者先齐其家，欲齐其家者先修其身，欲修其身者先正其心，欲正其心者先诚其意，欲诚其意者先致其知，致知在格物，物格而后知至，知至而意诚，意诚而后心正，心正而后身修，身修而后家齐，家齐而后国治，国治而后天下平。

这段文章主要讲人才培养。人才培养有很多层次，最高目标是培养"治国平天下"之才。

文章中说"国治而后天下平"，将"平天下"看作人生的最高境界。"天下"在古代有两义：一是国，二是世界。文章强调"国治而后天下平"，实际上将治国看得更重要。"平天下"主要指一种情怀——天下情怀。

"治国平天下"虽然是人生最高意义，然而它的起始却是修性。修性关涉到美学。孔子说："兴于诗，立于礼，成于乐。"① 诗、礼、乐是当时最重要的三种修性方式。诗的作用主要是"兴"，兴指情的兴发；礼的作用主要为"立"，立指德的建立；乐的用主要为"成"，成指人格的成就。诗、礼、乐三者均有审美的意义，但审美的品位不同。礼中含有审美义，但主要不是审美，而是立德；诗与乐虽然有立德义，但主要是审美。诗乐两者，乐高于诗。

先秦早期诗包含在乐之中，但一直具有一定的独立性，到东周诗的独立性突出了，其地位与乐相当。孔子的"兴""立""成"说，充分说明在周朝以修性为主要使命的审美活动已经是造就治国平天下人才的重要手段。

在国家美学的建构上，中国的第三个王朝——周朝起到了奠基的作用。周朝的《周礼》《仪礼》《礼记》三书既是国家意识形态的构建，也是国家美学的构建。

在国家美学的构建上，儒家无疑起到了旗手的作用。《周礼》《仪礼》《礼记》三部著作均是儒家的经典。先秦儒家代表人物孔子、孟子、荀子不是统治者，然而他们是国家意识形态的制定者。

---

① 《论语·泰伯》。

如果说在先秦,儒家只是为美学登上国家意识形态地位做了理论上的准备,那么到汉代的汉武帝时代,儒家文化包括它的美学就实实在在地登上了国家意识形态的地位。《毛诗序》对诗的"六艺",从治国的维度做了新的解释。其中特别重要的是对"风""雅""颂"的解释。《毛诗序》说风:"上以风化下,下以风刺上。"这"上"指国家统治者,它的使命是教化百姓;"下"指百姓,它们的使命是向统治者提建议。"雅"是"风"的扩大版:"是以一国之事,系一人之本,谓之风;言天下之事,形四方之风谓之雅。"雅的本质是行政:"雅者,正也,言王政之所由废兴也。"至于颂,它的功能就是对统治者的歌颂:"颂者,美盛德之形容以其成功告于神明者也。"以颂告于神明,为统治者,也为人民,为国家的长治久安!

先秦是一个学术思想百家争鸣的时代,不独有儒家学说,还有道家、墨家、法家、阴阳家、名家、兵家等诸学派,各学派观点不同,但有一点是共同的,就是都关注着国家民族的命运。这其中,墨家、法家、兵家是鲜明的,它们就是在建立一种国家哲学。道家、阴阳家有些隐晦,但其实他们的哲学持的还是国家立场,事实上,道家学说、阴阳家学说也一直用于治国。这里,要特别说一下道家美学的国家性质。汉代初期以黄老之学治国,黄指黄帝,老即道家创始人老子。黄老之学托黄帝之名,其学的实质还是道家。道家哲学崇尚无为,与之相应,在美学上尚恬淡。无为本质为自然,故无为常与自然相联系,称"自然无为"。老子讲无为时联系到治国,主张对百姓宽厚,让百姓得以生存。其恬淡,一是对统治者说的,要他们朴素节俭,珍惜民脂民膏;二是对百姓说的,要他们尽可能地降低生活欲求,不要起来造反。道家哲学主阴柔。老子的阴柔哲学内藏玄机,玄机一是仁民,要厚德载物;二是守柔,以退为进,以柔克刚。前者与儒家相融汇,后者发展出中国特有的兵家文化包括兵家美学。道家哲学及其美学表面上似是养生之道,实也是治国安邦之道。

三、中华美学的文化骨架

儒道释是中华文化的理论骨架。三大文化中,儒家文化是核心;道家文化是辅翼。儒道互补，儒道互渗，儒道融合，两者结合构成中华文化的主体。释家文化本为外来文化，但自进入中国后，为中华文化所接纳、所融合，一方面自身性质发生变化，与母体的印度文化有了本质上的区别；另一方面由于它的加入，中华文化也发生了一些变化。

（一）儒家美学

儒道释三位一体所构成的中华美学，在儒家方面主要为礼乐美学。关于这一问题，上节有所论述。这里补充一下儒家的形式审美观。儒家形式审美观主要来自周朝"三礼"之一的《仪礼》。礼的诸多仪式实为程式。《仪礼》关于诸多礼仪的描述，让人感觉到，礼就像是艺术表演。《仪礼》可以说是中华美学形式审美程式化的滥觞。

中国人的审美比较注重形式，形式大都为程式。它有两个方面的表现：一是表现在生活中，中国人日常生活讲究礼节。礼节既是伦理规定，又是审美范式，其内容与形式本应该统一，但实际上往往形式大于内容，以至脱离内容。之所以会这样，是因为作为礼节的形式是程式化的。作为礼的程式，它一点也不能马虎，要到位。二是表现在艺术中，受《仪礼》的影响，艺术形式走向程式化。本来，艺术形式具有程式性，程式意味着规范。艺术形式是要讲究规范的，但讲究过分，形式大于内容，程式性就成为程式化。中华美学重要特性之一是重一般性、普遍性、类型性，比较地忽略个别性、特殊性，这与程式化审美有莫大的关系。

儒家不忽视艺术的审美功能，但更重视艺术的社会功能，从中国美学史来看，艺术的审美功能没有得到足够的注重，不会引起社会重视，而如果艺术的社会功能削弱或者变质，就必定有人出来大声疾呼了。唐代美学史之所以要为陈子昂留下地位，就是因为他"崛起江汉，虎视华夏"，勇敢地站出来批判齐梁文风"彩丽竞繁，而兴寄都绝"。其实，他所处的盛唐，"彩丽竞繁，而兴寄都绝"这种现象并不严重，而他"常恐逶迤颓靡，风雅不作，以耿耿也"。

一般来说，先秦儒家对于艺术审美与致善两个方面功能的兼顾还是做得比较到位的。孔子说诗的功能为"兴""观""群""怨"，这四者中既有美又有善,除了"群"这一功能审美性弱一些外,其他三项功能中善与美都做到了完美的统一。荀子说:"乐行而志清,礼修而行成,耳目聪明,血气和平,移风易俗,天下皆宁,美善相乐。"①将审美与行善的关系理解为"相乐",此说甚佳。到汉代,经学家们谈艺术,降低审美功能,突出致善功能,而且突出得特别过分,如《毛诗序》。它说"正得失,动天地,感鬼神,莫近于诗。先王以是经夫妇,成孝敬,厚人伦,美教化,移风俗",这《诗》的功能就太政治化,也太高太大了。虽然儒家知识分子在这一问题上看法也不完全一致,但总起来看,儒家美学中,社会学、伦理学、政治学占的分量过重,因此通常儒家美学被看作是社会美学。

(二)道家美学

道家文化核心概念是"道"。老子说:"人法地,地法天,天法道,道法自然。"②"道法自然"哲学产生出两种美学:一种是尚真美学,将美与真联系起来,真为天然、本初、本心。李白诗云"清水出芙蓉,天然出雕饰"③,崇尚的就是这种美。另一种是山水美学。魏晋南北朝一批诗人因为爱好风景,将道家的"自然"概念具象化,落实为"山水",于是作为道之本的"自然"就成为美之体的"山水"。

两种美学前者更多地源于老子的哲学,后者更多地源于庄子的哲学,统称为自然美学。道家的自然美学以真为本,儒家的社会美学以善为本,两者对立但不冲突,构成互补,成为中华美学的主体。欧阳修说知识分子有两种快乐:富贵者之乐与山水之乐。富贵者之乐,乐的是礼乐,为儒家美学;山水之乐,乐的是山水,为道家美学。

儒道两种审美观于艺术的影响不一样。儒家礼乐美学更多地影响诗;道家的自然美学更多地影响画。于是,诗更多地讲究"言志",重在入世,体现出浓重的家国情怀;而画更多地讲究"味道",重在出世,体现出深刻的山水情怀。家国情怀与山水情怀统一,上升为天地情怀。

---

① 《荀子·乐论》。
② 《老子·二十五章》。
③ 李白:《经乱离后天恩流放夜郎忆旧游书怀赠江夏太守良宰》。

儒道两家自汉始一直在融汇着,在魏、晋产生了玄学,其主体方向为引儒入道,道占了上风。在美学上导致山水画、山水诗的产生。在宋、明产生了理学,其主体方向为引道入儒。在美学上导致诗与画的相互渗透,讲究"诗中有画,画中有诗",诗与画的品位因此都提高了。影响深远,导致中国艺术的成熟,也导致了中国美学的成熟。

(三) 释家美学

释家作为中华文化三形态之一,它的地位,并不能做到与儒道两家三足鼎立。从某种意义上说,它更多的是儒道两种文化的内化,归化,升华。儒家讲究修德,道家讲究悟道,均有求于内的意义,但它们的人生追求是外向性的,儒家文化面向社会,力图改造社会;道家文化面向自然,同样力图改造社会,两者都是外向性文化。释家文化则完全是内向性文化。

释家哲学是典型的心性哲学,它将宇宙的全部秘密,将人生的最高追求完全归之于修心。属于大乘经典的《维摩诘所说经》主张"心净则佛土净"。何为心净,心净也是清净。《金刚经》说:"诸菩萨摩诃萨应如是生清净心。"[1]清净即虚空。《华严经》云:"如来心意识,譬如虚空,为一切物所依,而虚空无所依。"[2]

释家哲学的内卷倾向,以佛国为精神皈依。佛国在哪里,在心里。佛国在佛教经典中常表述为"境"。境似是外在的,有形象可感;但实质为内在的,有意味可品。因此,境实为心境。《俱合诵疏》云:"心之所游履攀援者,故称为境。"近代梁启超说:"境者心造也。"[3]"天下岂有物境哉,但有心境而已。"[4]

佛教经典有关"境"的种种论述,对审美产生重大的影响。唐朝诗僧皎然将诗的艺术意象称为"境象"。皎然认为,有了境则"风律外彰,体德内

---

① 《金刚经》。

② 《华严经》。

③ 金雅编:《中国现代美学名家文丛·梁启超卷》,中国文联出版社 2017 年版,第 59 页。

④ 金雅编:《中国现代美学名家文丛·梁启超卷》,中国文联出版社 2017 年版,第 59 页。

蕴，如车之有毂，众美归焉"①，明确地将"境"与"美"联系起来。唐朝诗人刘禹锡标举造境思维的超逸性，云"境生于象外"②。此后有关诗境、画境、乐境的言论越来越多，晚清至民国初学者王国维将佛教概念的"境"与"界"两个概念整合在一起，创"境界"概念，并对境界理论做了深入的阐释，结论是："沧浪所谓兴趣，阮亭所谓神韵，犹不过道其面目，不若鄙人拈出'境界'二字为探其本也。"③"境界"遂成为中华古典美学最高范畴、本体性概念。中华美学特有的艺术审美理论至此方为成熟与完备。

释家在中国美学中所发生的一切作用，都建立在儒家的礼乐美学与道家的自然美学的基础之上，释家的贡献是将这两种美学均归之于心，显之于境。没有佛教的"境"说，就没有中国审美特有的空灵、特有的蕴藉、特有超逸、特有的韵味。正如酿酒，儒家、道家将高粱煮成香喷喷的饭，而释家将它酿成特别美味的酒。

儒道释三家文化协同构建了中华美学的骨架。这个骨架有这样三个重要特点：

第一，以人格培育为中心。文化以立人为中心，世界各文化无不如此。如果要说中华文化在这方面有什么特点的话，中华文化可能最为看重的是人格。在中华美学看来，审美的意义主要在人格的建立。审美既有底线，又有上线，底线基于人性，上线基于人品。儒道释三家在人格的建构上各自发挥独特的作用。

第二，以真善统一、兴理统一、情景统一为骨架。真善统一是审美的基础。兴志统一侧重于审美主体心理诸因素的统一。兴兼有感性与情性，志则为理念。情景统一侧重于审美结晶——审美意象的构成，它是情与景的统一，情来自主体，景来自客体。

第三，以"乐天知命"为境界。人的精神境界的构建离不开对天的认识、对人的认识。中国传统文化认为，人对天的认识有四个层次：知、顺、尊、乐。

---

① 皎然：《诗式》。

② 刘禹锡：《董氏武陵集纪》。

③ 王国维：《人间词话》。

"天有常道"①,必须知之。只有知天,才能顺天。怎样才能做到知天、顺天,必须尊天。没有对于天的敬畏,就不能做到知天、顺天。知天、顺天、尊天的必然结果为"乐天"。对人的认识最重要的是认命。命,在中国哲学中具有一定的神秘性,但基本意义是清楚的,指人自身的性质与条件即本性,这是人之本,《老子》称之为命,说"莫之命而常自然"②。"命"也就是"常自然"。"乐天知命"是人生的最高境界,也是最高的美。乐天知命的命题虽然是儒家提出来的,但其他学派均接受,因此,它是中华民族共同的理念。

中华美学的整合在宋、明基本上完成,清代前、中期主要是对这种美学形态进行总结,而到清代晚期,由于资本主义国家的侵略,国门大开,中国进入近代,中国古典美学因为不适应新的时代而告终结。

四、中华美学的审美本体

中华美学的审美本体有二:自然与文明。分别主要来自道家哲学与儒家哲学。两派哲学对于审美本体的不同认识,体现出它们对于美的本质的不同认识:

(一)自然本体

这是道家美学的基本立场。以自然为审美本体,意味着美在自然,关于美在自然,在道家哲学中有两种相通然而不同的理解:

1.老子的理解:美在自然(自然而然)

老子哲学中的宇宙本体是自然,作为人类生存最高原则的道为"法自然"。自然是什么,自然不是自然物,而是自然而然这样一种性质。这样一种性质是真的根本,也是善与美的根本。

老子哲学中谈到美。他说的美有两种:

一种美与人的感性享受相联系。他对于这种美不是无原则的肯定。《老子》一书中见出他对这种美的否定:"五色令人目盲,五音令人耳聋,五味令

---

① 《荀子·天论》。
② 《老子·第五十一章》。

人口爽"①。有人因此认为老子否定人的感性需求,其实这是误解,老子并不否定人的感性需求,它只是否定过度的感性享受。过度的感性享受如"五色""五音""五味"等之所以要否定,是因为过度的感性享受会伤害人的自然。人的自然即人的生存与适度发展,切合这种需要的感性享受,那是要肯定的,过度要否定,没有达标也要否定。

另一种美与人的理性享受相联系。理性的功能在于它能认识到事物的本质——无。老子认为事物有两种方式存在:一种是有,另一种为无。有显现为外在,无隐藏在内在。前者人凭感官就可以认识得到,而后者只有理性才能认识得到。两种认识,两种体会,两种收获:老子说:"常无,欲以观其妙;常有,欲以观其徼。"② 经常持认识事物内在本质的立场去认识物,就会发现物是无——无限的,无可把握的,那种体会是"妙"——奇特的、美妙的、无限的。经常持认识事物外在形象的立场去认识物,发现物是有——有限的、可把控的,那种体会是"徼"——明白的、清晰的、有边界的。

虽然有与无总是统一的,但本质在无。因此,美的本质不在有,而在无。在无就是在自然,在妙。

老子在中国美学史重要地位,在于他将自史前以来的审美重感性推进到审美重理性的阶段。无比有重要,故妙比美重要。无在内容,有在形式,内容比形式重要。内容有实也有虚,有有限也有无限,虚比实重要,无限比有限重要。

2. 庄子的理解:美在天地(自然界)

庄子与老子同为道家创始人,庄子不否定老子的自然观念,但他所理解的自然有两义:自然而然、自然界。美的本质固然为自然而然,但自然而然存在于自然(界)中,故可以说美就在自然(界)中。在《庄子》一书中,自然界用"天地"来表达。庄子说:"天地有大美而不言"③。

---

① 《老子·第十二章》。
② 《老子·第一章》。
③ 《庄子·知北游》。

显然，庄子哲学对于老子哲学有修正义。按老子的观点，以有的观点观看世界，看到的只是一个个有边界的自然物，是没有美可言的。而庄子认为观一个个有边界的自然物未必不能体悟到美，问题是不能只是观，还要"原"。他说"圣人原天地之美而达万物之理"①。原，为推原，由现实到本质，由形式到内容，由有限到无限，由实到虚，由有到无，这个过程就是从感性认识到理性认识。庄子的观点与老子是相通的，只是老子是顿悟，不需要一个过程，直击本质，而庄子是渐悟，需要一个推原的过程，方达本质。

（二）文明本体

这是儒家的立场。以文明为审美本体，意味着美的本质在文明。"文明"这一概念最早出现在儒家经典《周易·贲卦》之中。贲卦是一个讲装饰的卦。贲，本义为饰。儒家将贲卦的本义——饰拓展为"文明"。《周易·贲卦·象传》云："贲，亨。柔来而文刚，故亨。分刚上而文柔，故小利有攸往，天文也。文明以止，人文也。观乎天文以察时变，观乎人文以化成天下。"这段文字中有文、人文、天文、文明四个概念。文本义为纹，即花纹，拓展为美好的形式。文，有两种：人文，天文。人文为人类社会各种事物的美好形式，天文为自然界的美好的形式。

形式不能离开内容。美好的内容与美好的形式的统一即为文明，后来也简化为文，说到文时，不只是指形式，也包括内容，故文在许多情况下也就是文明。

文明现在被理解为人类的创造，按《周易·贲卦》的看法，有自然文明，也有人类文明。

贲卦上卦为艮，艮为山；下卦为离，离为太阳。上下卦结合起来，所建构的形象有多种解释，其一是太阳出山；其二是山下有火。太阳出山，形象很美，属于天文。山下有火，或是逐猎，或是烧荒，或是燃篝火吃肉。这种形象也很美，它属于人文。两种形象代表两种文明：太阳出山为自然文明，山下有火为社会文明。有意思的是，贲卦的象传说"文明以止，人文也"。"以

---

① 《庄子·知北游》。

止"，可以理解为天文落实到人文上。只有到了人文，才算"以止"，达到了天文惠顾人类的最终目的。

本来文明兼有自然文明和社会文明两者，后来人们只将人的创造称为文明。儒家根据自己的哲学，进一步将人创造的文明限制为真与善的形式。文明有美好的形式又有美好的内容，内容与形式完善地统一，在儒家看来，这就是美。

儒家论美，大体上不会离开真善的内容，也不离开与真善相应的美好的形式。孔子论韶乐之美："尽美矣，又尽善矣"，前句说的美指形式的好，后句说的善相当于内容的好，合起来就是文明。孟子说"充实之谓美，充实而有光辉之谓大"。"充实之谓美"强调内容的充实才是美。"充实而有光辉之谓大"，充实的内容加上灿烂的光辉那就是大，这大实质是美。荀子说"由礼则雅"，礼是善，以善为本注重形式上的修饰那就是雅，雅就是美。荀子还说"无伪则性不能自美"，"伪"指后天的修养，如果没有后天修养，这性不可能自己变成美。后天修养包含内容上向善，也包含形式上臻美。这些思想均通向"美在文明"义。

美在自然、美在文明两种审美本体论在中华美学中不构成对立，而是互补、互通、互化。之所以会这样，这是因为中国哲学有一个共同的立场：天人合一。天人合一是中华哲学的基本精神，也是中华美学的基本精神。

天人合一在先秦的儒家哲学、道家哲学中就有萌芽。为儒道两家都高度认同的《周易》就以天人合一为自己哲学的基础。汉代学者董仲舒将自先秦以来就一直存在的天人合一哲学加以提炼，附会上天人感应，突出其神学的意义。此种哲学为汉武帝所赞赏，成为国家哲学。

董仲舒的天人合一哲学具有浓重的情感色彩、生命意蕴，本身就具有审美的意味。他说："人之形体化天数而成；人之血气化天志而仁；人之德行化天理而义；人之好恶化天之暖清；人之喜怒化天之寒暑。"[①] 在他的描述中，天成为情感性的天、人性化的天；而人则化身为自然，为风雨雷电，春

---

① 董仲舒：《春秋繁露·为人者天》。

花秋月。董仲舒的天人合一的哲学,为自然与文明的统一提供了理论基础,后经魏晋玄学、宋明理学进一步创构,一套中国式的天人合一学说就完善了。董仲舒的天人合一观对中国美学产生深远的影响。

首先,如何看待人的生命,苏轼从董仲舒那里获得启发,但他不是简单地认同人是天化成的,而是认为,可以将人的生命与自然的生命看成一个整体。在《前赤壁赋》中,面对着朋友感长江之无穷而人生之须臾的悲伤,他说:"江上之清风与山间之明月,耳得之而为声,目遇之而成色,取之无禁,用之不竭,是造物者之无尽藏也,而吾与之共适。"

其次,如何看待自然的生命。北宋的大画家郭熙在《林泉高致》中说:"春山淡冶而如笑,夏山苍翠而如滴,秋山明净而如妆,冬山惨淡而如睡。"这一观点,简直就是董仲舒的"为人者天也"倒过来说。

最后,如何看待艺术的生命。艺术为人的作品,是人的生命的展现;但按天人合一哲学,艺术也是天的作品。人创作艺术时,一方面以天为则,表现为模仿自然,然另一方面以人为主,表现为创造自然。用石涛的话来说就是"山川使予代山川而言也,山川脱胎于予也,予脱胎于山川也""山川与予神遇而迹化也"①。明代园林大师计成将天与人的这种关系精确地概括为"虽由人作,宛自天开"②。

至此中华民族对于美的本质获得了新的认识。美究竟是天——自然的创造,还是人——文明的创造?中国人认为,既不是天也不是人,既不是自然也不是文明,而是天与人、自然与文明共同创造了美。为了推崇自然,说"天地有大美",以见天为人则;为了推崇艺术,则说人"夺天地之化工"③,以赞人的堪与天相比的智慧。

五、中华美学的审美情怀

情怀虽然不是美学的专属名词,却是美学的重要概念。它具有理想义,

---

① 石涛:《石涛画语录·山川章》。
② 计成:《园冶·园说》。
③ 李贽:《焚书·杂说》。

它是人生的奋斗目标,也是人生奋斗的动力。事实上,情怀就是一种人生态度,一种精神追求,一种志向怀抱。作为美学概念,情怀既有思想,更有情感。情感与思想融会在一起,落实为具有审美色彩的生活的方式。

中华民族的情怀可以作出诸多的划分,按入世与出世分,主要有二:

(一) 入世情怀:家国情怀 天下情怀

入世情怀主要属于儒家。儒家突出特点是关心国家、社会、民族、人民的大事,它们志在朝廷,以做官为人生理想。他们的入世情怀主要为家国情怀和天下情怀。

家国情怀属于本根意识。人之本在哪? 首先追溯到家,也就是父母。在中国,家的存在与国的存在具有一种内在的相通性。中国最早的国是具有血缘关系的胞族联盟,胞族联盟的首长具有家长性质。中华民族对血缘关系的高度重视成为儒家"家国一体"观的来源,儒家经典《大学》云:"欲治其国者,先齐其家。"作为本根意识的家国意识与国家意识是相通的,只不过家国意识更多地体现为认祖归宗的意识;而国家意识则凸显为国家主权的意识。较之国家意识更多地重理,家国意识则更多地重情,因而通常称之为家国情怀。

中国美学的家国情怀突出特点是国权与国土的统一。关于国土,中华美学提出一个重要的概念——"江山",与此相类的概念还有"河山"。"江山""河山"两个概念的核心是国权。"江山""河山"概念不仅体现出对祖国无限赞美的情感,而且体现出对国土、国家主权坚决维护的决心与意志。南宋诗词中随处可见的"江山""河山"概念,体现南宋诗人对于北方国土的失去痛心顿首,急切地渴望收复! 毛泽东词句"江山如此多娇,引无数英雄竞折腰",将"多娇"的江山与无数优秀的中华儿女联系起来,体现出复兴中华民族的伟大抱负,展现中国、中华民族无限美好的未来。

检阅 3000 年的中国古代文艺发展史,具有家国情怀的作家、艺术家如长江大河,浩浩荡荡,气势磅礴,长流不衰。他们的优秀作品如星河璀璨,辉映在中华民族的历史长空。中国美学的家国情怀集中体现在两个方面:

1. 作家责任与社会担当

这方面主要有"诗言志"和"兴寄"论。最早提出"诗言志"的是《尚书·尧典》。此后，诸多典籍如《左传》《庄子》《毛诗序》多次申说"诗言志"。1945年，毛泽东在重庆，诗人徐迟请毛泽东题词，并向毛泽东请教怎样作诗。毛泽东题写了"诗言志"三字，这三字后成为毛泽东为新创立的《人民文学》的题词。"诗言志"中的"志"不是一般的志，而是家国之志。

2. 家国之志与情感宣泄

中华美学有两大使命，一是构建家国之志，二是宣泄个体之情。中华美学对两大使命做了诸多论述。汉代的经学家孔颖达说："诗者，人志意所之适也，虽有所适，犹未发口，蕴藏于心，谓之为志，发见于言，乃名为诗。"① "志意"有个人志意，也有社会志意，前者为个体情感，后者为家国责任。中华美学要求两者统一。这一点，在优秀作家艺术家的创作中是得到充分体现的，突出代表是唐朝大诗人杜甫。按个人情感宣泄来说，李白也许做得比杜甫好，而就情感宣泄与家国情怀统一来说，杜甫无疑要胜一筹。因此，杜甫才是中华美学的典型代表，而李白不是。

中国古籍中，"天下"是一个常用的概念，大多数情况下，它与"中国"概念相当。但有时它大于"中国"概念，相当于世界。战国时阴阳家创"大九州"观念，此观念认为，中国为"小九州"，又名"赤县神州"，只是"大九州"的一部分。谈到"天下"时，中国古代总是将它与"公"与"太平"联系在一起，表现出非常可贵的平等、友爱、和平理念。《老子》说："修之于天下，其德乃普。"《礼记》引录孔子的话——"天下为公"，强调人与人之间、诸侯国与诸侯国之间、诸侯国与中央政权之间的相处，要友爱，要互利，要公平。

宋代大儒张载则提出"为万世开太平"命题，将"天下"概念从空间延展到时间。"为万世开太平"，何等广阔的胸襟，何等深远的眼光！太平有两义：一是人与人之间和谐，它是人类命运共同体理念的来源之一；二是人

———————————

① 《毛诗正传》卷一。

与自然之间和谐,这中间含有生态平衡义,用今天的话来说,就是生态与文明的共生。家国情怀以及家国情怀的放大版——天下情怀是中国美学精神的内核。

自夏商周开始,天下情怀在中原朝廷身上均得到不同程度的体现,而以唐帝国最为杰出。唐帝国的第二任皇帝李世民持开放国策,在对待少数民族问题上,他主张夷夏一体。他说:"中国百姓,实天下根本,四夷之人,乃同枝叶。"① 又说:"自古皆贵中华,贱夷狄,朕独爱之如一,故其种落皆依朕如父母。"② 正是因为李世民持夷夏一体的立场,唐朝与周边少数民族的关系在历史上是最好的,他被少数民族政权誉为"天可汗"。唐朝不仅对中国土地上的少数民族政权友好,对中亚、西亚、东亚他国乃至欧洲的罗马帝国,都持开放的政策,欢迎他们来通商。而事实上,唐帝国成为当时世界的中心之一,王维诗中所说的"九天阊阖开宫殿,万国衣冠拜冕旒"不是虚话。

(二) 出世情怀:隐逸情怀 山水情怀

出世情怀的产生与隐士文化有重要关系。中国隐士文化产生甚早。司马迁著《史记》为周初著名隐士伯夷、叔齐立传,并且在此传的开头他追溯隐士文化的滥觞:"尧让天下于许由,许由不受,耻之逃隐。"③

隐士文化最早与儒家的仁文化挂上钩来。伯夷、叔夷之所以反对周武王伐纣,是因为他们认为周武王伐纣这种行为是以臣弑君,大逆不道。周朝建立后,伯夷、叔夷耻做周朝臣民,"义不食周粟,隐于首阳山"。隐士文化在先秦也有道家文化的色彩。道家创始人老子前期入世,后期出世。他的出世不只是为了避难,还为了养生。自汉以后,隐士文化复杂起来,一是宗教的加入,道教佛教的修行都需要与尘世保持一定的距离,做到一定的隐。二是因为做隐士可以赚得清高的声名,容易引起统治者注意,也许可以谋得官职。这种假隐士历朝历代都很多。

---

① 叶光大等译注:《贞观政要全译·议安边第三十六》,贵州人民出版社 1991 年版,第505 页。
② 司马光:《资治通鉴·唐纪十四》,中华书局 2007 年版,第 2410 页。
③ 司马迁:《史记·伯夷列传第一》。

　　隐士文化的美学意义一是在隐士生活本身。这种生活具有恬淡、朴素、清静无为的特色，多为知识分子所标榜，誉为雅、清。隐士文化的另一美学意义是参与培育山水情怀。隐士不会隐于穷山恶水，只会隐于名山胜水。名山胜水为山水情怀的培育准备了物质条件，隐士在这种环境中生活、修行，喜欢上了山水，对山水之美更有感觉。

　　山水情怀不独道家有，儒家也有。儒家重视培养高尚人格、智慧品性，他们认为山水有这种功能。孔子说："知者乐水，仁者乐山"①。之所以会这样，是因为人的心理与自然山水有一种天然的联系，异质而同构，故山水能陶冶人性。当然，山水也不只是陶冶人性，它还能悦耳悦目、悦志悦神，兴发、寄托人的情感，让人感受到一种物质生活不可能给予的审美快乐。山水情怀产生于先秦，至魏晋南北朝，成为知识分子普遍具有的一种情怀。

　　山水情怀内涵非常丰富，不只是寄兴，畅情，比德，还能开启哲思。东晋诗人孙绰说"方寸湛然，固以玄对山水"②。南朝画家宗炳将欣赏山水称之为"澄怀味像"③。魏晋南北朝，游山玩水成为知识分子的一种雅兴，没有任何功利要求。这种对待山水的态度完全是审美的，因此也就在魏晋南北朝时期，山水诗、山水画产生了。山水诗在唐已经发展得相当成熟，山水画成熟要晚一些，至宋才蔚为大观。

　　中国的宗教——道教和佛教均有浓重的山水情怀。道教的神仙观念与山水情怀实现了最佳的融会，产生了仙境这一重要理念，仙境遂成为中国古代环境美学的重要范畴。佛教进入中国后，吸取中国诸多文化，创造了中国的佛教——禅宗。禅宗创造了在山水中修行的宗教生活方式，明代学者张竹坡将这种修行方式称为"林下风流"④。诸多的禅宗偈子就是哲理山水诗，那些作偈的高僧无一不是山水诗人。

　　家国情怀、天下情怀还有山水情怀当其上升到最高层次时，被誉为天

---

① 《论语·雍也》。

② 孙绰：《庚亮碑》。

③ 宗炳：《画山水序》。

④ 张竹坡：《竹坡诗话》。

地情怀。升华为天地情怀时，心中的家国、天下、山水，其边界消失了，融会为一，此境界称为天地境界。天地境界植根于天地情怀。天地情怀是一种穿越时空，通向无限的雄强精神，一股充满身心力透宇宙的浩然之气，一种让天下苍生幸福万物欣欣向荣的使命意识。

六、中华美学的诗性品位

在中华民族的审美生活中，诗无疑居于最重要地位。诗对中华美学建构意义重大，如果要为中华美学找一个品位的话，那就是诗。

诗成为中华美学的品位，得益于《诗经》传统、《楚辞》传统和唐诗的巨大影响。

（一）《诗经》传统

《诗经》传统源于乐传统。周朝开国元勋周公制礼作乐，开中国礼乐治国之先河。歌、诗、舞三者组合的乐，主体是歌，但逐渐地，诗的作用得以凸显。诗的地位凸显，造成诗从乐中独立出来。诗独立后，仍然兼有歌词的功能，它源自乐的教化功能和审美功能不仅没有削弱，反而得到加强。在内容上诗充分发挥它的载体——语言的优势，容纳较之乐丰富得多、也深刻得多的思想、情感内涵，让乐的言志功能与抒情功能发挥到新的高度。在形式上诗充分展现自身的形式美——语言之美。诗乐分家前，诗是音乐的附庸，语言之美得不到彰显甚至因服务于乐而有所淡化；诗乐分家后，诗的语言之美得以充分彰显。诗的语言之美中也有音律的美，但这种音不是乐音，而是读音。读音具有生活性，更能为大众所接受。诗的这些优势让诗成为最受大众欢迎的艺术形式。

尽管如此，诗自身的优势并不是诗地位得以提高的重要原因。让诗的地位得以提高的最重要的原因是政治上的原因。春秋时，儒家知识分子将流传在民间的诗歌搜集整理成一本集子，名为《诗》。春秋战国时，诗就很有地位。孔子说"不学诗无以言"。先秦诸子多称引《诗》，如孟子、荀子、墨子、庄子、韩非子。到西汉，因为汉武帝独尊儒术，《诗》跃升为经典，成为"五经"之一，其名也改为《诗经》。朝廷聘请于《诗经》有研究的人士，授予官职，为皇帝、贵族、高级官员以及太学的学生讲授《诗经》。

一部文学作品成为政治经典，这样一种文学现象也许在世界上绝无仅有。

《诗经》研究所提炼出的诸多理论成为中华诗学的重要传统。《诗经》传统影响的不只是诗，还有其他艺术以及人们的现实生活包括政治生活，以致《诗经》传统不只是诗传统，还是政治传统、美学传统。

《诗经》传统核心是教化，主要是教化臣民百姓，也教化统治者。《诗经》的教化区别于政治的教化、道德的教化地方，主要在于它强调诗的教化是艺术的教化，让人们在吟诵诗、欣赏诗、品味诗中受到教化，也是一种审美的教化。审美的教化就是美育。《诗经》的传统就是美育的传统。基于《诗经》为儒家经典，《诗经》传统主要是儒家美学的传统。

(二)《楚辞》传统

楚辞是产生于楚地的韵文学，它属于诗。楚辞的代表诗人是屈原，以屈原作品为代表的楚辞对于中华美学诗性品位的构建同样具有重要意义。

第一，楚辞将《诗经》的家国情怀提升为鲜明而又强烈的爱国主义精神。屈原是中国第一位爱国诗人。诗人中屈原的影响无人可及。

第二，楚辞将诗的抒情功能发挥到极致，屈原在《惜诵》一诗中说："惜诵以致愍兮，发愤以抒情。"抒情而且要发愤，这种情感力度是《诗经》所没有的。《诗经》的抒情要服从"温柔敦厚"的原则。而楚辞的抒情突破了这一原则，突出体现为浩歌长叹，既回环往复，缠绵反复，又升天入地，吞吐日月。

第三，楚辞开创了中国美学浪漫主义的传统。楚辞中，传说与神话、历史与现实、巫筮与世俗、山水与人物，叠交融汇，千奇百幻，色彩缤纷，惊彩绝艳。楚辞的这种审美风格与《诗经》的审美风格迥异。与楚辞的浪漫主义风格相对应，《诗经》的审美风格为现实主义。

第四，楚辞开了中国山水审美的先河。《楚辞》主要产生于长江流域，长江流域的奇山秀水是孕育它的摇篮。楚辞中多山水审美，某种意义上它是中国诗山水诗的滥觞。

虽然楚辞的现实功能也具有一定的教化性,但无论从作者的初衷还是作品的实际影响来看,楚辞传统恐怕还不能说是教化传统,它主要的功能还是审美抒情。抒的情中固然也有家国之情,但主要还是个人的愤懑情感,为"发愤以抒情"。抒情又与想象相交织,以抒情扇想象之风,以想象腾情感之翼,从而创造出一个奇异瑰丽、恢宏壮阔、灵动变幻的艺术境界,一个充满生命意味、人世沧桑、历史感喟的美学宇宙。

主要产生于长江流域的楚辞和主要产生中原地带的《诗经》构成中国诗歌的两翼,成为中国诗歌的两大传统,汉以后的诗歌发展过程中,两大传统互相影响,互相吸取,难分轩轾。

(三)唐诗影响

艺术的成熟在于艺术形式的成熟,而艺术形式的成熟在于格律的形成。中国诗的成熟经历漫长的时间。就诗体来说,先秦有《诗经》体(风、雅、颂三大体式)、楚辞体(主要为骚体),到汉代则主要有赋体、乐府体(以四言、五言为主)。诗人对诗歌艺术进行多方探索,注意力逐步集中在诗的形式本位——语言的音律上。魏晋南北朝时期,南朝诗人周颙、沈约等创立了"四声八病"说,这是中国诗歌音律美自觉构建的开始。至唐,诗的音乐美建构起了完善的形式,诗分古体与近体,古体为自由诗,近体为格律诗。格律诗讲究句式、押韵、平仄,诗歌格律学至此得以最后完成。晚唐,出现诗的新形态——词;宋代,出现词的新形态——曲。诗、词、曲无不讲究音律。中国诗歌艺术形式遂全面成熟。

值得指出的是,诗歌艺术内涵是丰富的,音乐美虽然重要,也只是诗歌艺术的一个方面。题材的选择,意味的粹化,情感的提炼,想象的构建,画面的设置,篇章的安排,句字的锤炼,无不都见出匠心。所有这一切在唐朝均达到成熟。

千百年来,唐诗从未远去,一直活在当下。就是今天,人们总还是以唐诗的名篇、名句来表述当下的情感生活,比如喜欢用"天生我材必有用"来励志,用"月是故乡明"来思乡……中华民族一直以唐诗为自己的审美品位,宋元明清的文艺创作无不以唐诗为旗帜。

　　值得指出的是，唐诗虽然超拔，但并不是空前绝响。中国诗歌有一条洪流。虽然唐朝时，惊天动地，穿云裂石，此后也一直波涛汹涌，奇观迭起。宋诗地位虽不及唐诗，但在建构中华民族审美心理上有着唐诗不可代替的贡献。著名学者缪钺说："唐诗以韵胜，故雄浑，而贵蕴藉空灵；宋诗以意胜，故精能，而贵深析透辟。唐诗之美在情辞，故丰腴；宋诗之美在气骨，故瘦劲。唐诗如芍药海棠，秾华繁采；宋诗如寒梅秋菊，幽韵冷香。唐诗如啖荔枝，一颗入口，则甘芳盈颊；宋诗如食橄榄，初觉生涩，而回味隽永。"[①] 钱钟书先生认为，"唐诗宋诗亦非仅朝代之别，乃体格性分之殊。天下有两种人，斯分两种诗。唐诗多以丰神神韵擅长，宋诗多以筋骨思理见胜。"[②]

　　中国的诗美学，高峰有两座，一座在唐，一座在宋，双峰并峙。不过其后的元，也不可小觑，元曲是诗歌的新发展，亦是诗美学的一座高峰。曲这种形式全面进入戏曲，成为中华戏曲的主要构成因素，随着戏曲全面地走入中华民族全体特别是百姓们的娱乐生活，戏曲对中华民族心理的构建所起作用是空前的。不管是识字的还是不识字的，通过戏曲这一形式，知道了中华历史，知道了孔孟之学，知道了如何做人。

　　诗对于对中华美学的影响是全方位的，而且是深刻的。它的成就集中在中华美学的品位的铸造上。是诗为中华美学铸造了一个极具中国特色的品位——诗性品位。

　　中华美学的诗性品位主要体现有四：

　　第一，诗是艺术品位高下之别的重要标尺。品位在中国人的生活中是一个重要概念，关乎评价对象的文化性质及文化地位。品位有高下之别，何谓高何谓低，有种种说法，但雅俗是基本分别。雅是高，俗是低。雅的标准有种种，诗是雅的重要标尺，说有诗就意味着有雅。中华美学讲"诗中有画，画中有诗"，"诗中有画"指的是形式，要求诗有画面感；"画中有诗"，指的不是形式，而是品位，要求画品位高雅且耐人品味。两个"有"其实是不

---

① 缪越：《诗词散论·论宋诗》。
② 钱钟书：《谈艺录·诗分唐宋》。

一样的，诗中是不是有画，不是很重要，而画中是不是有诗，才是重要的。其他艺术的评论，如果说其中有诗，也是很高的评价。

第二，诗是艺术境界生成的重要标尺。境界是艺术审美的最高追求，不论哪种艺术均如此，判断一件作品有没有生成境界，重要的标尺就是看它有没有诗情、诗品、诗味。中华美学的境论、境象论、意境论、境界论均在诗学中形成。

第三，诗是中华美学之母体，中华美学的理想、情韵、格调主要来自诗，而中华美学理论则主要来自诗论。

第四，诗是中国社会文明的重要标尺。中国人崇敬文明，许多情况下，诗成为文明的标志。中国诸多的城市、乡村，因为喜欢写诗的人多，被誉为诗城、诗乡，而这些地方其文明程度也确实比较高。因为崇敬诗，喜欢诗，自小就学习诗，诗情、诗思、诗味内化为中华民族的文化心理，成为中华民族的集体无意识。中国诗人之多、诗歌之多以及诗在中国文化地位之重要，堪谓世界之最，故中国亦号称诗国。

五、中华美学的现代转型

中华美学宋朝以后就比较少有创造精神了。明朝晚期一度出现过启蒙思潮，这种启蒙思潮倡导个性、童心，其意义非常重大。此前的美学包括唐宋美学都没有突出个性、童心，是一种重视共性、程式化，偏于内敛的保守型美学。个性、童心倒是与之针锋相对的，它具有革命的意义，这就难怪高举"童心"大旗的启蒙思想家李贽被认为是反孔的。这一新的思潮如果能够得以发展壮大，有望实现中华美学的更新。但清兵入关，这一新思潮很快就退潮，且不再出现了。直到近代，外来的帝国主义势力攻破古老中国的大门，在亡国灭种的逼迫下，中国人民不能不起来革命，而在翻天覆地的社会变革中，中华美学才实现了凤凰涅槃式的革命。晚清至民国初年，中国已有西方美学的介绍，并有新美学的标举，代表人物为梁启超、王国维、蔡元培和鲁迅。近代中华美学的主体还是古典形态，直至 20 世纪 30 年代，才有西方美学的系统介绍以及新时代美学的建构，这方面用力最巨、成就最大的是朱光潜先生。如果要概括一下近代美学的主题:那就是走向世界,它包括中华古典美学转型和与西方美学的接轨。

1949 年中华人民共和国成立,中国进入现代,中华美学在古代美学与近代美学的基础上实现新的转型,这大体上可以分为两个阶段:

第一阶段,大体上从 20 世纪的 50 年代到 70 年代,中华美学本体论的建构。本体论的建构应该说在近代就开始了,梁启超、王国维、蔡元培三位近代美学的开创者均有他们的美学本体论,但自觉性不高,理论性不强。这种状况在 20 世纪 50 年代被打破,随着马克思主义美学进入中国,中国美学家在接受马克思主义美学的过程中对自己的美学本体论进行构建,并都标榜自己的美学本体论是符合马克思主义的,于是就形成了美是主观的、美是客观的、美是主客观统一的、美是客观的又是社会的四种观点。其后,随着马克思早期著作《1844 年经济学哲学手稿》在中国的翻译与出版,根据这部著作所提出的"人化自然"观,一些美学家又确定实践为美的本体。尽管实践本体论为许多美学家所赞成,但对实践的理解并不一致,分歧一直是存在的。进入新的世纪后,各种各样的美学本体论出现,但美学本体论的问题已经不为美学界所重视了。在诸多美学家看来,美学本体论也许不必拘于一种,而应该允许百花齐放,百家争鸣。

第二阶段为 20 世纪 70 年代至现在,中华美学多元发展。这个时期,中国实行改革开放国策,学术上倡导自由争鸣。美学也不再热衷于本体论的建构,而是根据审美对象的不同朝着诸多方向发展。传统的艺术领域虽仍然为美学研究的主体,但绝不限于此。科学、技术、设计、劳动、生活、教育、环境、生态,乃至经济、政治、法律都成为美学研究的对象。美学与生产、生活的关系从来没有像现在这样为美学家们所重视。在美学研究多元化的背景下,一方面中国美学民族化的步子加快,另一方面国际视野日益扩展,国际美学对话日益活跃,具有中国特色的全球美学构建正在紧锣密鼓地进行之中。

作为中华美学全史,按说应该将中国现代美学纳入,但根据"当代无史"的说法,过早为正在进行着的现代美学写史,似乎不够稳妥。故此书没有将现代美学写入。本人2001年出版的《20世纪中国美学本体论问题》(湖南教育出版社 2001 年版),也不是写史,只是将中国 20 世纪的美学本体论作为问题来研究。当然,这只是我个人的看法,现在已经出现几种中国现代美学史,它们的建树是值得肯定的。

我写的中华美学全史始于中华史前新石器时代,至 20 世纪 40 年代末。在这漫长的长达万年的历史中,始于距今四千多年的夏朝至清朝结束这一段历史无疑是最重要的。中国美学的古典形态就产生于这个阶段。

中华古典美学其形态、其用语、其内涵,确实与当代美学差异甚大,但我们是先人的后代,我们的生活习性、人文精神、文化心理,特别是语言文字,与我们的祖先没有本质的区别。中国当代美学与中华古典美学一脉相承。继承传统,发扬传统,弘扬中华优秀文化,复兴中华民族,我们责无旁贷。

中华古典美学与西方美学在形态上、传达方式上以及某些内涵上确实有诸多的不同,但如果不执着于形态,而执着于基本精神,就会发现中国古典美学与西方美学是相通的,它们都以人格的完善,真善美的统一为最高的追求。它们不是不可以对话,而是可以对话的。

在全球化的当代,中华古典美学有诸多的方面可以为世界美学提供启示、营养和话语。诸多事实证明,中华美学如同中国古代文化一样,在涉及人类理想的方面,具有一定的超前性,它的诸多理念具有强大的生命力,这些理念有:意象理念、意境(境界)理念、生境理念、山水理念、江山理念、中和理念、天籁理念、气韵理念、隐秀理念、神思理念、物化理念、比德理念、恬淡理念、游心理念、味道理念、妙悟理念、风骨理念、兴寄理念、天下理念、借景理念、空灵理念、化工理念、诗史理念、教化理念、言志理念、文以明道、道法自然、民胞物与、家国情怀、天地大美、虚室生白、物我两忘、心斋坐忘、与物为春、见素抱朴、饮之太和、兴观群怨、文质彬彬、以形写神、形神兼备、逸神妙能、镜花水月、兴象风神、刚柔相济、虚实相生、制器尚象、无中生有、声无哀乐、不平则鸣、诗穷后工、发愤以抒情、羊大为美、知者乐水仁者乐山、外师造化中得心源、虽由人作宛似天工、景以情合情以景生、画中有诗诗中有画、象外之象味外之旨、各美其美美美与共理念,等等。这些理念经过时代更新之后均可以成为全球美学的精神财富。中华美学并不是博物馆的文物,而是具有巨大生命活力的思想,它不仅直接参与中国人当下的生活,而且也参与当代全球美学的建构。

这里我想借此机会略述自己在吸取中华古典美学营养建构当代新型美学方面所做的一些尝试:一是 20 世纪末我在思考构建美学当代本体论时,借用了中华古典美学境界的概念。在 1999 年发表的《美在境界》(《理论与创作》1999 年第 1 期)中,我提出了境界本体论。继而在《20 世纪中国美学本体论问题》(湖南教育出版社 2001 年版)《当代美学原理》(人民出版社 2003 年版)两书中对境界本体论做了较完善的表述。我的境界本体论引起了学界注意,《社会科学战线》2009 年第 8 期设"境界本体论研究"专栏评论了我的境界本体论。二是 20 世纪末我开始环境美学的研究,我将境界本体置于我所构建的环境美学体系中去。我认为,境界本体在不同审美对象的美学中,会有不同的表述。文艺美学中的审美本体为意境,环境美学中的审美本体为景观。我将"家园感"作为环境美的本质,将"乐居"作为环境美的最高层次。"家园感""乐居"均来自中华古典美学。这两个概念以及相关内容均进入我的专著《环境美学》(武汉大学出版社 2007 年版)《我们的家园:环境美学谈》(江苏人民出版社 2014 年版)和《中国环境美学》(英文版,英国 Routeldge,2015)中。"家园感""乐居"等概念得到美国环境美学家阿诺德·伯林特、环境伦理学家霍尔姆斯·罗尔斯顿Ⅲ的高度赞许①。三是本世纪第一个十年,我在环境美学研究的基础上构建生态文明美学。生态文明并不完全是新文明,农业文明就具有生态文明的性质,但它是低层次的文明,农业文明是以自然为主导的文明,俗话说"靠天吃饭";而现今我们正在建设的生态文明是以高科技为主导的文明。这种文明既是对自然原生态系统的科学性的尊重,更是对自然原生态系统科学性的更新。生态文明所缔造人与自然新和谐,我称之为"太和"。太和概念同

---

① Arnold Berleant reviews Chen Wangheng's "Chinese Environmental Aesthetics", published in full in Volume 17 (2019) of "Contemporary Aesthetics". 霍尔姆斯·罗尔斯顿Ⅲ的评论见《国外学者评陈望衡〈中国环境美学〉》,《鄱阳湖学刊》2017 年第 4 期。

样来自中华古典美学，但我作了新的阐释。以上是我在实现中华古典美学当代转型过程中的一些心得，不一定正确，敬请大家批评指正。

中华美学源远流长，但作为学科建设的美学始于近代。正在发展中的中华现代美学承担着三大使命：其一，如何更好地将中华古典美学的营养纳入当代中华美学的建构之中。这里，古典形态的美学的当代转化值得高度重视。此种转化有两个方面：一是古典内容的当代批判与吸取；二是古典形式的恰当保留与更新。其二，中国美学与西方美学的结合。我坚持认为，全球人类在审美上趋同存异。全球美学是存在的，只是它在不断地变化之中、发展之中，且具民族的国家的特色。构建当代中华美学的伟大事业包含有参与全球美学的构建。其三，提升并加强美学的实践性，以更好地适应时代的需要，为中华民族的伟大复兴，为人类共同的繁荣富强，为人与自然的具有生态文明意义的和谐发展，为建设美丽中国、美丽地球贡献美学这一学科特殊的智慧与力量。中华美学发展前景辉煌，中华美学的实践和理论构建任重而道远，我们共同来努力！

2024 年 9 月 6 日定稿

总　目　录

第　一　卷

总　论　编

第 二 卷

史 前 编

夏 商 编

第 三 卷

周 朝 编

第 四 卷

秦 朝 编

第 五 卷

魏晋南北朝编

隋　朝　编

第 六 卷

唐朝五代编

第 七 卷

宋辽金西夏编

第 八 卷

元 朝 编

明　朝　编

第 九 卷

清 朝 编

第 十 卷

近 代 编

目　　录

第　一　卷
总　论　编

第 一 卷

总
论
编

第 一 章
中华美学审美基因

中华民族进入文明阶段一般以夏代算起，以李学勤为首的夏商周断代工程专家组认为："夏文化的上限，学术界主要有二里头文化一期、河南龙山文化晚期两种意见。新砦二期遗存的确认，已将二里头文化一期与河南龙山文化晚期紧密衔接起来。以公元前 1600 年为商代始年上推 471 年，则夏代始年为公元前 2071 年，基本上落在河南龙山文化晚期第二段（公元前 2132—前 2030 年）范围之内。现暂以公元前 2070 年为夏的始年。"[①] 这样说来，我们现在归属于史前文化的龙山文化的晚期已经与文明接轨。文明史的开端则是以青铜器的制作和使用代表，被称为青铜时代。由石器时代到青铜时代有一个过渡期——铜石并有时代，龙山文化属于这个时代。夏代虽然属于青铜时代，但现在出土的青铜器不是很多，商代则完全不同，青铜器不仅品种丰富，且造型精美，特别是纹饰，极具魅力，现在公认为中华民族文明史开端期的卓越代表。商代已经有文字了，文字的创造及运用，催生了人们的理论思维，像《易经》这样的哲学著作就应运而生了，《易经》作为中华文化之源，派生出儒家、道家等诸多思想流派。于是，中华文化就

[①] 夏商周断代工程专家组：《夏商周断代工程》简本，世界图书出版公司 2000 年版，第 81—82 页。

分成两翼而腾飞，一翼为器物文化，一翼为文字文化。两者相互作用，相互影响。中华文化如璀璨之彩凤飞翔于万里长空。中华民族的审美传统或用文字（诸如诗歌）或用器物（诸如宫殿）存在着、发展着，形成自己的体系和传统。这种传统主要是在文明史中形成的，但是，它可以溯源于史前的审美文化。从某种意义来说，史前文化孕育了中华民族的审美基因。

第一节　天人合一

"天人合一"是中国哲学的基本精神。这种精神的形成，我们一般溯源到夏商周三代。三代中夏商的材料欠缺，周则很丰富。文字方面，产生于商代、定形于周初的《易经》可以看作天人合一的精神源头。器物方面，鼎盛于商代、绵延于周代的青铜艺术，可以看作是天人合一的物质源头。青铜器的造型特别是诸多纹饰已经透露出天人合一的意味。天人合一在史前审美文化中有没有体现、如何体现还是值得研究的问题。由于史前没发现有系统的文字，对于史前有没有天人合一的精神，我们只能从器物中去考察。

这里重要的是要明确"天人合一"这一命题的内涵。天人合一命题中，天是关键性的概念。天，在中国文化中是一个多义词，大体上有五义：天空、自然界、自然规律、宇宙（以自然为基础、涵盖社会人生）、神灵。五义中，神灵之外的四义是可以统一的，按照这种理解，天人合一就包含两个方面：宇宙与人的合一，神灵与人的合一。对于古人来说，天人合一是不可能将天与人置于平等的位置的，因此，天人合一，只能表现为对天的崇拜，包括自然崇拜、神灵崇拜。如果这种理解能够成立的话，中国史前文化中诸多的陶器、玉器的造型及其纹饰均可见出对天的崇拜的意味。

首先是自然崇拜，史前诸多陶器玉器的造型及纹饰具有自然崇拜的意味，比如太阳崇拜、漩涡崇拜、鸟崇拜、蛙崇拜、鱼崇拜、花崇拜等。除了具象的造型外，一些抽象的符号也具有自然崇拜的意味，只不过崇拜的不是自然物本身，而是宇宙运行的规律，比如马家窑陶器纹饰中普遍存在的横

S 构图方案，明显见出一种阴阳观念，体现出初民对于"无平不陂，无往不复"① 这样一种宇宙规律的深刻理解与具体把握。

自然崇拜更多地出现在中国远古的神话中，比如太阳崇拜、月亮崇拜。有意思的是，中国的自然物崇拜并不都表现在自然神与人的距离上，有些表现在人与自然神的亲和关系上。《山海经·大荒南经》云："羲和者，帝俊之妻，生十日。"另，《山海经·大荒西经》云；"帝俊妻常羲，生月十有二。"人与太阳、月亮的这种亲和关系，在史前岩画上也有所反映。云南沧源的岩画就画有人与太阳共体形象。有三种：第一种，人头为太阳，头部四周有光芒。第二种，人的手臂伸出去，拳头是太阳。第三种，人立于太阳之中。

云南沧源岩画人与太阳图

其次是神灵崇拜。史前是一个神灵充斥的时代，初民们不仅相信有最高神——天神的存在，还相信各种自然物均有神灵存在。初民们对于自身的力量缺乏足够的信心，一切大事均决定于神，因此，通神成为部落头等大事。通神的目的是获得神的旨意，得到神的认可，概括起来也就是天人合一。

神灵有三种：至高神、自然神和祖先神。几乎所有的民族，其史前的宗教心理中，均有这三类神的存在，但是，不同的民族所看重的神灵类型是不一样的。也许古希腊人最为看重的是至高神——宙斯，其次是自然神灵，这只要去看看古希腊的神话就很清楚。但中华民族似乎不是这样。中华民

_____

① 《周易·泰卦》。

族最为看重的神灵是祖先神。祖先本是活着的人，死后上了天，对祖先的崇拜，也是对天的崇拜。

神灵是什么样子？谁也说不上来，大体上，史前人类根据三种情况推测神灵的模样，一是人的形象，二是人与动物相结合的形象，三是动物的形象。这几种形象在史前文化中均有表现。

一是人的形象，最有代表性的莫过于红山文化牛河梁神庙中的女神像了。关于红山牛河梁女神庙中的女神雕像，著名的考古学家苏秉琦先生有一句很经典的话。他说："女神是由5500年前的'红山人'模拟真人塑造的神像（或女祖像），而不是由后人想象创造的'神'，'她'是红山人的女祖，也是中华民族的'共祖'。"[①]参与此次发掘的考古学家郭大顺如此生动而又详尽地描绘这尊女神出土的情景以及女神头像的细部：

　　……渐渐一个人头的轮廓显现出来了，真有完整的人像保存下来吗？挖掘剥离更加小心翼翼，接着，头额、眼部已显露出来了。一尊女神像终于问世了。她仰面朝天，欲笑欲语，似流露着经漫长等待后又见天日的喜悦。……头像存高22.5厘米，正好相当于真人原大。为高浮雕式，从贴在墙上的背部的断面看，是以竖立的木柱作支架进行塑造的，这同中国传统泥塑技法完全相同。面部呈鲜红色，唇部涂朱，为方圆形扁脸，颧骨突起，眼斜立，鼻梁低而短，圆鼻头，上唇长而薄，这些都具有蒙古人种特征。头像额部隆起，额面陡直，耳较小而纤细，面部表情圆润，面颊丰满，下颌尖圆，又深富女性特征。艺术表现手法极度写实，却更有相当丰富而微妙的表情流露。[②]

这尊神像如果不是供奉在狭小的神庙中，可能不会被认为是神。将神像塑造成真人样子，有两种可能：其一，此神本就是部落中的女性最高首领，她已死去，成了神，上了天。部落希望她与大家仍然在一起，不仅部落中有诸多重大的事项需要得到她的指示，而且部落认为也有责任经常向她

---

① 郭大顺：《红山文化考古记》，辽宁人民出版社2009年版，第66页。
② 郭大顺：《红山文化考古记》，辽宁人民出版社2009年版，第61—63页。

奉献食品和美好的乐舞,以表达内心对她的敬意。其二,此神不是部落中的某一死去首领的造像,但她是人们心目中的神的样子。

二是人与动物相结合的形象。最突出的是良渚文化中的神人兽面纹。它的基本形制是两只大眼,有一横梁连接,类似眼镜的横梁,横梁中部连一短柱,类鼻,柱下连一横梁。两横梁夹一柱,类工字。工字下有一横梁,较长。此种造形,大致类似兽面。这样的形象多出现在主要用来祭地的玉琮上。其中出土于反山遗址 12 号墓玉琮上的神人兽面纹最为完整。这是一种复合的形象。

良渚文化玉琮上的神人兽面像

它的突出特点是有两具面孔。居于图像上部的是人的面孔,呈方形,头上有阔大的羽冠,圆眼,蒜头鼻,露出两排牙齿的大嘴。另一具面孔类兽,位于神人的腰部,神人两手分执兽头的两侧。兽头比较抽象,不能辨别是何动物,主要特征是硕大的眼眶,瞳孔为两只圆圈,大而无神。两眼用短柱联结,类眼镜梁。兽头的鼻简略为一竖一横,嘴简略为一横。从总体形象来看,为神人执兽图,让人惊讶的是神人脚类鸟爪。此图的意义有诸多不同的"释释"。有两点似可肯定:它是神,而且是威力巨大的神;它与动物有一种亲密的关系,或有动物的部分肢体,或能操控动物。

贺兰山岩画有一人面像,极其怪异。人面像不仅吸收动物的部分器官,而且眼部以及整体都放射光芒,难怪有人称之为太阳神。

人与动物合体的形象,中国古代的神话传说中多有记载,中华民族的始祖伏羲、女娲都是人首蛇身,炎帝甚至牛首人身。据此,我们也可以认定

贺兰山岩画人面像

这种神人共体的神人是中华民族的始祖神。

三是动物的形象，即动物神灵。动物神灵分为写实与写意两类。一类是写实类的动物神灵，基本上能辨别为何动物。河姆渡文化遗址出土有一只陶钵，上刻有一只猪的图案。造型基本上写实，但猪体上有硕大的圆圈纹和类花叶纹，这就让人感到此猪不是一般的猪，它可能是神。另一类则是写意类动物神灵，最具代表性的莫过于龙了。红山文化出土有玉龙饰物，大体上有两种，一种类似长蛇状，围成半圆状；一种部分似猪首，立状，称之为玉猪龙。从逻辑上看，神灵形象应是由动物形象到半人半动物形象，最后为人物形象。但从时间上看，并不是这回事，红山文化中的女神为人的形象，然而，红山文化远早于河姆渡文化、良渚文化。因此，更多的可能是并存而无时间先后之分。

中华民族史前的神灵崇拜是天人合一哲学的重要来源。之所以这样说，一是因为神灵不管是祖先神，还是至高神、自然神，在中国人的心目中就是天；二是因为在中国人的心目中，崇拜的意义不只是顶礼膜拜，还包含有一种血缘性的关系，祖先神，那是不消说的了，即使是自然神，其意义也不是自然生人，就是人生自然。基于此，中华民族的天人合一具有血缘性，是血缘关系的合一。正因为是血亲关系的合一，所以，这合一中具有浓郁的血亲情感性，这是中华美学处理情景关系、物人关系、他我关系的重要基因。王夫之的"情语"为景、"景语"在情（参见本书相关章节）的说法就导源于此。

天人合一思想，在中国远古的神话传说中有更为明晰的表述。

中国史前有关宇宙创造的神话，最重要的是盘古的故事。这个故事有几个版本，大同而小异，《艺文类聚》卷一引《三五历记》云：

> 天地混沌如鸡子，盘古生其中，万八千岁。天地开辟，阳清为天，阴浊为地。盘古在其中，一日九变，神于天，圣于地。天日高一丈，地日厚一丈，盘古日长一丈，如此万八千岁。天数极高，地数极深，盘古极长。后乃有三皇。

这里，有一个要点值得注意，盘古在天地中，天地变，他也变。天变大，他就变大，天变高，他就变高。这就是说，盘古并不外在于天地，而且也没有明确说是天地生盘古，只是说"盘古生其中"，这"生其中"指生于其中。

在《五运历年纪》中，盘古与天地的关系就不同了：

> 元气濛鸿，萌芽兹始，遂分天地。肇立乾坤，启阴感阳，分布元气，乃孕中和，是为人也。首生盘古，垂死化身：气成风云，声为雷霆，左眼为日，右眼为月，四肢五体为四极五岳，血液为江河，筋脉为地理，肌肉为田土，发髭为星辰，皮毛为草木，齿骨为金石，精髓为珠玉，汗流为雨泽。身之诸虫因风所感，化为黎甿。①

比较上述两说，有两个共同点：

其一，宇宙开始于濛鸿或者说混沌。这个观点也为中国其他古书所接受的。《淮南子》还具体说到混沌是什么样子："古未有天地之时，惟象无形。窈窈冥冥，芒芠漠闵；澒蒙鸿洞，莫知其门。"② 这种描述，我们在《老子》一书也能看到，老子用它来描述"道"，说："道之为物，惟恍惟惚。惚兮恍兮，其中有象；恍兮惚兮，其中有物。窈兮冥兮，其中有精；其精甚真，其中有信。"③ 可见道就是未分时的天地。《周易》说这就是"太极"。太极、道作为宇宙的本体，是整一的、无限的、无形的、不可把捉的（因为一把捉它就成为有限的了），但又是实际存在的。中国人的哲学一元观就从这开始。

其二，宇宙始分为阴阳，阴阳具体化为乾坤，乾为天，坤为地。天上长，

---

① 《绎史》卷一《五运历年记》。

② 刘安：《淮南子·精神训》。

③ 《老子·二十一章》。

地下降。《三五历记》还确定了阴阳的基本性质：阳为清，阴为浊。不管从语言表达方式上，还是思想实质上，盘古生天地的逻辑颇似《周易·系辞上传》中所云："是故易有太极，是生两仪，两仪生四象，四象生八卦，八卦定吉凶，吉凶生大业。"

《绎史》引《五运历年记》关于盘古的故事与《艺文类聚》引《三五历记》中关于盘古的故事有一个重大的不同：《三五历记》中的盘古虽随着天地扩大而扩大，但自己不参与天地的创造；而《五运历年记》中的盘古，却以自己的身体参与天地的创造，具体来说，盘古死后，其身体的各部分相应地化为天地万物，包括让身上的小虫化为黎民百姓。这一故事隐含着这样一个观点：盘古与天地是一体的。一方面，天地生盘古，而且盘古还是天地的第一生物（首生盘古），说明天地是盘古之祖；另一方面，盘古将自己的血肉化为天地中的万物，这可以说盘古生天地，盘古倒成了"天地万物之祖"。这种互生，说明盘古与天地存在着血缘性的关系。中华民族的传统哲学思想"天人合一"可以溯源到此，具体来说，有这样几个要点：

第一，中华民族的哲学其实是分客体与主体的，天地是客体，盘古是主体。主体是由客体决定的，正如盘古是天地生的，而且是"首生"的。

第二，中华民族的哲学中的客体与主体其实也是可以互生的。一方面，天地自然生盘古，另一方面，盘古也可以将自己身上的东西转化为天地自然。

第三，中华民族的哲学更为看重人的主体性。虽然中华民族的哲学给了天地即客体以本体的地位，承认天地生万物，但是，由于中华民族的哲学也强调人参与宇宙的创造，故而在实际效果上，凸显出的是人的作用、人的精神、人的智慧。上引《五运历年纪》中盘古开天地的故事，虽然故事开头也说到了天地"首生盘古"，但它突出的是盘古如何创造天地。

第四，中华民族的哲学在对人的主体性的重视中突出的是精神的力量。盘古开天地不仅有身体的参与，还有情感的参与。《述异记》中说的盘古开天地的故事中有这样几句话："盘古氏喜为晴，怒为阴。"又说"盘古氏泣为江河"，所以，盘古开天地，不只是有身体的对象化，还有情感的对象化。

中华民族进入文明期后,不论是儒家哲学,还是道家哲学,均将精神的力量发扬到极致。

第五,中华民族哲学中看重天人对应性。盘古开天地的神话中,盘古是将自己的身体转化成相应的自然物的,比如,他将气化为风云、声化为雷霆、血液化为江河,左眼化为太阳,右眼化为月亮,等等。这种对应性的转化,逐渐形成了中华民族的一种思维方式:类比思维。类比思维是人类共同的思维方式,不独中华民族有,但中华民族将类比思维发展到极致的地步。

以上五点,可以概括为"天人合一"思想。一般来说,天人合一思想不只是中华民族有,其他民族也有,但各有自己的特点。从盘古开天地的故事所导出的人天关系观,我们可以看出中华民族人天关系观的某些特点,比如,人天的互生性、对应性、精神性以及人在人天关系中的主体性、能动性等。中华民族"天人合一"思想,最大的缺点是没有充分地导向实践,基本上只停留在精神领域,因而未能以这种思想去促进科学技术及生产实践的发展。盘古开辟的天地本来有序地运转着,但共工氏与颛顼氏争帝的一场战争将这种秩序打破了。惨遭失败的共工大怒,触不周之山,致使"天柱折,地维绝"。在这种严峻的情势下,一位拯救世界的女神出来了,她就是女娲氏。《淮南子·览冥训》详尽地记载了女娲氏补天救世的英勇行为:

> 往古之时,四极废。九洲裂,天不兼覆,地不周载。火爁炎而不灭,水浩洋而不息;猛兽食颛民,鸷鸟攫老弱。于是女娲炼五彩石以补苍天,断鳌足以立四极,杀黑龙以济冀州,积芦灰以止淫水。

这一故事中有两个要点值得注意:

其一,炼五彩石以补苍天。女娲不是炼普通石头而是炼五彩石来补天,首先说明史前先民对天空之美有着强烈的感受。其次,能将石头炼成汁液来补天,说明当时的冶炼技术已经达到很高水平了。这种说法不是没有根据的,事实是早在距今一万年以前人们就会制陶了。既然陶泥能烧,石头也就能烧。

其二,盘古是将自己的身体化为天地万物的,而女娲是炼五彩石补天的。人体化物,纯粹是想象,不含科学成分;而以物化物,虽然也有想象,却含有一定的科学成分。由人体化物到以物化物，明显见出先民对自然的认识水平在提高。女娲时代进步于盘古时代。

女娲终于做完了她要做的事，然后死了，她的死同样有助于世。《山海经·大荒西经》云："有神十人，名曰女娲之肠，化为神，处栗广之野，横道而处。"女娲静静地躺在她修补好的大地上，那是一片广漠的土地，遍长着森林。她死了，犹如当年盘古的死，肉体化成了天地万物。与盘古不同的是，女娲不仅用她的肉体，化出了河流、树林、云霞，等等，还让她的肠子化出十位神人。这用肠化成神，即是说用人体化成了神体。神人一体。这一说法暗含一个重要的哲学观点：神是人的产物，准确地说是人的精神的产物。《山海经》不能精当地说神是人的精神的产物，而只说是肠的产物。

女娲补天与盘古开天地，所体现出来的基本意义是一致的，但女娲补天的意义似在盘古开天地的意义的基础上有所延伸、拓展。

第一，物质与生命的关系。盘古与女娲都造了天地万物，细比较一下他们造的物，盘古造的物仅为物，一件件的物，文献资料中没有说这些物构成一个有机整体，具有生命的意味，然而，女娲造的，不是一件件的物，而是一个有机的生命体。上面所引《淮南子·览冥训》中说到女娲补过的天，不仅恢复了它的完整，而且恢复了它的生命，"和春阳夏，杀秋约冬"。春夏秋冬的运转都不是物质性的，而是生命性的，所以有"和"，有"阳"，有"杀"，有"约"。宋代大画家郭熙说："真山水之烟岚，四时不同：春山淡冶而如笑，夏山苍翠而如滴，秋山明静而如妆，冬山渗淡而如睡。"[1] 此说于上说可谓一脉相承。

第二，人工与天工的关系：这个故事中最值得注意的是女娲补天用的材料。女娲是从大地取材补天的，这说明地与天具有同一属性，不然怎么能用地补天呢？中华民族传统的哲学观念中，天地既相对，又相通，还相成。女娲用地面上的材料补天就是一个证明。另外，值得注意的是，女娲不是直接用地上的材料补天的，取自地上的五彩石须经过人工烧化成汁液才能

---

[1]　郭熙：《林泉高致·山川训》。

补天。这一点十分重要，它说明，地与天虽然是相通或相成的，但地才化成天须过人工这一中介。这一思想直接导致《周易》中"三才"说的产生。"三才"为天、人、地。三者共同构造了宇宙，缺一不可。

第三，人心与天心的关系：盘古之开天辟地，女娲之补天救世，一切似匪夷所思，却又顺情顺理，合人心，合民意。《淮南子·览冥训》叙述女娲补天后，天地秩序井然：

> 苍天补，四极正，淫水涸，冀州平，狡虫死，颛民生，背方州，抱圆天，和春阳夏，杀秋约冬，枕方寝绳，阴阳之所壅沉不通者，窍理之；逆气戾物，伤民厚积者，绝止之。当此之时，卧倨倨，兴眄眄；一自以为马，一自以为牛；其行蹎蹎，其视瞑瞑，侗然皆得其和，莫知所由生；浮游不知所求，魍魉不知所往。当此之时，禽兽虫蛇，无不匿其爪牙，藏其螫毒，无有攫噬之心。

百姓们一如牛马，自由自在，天地万物"皆得其和"，而女娲则乘雷车，驾应龙，悄然而去，"不彰其功，不扬其声，隐真人之道，以从天地之固然"。如果说天有心，则此心同于人心，中华民族哲学的最高概念——道，既是天心又是人心。宋代理学家张载说的"为天地立心"，之所以是可能的，是因为天心本就是人心。

关于人天沟通问题，《国语·楚语》有五帝之一颛顼"绝地天通"的记载：

> 古者民神不杂。民之精爽不携贰者，而又能齐肃衷正，其智能上下比义，其圣能光远宣朗，其明能光照之，其聪能听彻之，如是则明神降之，在男曰觋，在女曰巫。……及少暤之衰也，九黎乱德。民神杂糅，不可方物。夫人作享，家为巫史。无有要质，民匮于祀，而不知其福。烝享无度，民神同位。民渎齐盟，无有威严。神狎民则，不蠲其为。嘉生不降，无物以享。祸灾荐臻，莫尽其气。颛顼受之，乃命南正重司天以属神，命火正黎司地以属民，使复旧常，无相侵渎，是谓绝地天通。

这段文章为观射父回答楚昭王提问的一部分，讨论的是人与神沟通的问题，按观射父的看法，古时，民和神不相混杂。人民中，只有极少数人能通神，这些人中男的叫觋，女的叫巫。巫与觋在品德上均有很高的要求，他们的工作很明确，也做得很到位。于是，神灵降福，财用不匮，天下太平。然而到黄帝儿子少皞氏即金天氏的时代，这良好的法度衰落了。九黎族乱德，民神杂糅，人人自作祭祀，家家自设巫史。民无诚信，祭祀无法，严重亵渎了神灵。结果，谷物歉收，灾祸频仍，生机丧尽。颛顼继位做了国君后，命令南正重这位大臣专管与天上神灵沟通的工作，火正黎这位大臣专管地面百姓的工作。天与地、神与民各不相扰，不相侵渎，这叫作"绝地天通"。

"绝地天通"的意义是巨大的：第一，它端正了天与地（人类社会）的关系，天有天则，地（人类社会）有地规。二者虽相应但不相扰。第二，它端正了神民的关系，神有神的序列，民有民的序列。序列中包含有尊卑之别、高下之别，不可混淆。第三，它整肃了祭祀制度，重树了神的威严。第四，它整肃了政权的职责，重树了政府的威严。

"绝地天通"对中华民族以后的意识形态产生了巨大影响。中华民族不否定天国的存在，也不否定神灵的存在，但是，不让天国、神灵侵扰人类正常的生活。天地神灵是要祭的，但，祭天地神灵，有一套专门程序，不可乱套，而且须由有一定资质的专人来做。有关祭祀的礼仪制度在《周礼》《仪礼》《礼记》中有详细的记载。

于是，神灵的秩序建立起来，社会的秩序也建立起来了。考察中华民族的文化，我们发现它有一个有趣的现象，它一方面讲天人合一，讲神人合一；另一方面又讲天人两分，神人两隔。讲前者，是让人们亲和天，亲和神，从感情上接受天，接受神；讲后者，则强调天对人、神对人的尊严性、权威性，让人恐惧天，恐惧神，从而自觉地服从天，服从神。这两个方面既相对，又相补；既相应，又相成，构成了一个完整的文化生态体系。

第二节　阴阳相合

阴阳概念首先是由《易经》所提出来的，《易经》中的阴与阳，分别以坤卦和乾卦为代表，分别指地和天，也指女（妻）与男（夫）。阴阳观念按照中华民族的理解,第一,是生命观念,无阴阳即无生命,"天地大德曰生"。第二,是辩证观念,强调事物相对、相反、相成。第三,是和合观念。阴阳最大的意义不是在于斗争、冲突,而是在于斗争、冲突后的和合,和合不是原有事物量的增加,而是原事物质的变化,是阴阳两种力冲突后的创造,是新事物的出现。阴阳观念是中华民族特有的哲学思维,中华美学就是在这样一种哲学思维的基础上发展起来的。中国美学中有诸多的"对子"如刚与柔、形与神、情与景、意与象、显与隐、气与韵等,都从不同的意义上体现出阴与阳的关系。

要寻找史前有没有阴阳观念,当然最好的途径是寻找史前有没有类似《周易》八卦这样的符号。八卦作为表意的符号,学者们认为它就是最早的文字,虽然目前的史前考古,已发现类似文字的符号,但是类似八卦那样的符号没有发现。

尽管如此,从某些史前考古发现的文物中,是可以读出阴阳的某些意味来的,这其中最重要的莫过于距今6000年的凌家滩文化出土的玉版(图参看史前编玉器节)。此玉版主要由方形与圆形两种符号构成。如果此玉版具有观测天地之功能,或具有占筮之功能,则未尝不可以将这玉版的方形理解为地,而将圆形理解为天。至于这样理解是否会存在天在地中的困惑,倒是不必担心的。《周易》中的大畜卦,其卦象下为乾,上为艮,乾为天,艮为山,整个卦象就是天在山中。玉版如此设计,暗合大畜卦,耐人寻味。玉版为方形,方形内有两层圆。最里面的圆,圆中有方。这处于中心部位的方形,其长宽比例近黄金分割。方形四边各伸出两个尖状物,构成八只尖角,直抵圆周。内外两圆之间,均匀分成八个部分,每个部分之中,有一领带状的尖形。所有这些元素,仔细地观看,均能看出阴阳相对的意味来。

玉版向外凸起,其上部、左右部各有一条直线,这直线与框边构成一个空间,上边有八个孔(可以看出九个点,然而右角两个点相叠,疑是因钻错地方而补正造成的,故正确的点数应为八)。玉版下边钻有四个孔。左右两边各钻五个孔。这里体现出来的数字关系是耐人寻味的。上八下四,让人联想到,阴阳生四象,四象生八卦。这上下数字的关系,体现的是分的观念,是动,是发展;左右边的孔数均为五,它们的数字关系体现出来的是合的观念,是静,是稳定。所以,这上下左右的数字关系,总体上体现出来的是平衡中发展,和谐中前进,稳定中前进。这种关系正切合阴阳互补的意味。

八、四、五这三个数字中,八这个数也许是最重要的。八在此玉版用了三处:八个孔、八个尖头带状物、八只尖角。中华民族对于八这个数情有独钟。不独凌家滩文化用八,大汶口文化也喜欢用八。大汶口文化的陶器中凡是制作比较精美的均有八角星的装饰。联系文明时代出现的《周易》,《周易·系辞上传》云:"是故易有太极,是生两仪,两仪生四象,四象生八卦,八卦定吉凶,吉凶生大业。"所以,史前用八,可以理解为八卦的思想由来。五这个数在玉版中出现了两处,除了上面说的它表示均衡、对称、稳定、和谐等意义之外,联系《周易》来看,它可能还有别的意义。《周易·系辞上传》说:"天数五,地数五,五位相得而各有合。"如果联系这段话来理解,这玉版的左右两边的五就代表天与地了。

"二"这个数,玉版没有出现,但玉版的两大元素——圆和方就是显示。二在《周易》中名为阴阳。宇宙万物中,只要具有一定的相对性,不管是什么,均可以用阴阳来表示。二是分的开始,发展的开始。于宇宙,于人类,于一切事物意义无比巨大。

凌家滩含山遗址还出土有玉龟甲二片,标本为87M4:35为背甲,长9.4厘米,宽4.6厘米,高7.5厘米,厚0.6—0.7厘米;87M4:29为腹甲,长7.9厘米,宽7.6厘米,厚0.5—0.6厘米。龟甲上有孔,背甲的上方四个孔,左右两边各两孔,一共八孔;腹甲上方一个孔,左右两边各两孔,共五孔。这八、五两个数目正与玉版上的主要数目相应。出土时玉版置于两龟甲之间。这说明玉版与龟甲是配合着用的。在中国古代,龟甲均是用来占卜的,因此,玉版与龟甲最大可能是占筮的用具。既然玉版最大的可能是筮具,那么,我们可以猜测,玉版上的尖头带状物,很可能是占筮要用到的蓍草。

无独有偶,凌家滩含山遗址还出土一件玉鹰,标本为98M26:6,通高3.6厘米,宽6.35厘米,厚0.5厘米,玉色灰白,体扁平,鹰做展翅状,鹰喙如钩，两翼为猪首状，腹中有一圆圈，圈内有八角星，与玉版不同的是，此八角星中部不是由纵横直线构成，而是边缘画成，八角星的中部有一圆圈，正中心有一圆孔。此八角星与玉版上的八角星含义是一样的，但因为八角星中部不是方形，而是圆，整个图案的含义应有所不同。虽然此八角星的中部不是方形，而是圆形，但三角与圆的关系仍属于阴阳关系。

凌家滩含山遗址凌家滩文化玉鹰

含山遗址出土有玉巫师多尊，结合此遗址所出土的玉版、玉龟、玉鹰等物，可以想象此地筮风昌炽，占筮是部落中的重要事务，也许除了例行的日常生活外，其余的事情均要以占筮来决定。正是这个原因，促使占筮理论的产生。从筮具玉版所透露的信息来看，其占筮理论与后代的《周易》是相通的，理论基础是阴阳观念。阴阳观念的要义：一是相分而相合；二是相反而相成。

凌家滩文化距今 5000 年左右，据《凌家滩——田野考古发掘报告之一》载："中国文物研究所对墓地的两件标本进行了 14C 测年。其中红烧土层下木炭标本，14C 测定为距今 4960±180 年。树轮校正年代为距今 5560±195 年。墓地探方地层出土木炭标本，14C 测定结果为距今 4725±160 年，树轮校正年代为距今 52900±165 年。依据以上两个碳样测试数据，凌家滩遗址年代约为距今 5600—5300 年左右。凌家滩遗址年代与红山文化年代相当，而早于良渚文化年代。"[①]

从凌家滩的玉版、玉龟、玉鹰，我们有根据说，5000 年前，中国人就

---

① 　安徽省文物考古研究所编：《凌家滩——田野考古发掘报告之一》，文物出版社 2006 年版，第 278 页。

已经有了阴阳观念,有了初步的阴阳哲学,尽管当地还没有阴阳这两个名词。众所周知,最准确地概括并表达阴阳观念的是名之曰阴阳鱼太极图的图案。太极图的关键处有四:一是阴阳二鱼相对、相抱,即所谓"负阴抱阳";二是阴鱼的眼为白,阳鱼的眼为黑,是谓阴中有阳,阳中有阴;三是阴鱼头起于阳鱼尾,阳鱼头起于阴鱼尾,是谓阴极生阳,阳极生阴;四是阴鱼与阳鱼相对抱拥中形成一条 S 形曲线,是谓阴阳消长,无平不陂,无往不来。中国史前文化诸多图案具有这样的太极图的意味。仰韶文化西安半坡遗址出土一种陶盆,陶盆内除了有一对的人面鱼纹外,还有一对鱼纹。此相对的两条鱼,方向不同。将它们联系起来看,就是一幅阴阳鱼太极图。

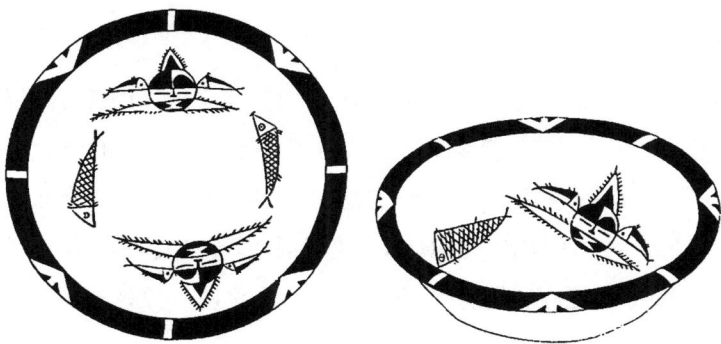

仰韶文化半坡遗址人面双鱼纹

北首岭遗址出土一件仰韶文化半坡类型的蒜头壶,壶身有由鸟与鱼组合的图案,从壶的上面俯看此图案,此图案也有阴阳鱼太极图的意味。

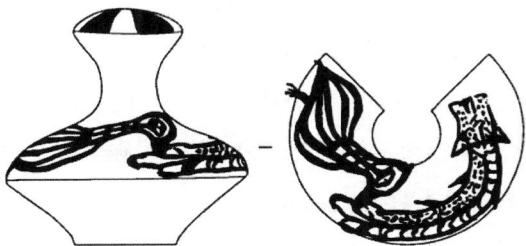

北首岭遗址仰韶文化半坡
类型鱼鸟纹蒜头形陶瓶

马家窑文化遗址出土有一件陶盆。图案的核心是两组曲线，每组均是三条线，这三条线束成一组，头尾部展开，而在中部则束成一团，成了一条线了。仔细观赏会发现，这图案很像是两只背飞的鸟。而从抽象意味来说，它与阴阳鱼太极图极为相似。两只鸟眼分别是阴阳鱼的眼。从阴阳观念来看，两鸟相背具有阴阳反向运动的意味。这反，在阴阳观念中十分重要，似是反，实是合，或者说正是因为反，它才能合，反是二，这二，因反而产生的力，促使一的产生，这一是更高一层的新物。《周易》坤卦六二爻辞"不习无不利"，"不习"是"习"之反，就因为有这个反，才能"无不利"。《老子》举出若干这样的例子，如"明道若昧，进道若退"。宇宙就是靠这种反向力的推动才得以运行的。所以，《老子》说"反者道之动"。马家窑人既然能做出体现出具有"反者道之动"意味的图案，对于"反者道之动"的意味应该有一定的理解。

史前陶器诸多纹饰中见出阴阳意味，除了类似阴阳鱼太极图的纹饰外，还有漩涡纹。漩涡纹多姿多彩，不拘一格，气象万千。然而不管怎样变化，我们可以从中发现一种潜在的哲学观念——阴阳观念。马家窑纹饰中有一种"卍"字形。这"卍"字形的具体含义是什么，说法很多，有人说它为太阳的符号，有人说它为飞翔的鸟，笔者却认为，它是一种具有阴阳观念的符号，符号体现相反相成、多样统一的意义。

从理论上来说，阴阳观念的产生应是农耕文明的产物。具体原因大体有：

第一，天体与气象的循环运行让初民产生相反相成，循环往复的概念。农业生产非常看重的天体、气象的变化。对于主要从事农业生产的初民来说，除这日月、昼夜的交替是他们的关心外，还有春夏秋冬的变化。在这些变化中他们感悟到了阴阳理念。

第二，男女交合生人，让初民感悟到了阴阳相交方可生物的理念。据《吕氏春秋·恃君》："昔太古尝无君矣，其民聚生群处，知母不知父，无亲戚兄弟夫妻男女之别，无上下长幼之道，无进退揖让之礼，无衣服履带宫室蓄积之便，无器械舟车城廓险阻之备。"很长一段时期，初民只知道人是女人生的，具体到什么时候，初民才知道须男女交合才能生子，现在还不能确知。不过，距今 7000 年的河姆渡文化遗址所出土的双鸟太阳纹，至少意味着此时的人们已经有了"双"概念。鸟分雌雄，人分男女。之所以鸟纹要成双成对地出现，是因为只有成双成对的鸟才能生育。《周易·系辞上传》说："乾道成男，坤道成女。乾知大始，坤作成物。"有男女，才有家庭；有家庭，才有社会，才有国家。

考古发现，距今 7000 年的兴隆洼文化，有家庭生活的痕迹。根据对房址的测量，面积都为 13 平方米左右 [①]，居住在内的人员应该不会超过 4—5 人，相当于一个家庭的住所。大汶口文化晚期、仰韶文化晚期，供一个家庭住的房间比较普遍。"从埋葬习俗来看，这一时期，单人葬开始大量流行，并逐渐取代以往普遍流行的多人合葬与同性合葬，另有一些成年男女的合葬墓出现，据推测应该是夫妇合葬。这表明，以个体核心家庭为主的家庭经济，已经日益巩固。" [②]

产生于史前的阴阳观念在龙凤图腾崇拜中得到了彰显。

龙凤崇拜起源可以推到史前，史前人类盛行动物崇拜，龙凤崇拜属于动物崇拜，与一般的动物崇拜不同的是：龙凤是人们想象中的动物，现实并没有龙，也没有凤。值得指出的是，虽然现实没有龙，也没有凤，龙、凤是根据实有动物创造出来的。

一、龙阳凤阴

关于龙凤图腾的形成，恩格斯在《家庭、私有制和国家的起源》一书中有一段话可以作为我们探索此问题的指导。恩格斯说：

> 根据唯物主义观点，历史中的决定性因素，归根结蒂是直接生活的生产和再生产。生产本身又有两种。一方面是生活资料即食物、衣服、住房以及为此所必需的工具的生产；另一方面是人自身的生产，即

---

① 中国社会科学院考古研究所内蒙古工作队：《内蒙古敖汉兴隆洼遗址发掘简报》图四，《考古》1985 年第 10 期。

② 李学勤主编：《中国古代文明起源》，上海科学技术文献出版社 2007 年版，第 173 页。

种的蕃衍。①

龙凤图腾的形成应该说跟先民的这两种生产都有重要的关系。龙的主体是水族，凤的主体是鸟族。水族与鸟族作为先民渔猎的对象，是人们生活的主要来源。尊奉龙凤为神，主要还是为了多获得水族和鸟族这两类动物。因此，龙凤崇拜的实质是渔猎生产方式的反映。史前人类大多都有过从渔猎到农耕的过渡。中华民族传说中的始祖伏羲氏的最重要的贡献是"结网罟以教佃渔"，他的形象是"蛇首人身"②。这蛇首人身的形象，亦被说成"龙身"③。从传说来看，伏羲时代部落奉行的是龙崇拜。传说中的句芒"鸟身人面"④，这个部落应是奉行鸟崇拜的。新石器时代的早期主要为渔猎生产方式，也有农耕，为刀耕火种式。它距今 12000 年至 8000 年左右⑤。

仰韶文化中华民族史前文化中的主体文化，距今 7000 年至 5000 年左右。仰韶文化的一大贡献是确定了中华民族的龙凤图腾与阴阳的关系。1987 年在河南濮阳西水坡一座仰韶文化型墓葬遗址出现了巨大的蚌塑龙。墓主人为一位壮年男性，身长 1.84 米，仰身直肢，头南足北。在墓主人的左右两侧，用蚌壳精心摆塑龙虎图案。蚌壳龙图案摆于人骨架的右侧，头朝北，背朝西，身长 1.78 米、高 0.67 米。龙昂首，曲颈，弓身，长尾，前爪扒，后爪蹬，状似腾飞。虎图案位于人身架的左侧，头朝北，背朝东，身长 1.39 米，高 0.63 米。虎头微低，圜目圆睁，张口露齿，虎尾下垂，四肢交替，如行走状，形似下山之猛虎。⑥

此墓值得我们高度重视的是墓主人的身份。墓主人以龙的形象作为

---

① 《马克思恩格斯选集》第 4 卷，人民出版社 1995 年版，第 2 页。

② 《史记·补三皇本纪》。

③ 见《玄中记》。

④ 《山海经·海外东经》。

⑤ 关于新石器时代分期说法采用张之恒：《中国新石器时代考古》，南京大学出版社 2004 年版。

⑥ 参见濮阳市文物管理委员会等：《河南濮阳市西水坡遗址发掘简报》，《文物》1988 年第 3 期。

陪葬，身份绝对不同寻常。他有可能是谁呢？据碳十四测定，西水坡遗址的大墓距今约 6500 年，与传说中的黄帝、颛顼的时代相近。重要的根据是《左传·昭公十七年》记载："卫，颛顼之虚也，故为帝丘。"这话的意思是卫国位于颛顼的废墟上，所以称为帝丘。杜预为此语做注："卫，今濮阳县，昔帝颛顼居之，其城内有颛顼冢。"又，皇甫谧注释《史记·五帝本纪》中"帝颛顼高阳者"一句，说"都帝丘，今东郡濮阳是也"。颛顼是崇龙的。《大戴礼记·五帝德》云："颛顼……乘龙而至四海，至于幽陵，南至于交趾，西济于流沙，东至于蟠木。"从以上资料来看，大墓的主人是颛顼的可能性很大。

从此墓的陪葬物看，中华民族也曾有过虎图腾，并且地位与龙图腾相当。后来不知什么原因，虎从神坛上下来了，只剩下龙这一主要图腾。黄帝、颛顼时代相当于仰韶文化的中期，父权制已经确定，仰韶文化晚期是尧舜的时代，尧舜承接的是黄帝的正统。诸多的文献资料说黄帝、颛顼、尧、舜崇龙。[①] 可以说，龙作为君主的象征，在仰韶文化时期就奠定了。虽然，仰韶文化中的龙不是最早的龙，却是史前最重要的龙，因为它奠定了龙在中华民族文化中作为君主象征的地位。人们会发问，为何这座墓中没有凤？也许有理由这样回答，因为这座葬的是男性君主。男性君主的象征物，只能是龙、虎这样的图腾，而不能是凤这样的图腾。虽然凤图腾没有体现出男性、君主这样的意义，但是，史前众多的凤形象与生殖崇拜联系在一起。这里举两个例子：

一是距今 6000 年的河姆渡文化遗址发现的双鸟朝阳纹，这是刻在象牙骨片上的图案。石兴邦先生在考察河姆渡文化遗址后说："这里值得注意的是鸟纹都是双双对对出现，且为同一形象，共同守护或围绕同一事物。究竟意味着什么，值得深思，也许是同一胞族中两个女儿氏族在共同信念

---

① 　如《鼎录》："黄帝作一鼎，高一丈三尺，大如十石瓮，象龙腾云。"《大戴礼记·五帝德》载 "(颛顼) 乘龙而至四海"。《述异记》载："尧为仁君，一日十瑞，宫中刍化为禾，凤凰止于庭，神龙见于宫沼。"

和共同生活条件下的写照。"① 石先生这段话的前一半是没有问题的,后一半结论性的话可能不够贴切。因为这"双"更大的可能是体现出当时人们男女意识的觉醒。鸟是分雌雄的,正如人分男女。之所以鸟纹要成双成对地出现,是因为只有成双成对的鸟才能生育。也许,五个圆圈组成的图案不应理解成太阳,而应理解成鸟卵。

二是红山文化牛河梁第十六地点四号墓发现有一件玉凤饰品。此玉凤昂首,体态丰满,作匍匐状,似在孵卵。史前出土的龙凤图案,只发现凤形象与生育相关,而没有发现龙形象与生育相关。道理很简单,人是女人生的。逐渐地,在龙凤图腾中种下了这样的意识:龙代表雄性,创业者;凤代表雌性,生育者。龙凤性质的这种分化与阴阳文化结下了不解之缘。按阴阳文化,男为阳,女为阴,君为阳,臣为阴。于是,龙凤就分别成为阴阳文化中阳与阴的代表。

二、龙威凤美

在《周易》最初的文本《易经》中,阴阳没有尊卑之别,与之相关,史前的图腾崇拜中,龙凤两大图腾也没有尊卑之别。炎帝族和黄帝族都是既崇龙又崇凤的。属于炎黄部落的大舜被认为是凤凰化身②。舜祭祖,"箫韶九成,凤凰来仪"③。中国夏商周三代中,夏代主要崇龙,也崇凤;而商代则主要崇凤。"天命玄鸟,降而生商。"④ 周有"凤鸣岐山"的佳话,认定凤是自己部族的吉祥神。周代青铜器的纹饰中,凤凰占据十分突出的地位,且极为美丽。更有说服力的是,史前的凤崇拜与中国的太阳崇拜合一,传说中的"太阳鸟"即为凤凰。仰韶文化庙底沟类型的陶器纹饰中就有诸多太阳鸟图案。众所周知,太阳崇拜几乎是人类共同的崇拜,而且也可以视为人类的第一自然物崇拜。以上事实证明,至少在周以前不存在龙尊凤卑这一现

---

① 转引自刘军:《河姆渡文化》,文物出版社 2006 年版,第 160 页。
② 《绎史》卷十引刘向:《孝子传》:"舜父夜梦,梦见一凤凰。"
③ 《尚书·益稷》。
④ 《诗经·商颂·玄鸟》。

象。龙尊凤卑现象的出现当是在战国之后，这是受《易传》中"天尊地卑"说影响所致。

从政治学的维度来看龙凤，龙为君主的象征，凤虽然贵为帝后，但毕竟是臣，因此，存在着一定的龙尊凤卑的意味。从伦理学的维度来看龙凤，它们的意义有别。龙的意义主要有二：一是御民，如乾《象传》所云"大哉乾元，万物资始，乃统天"；二是奋进，如乾《象传》所云"天行健，君子以自强不息"。凤的意义主要也有二：一是"资生"，如坤《象传》所云"至哉坤元，万物资生，乃顺承天"；二是"含弘"，如坤《象传》所云"含弘光大，品物咸亨"。合起来，就是仁爱，这种爱极为博大。传说中的凤，不仅是仁爱的象征，而且是清高的象征。《太平御览·羽族部二》引《诗疏》云："凤凰之性，非梧桐不栖，非竹实不食。"如果不是从政治学的维度而是从伦理学的维度来看龙凤地位，二者是很难说高下的。

从美学的维度来看，龙凤均美，但它们是不同的美。龙的美，主体为崇高之美；凤的美，主体是优美之美。虽然龙凤均美，但龙的突出价值不是在审美上，而是在政治及伦理上；凤虽然政治上伦理上也有崇高的地位，但突出价值是在审美上。事实上，在中国传统文化中，龙不是美的象征，凤才是美的象征。

三、龙凤和鸣

在马家窑文化陶器中，我们惊奇地发现，那由双凤构成的图案，竟然也具有对立与统一的意义。

图中的凤从第二对起均在相对地飞。这种相对飞，体现阴阳的意味：

第一，一阴一阳。尽管有个别图案为四只凤，但它们两只为一组，仍然是一阴一阳。按《周易》的观点"一阴一阳之谓道"①，这种相对地飞，含意就深刻了。

第二，负阴抱阳。图案中，成对凤互相朝着对方的腰部或腹部飞，呈现

---

① 《周易·系辞上传》。

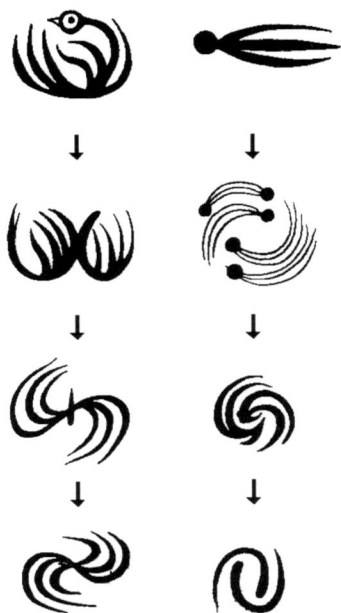

马家窑陶器中的凤纹

出一鸟拥抱、一鸟背负的意味，与太极图中阴阳鱼的关系极为相似。

第三，阴阳相反相成。图案中，双凤的飞行路线，均是绕着圈子，相反而又相成，体现出循环不息的意味。这正如泰卦九三爻辞所云："无平不陂，无往不复"。

史前双凤绕飞的图案，在商周青铜器纹饰得到发展，不只是有双凤相对地绕着飞，还有一龙一凤相对地绕着飞。

值得我们注意的是，龙与凤在这个图案中是合体的。合体的含义极为丰富：

第一，从民族融合来说，它说明中华民族是一个整体，民族的来源虽然多样，但经过长期融合，已经不能分开了。龙、凤不只代表两个民族，而是代表多民族，这多民族已经融合为一个大民族。这个过程，人类学上的表述是部落——部族——部族联盟——大民族；而在图腾学中的表述，则分别为龙凤形成、龙凤合体形成。

第二，从哲学意义来说，它充分地揭示阴阳和合的最高境界是"一"。这里，龙代表阳；凤代表阴；龙凤共体的结果是一，这一就是和。诸多成分化合成为这个一，看起来是单纯了，却是丰富了。邵雍说"水之能一万物之形，未若圣人之能一万物之情"①。一是数的起点，也是数的终点。老子说："道生一，一生二，三生三，三生万物。"② 万物最后复归于一。一即道。石涛论画，有"一画"论，说"画者，众有之本，万象之根"③。

中华民族很重视"和"，精心探讨"和"的实现过程。邵雍称这个过程为"化"。他说："雨化物之走，风化物之飞……应雨而化者，走之性也；应风而化者，飞之性也。"④ 阴阳和合的"化"，其结果是原物形态的消失，此项工作又被称为"化工"。"化工"最高的境界归属于"天工"，天工，自然之工。阴阳文化中，阴阳关系的最高境界是和谐，这种和谐与一般和谐之不同在于它所追求的和谐是你中有我、我中有你的交感和谐。

第三，龙与凤的配合是绝佳的配合，这种配合最能体现中华民族的审美理想。

其一，这是阳刚与阴柔的统一。龙是阳刚的代表，凤是阴柔的代表。中华民族在审美理想上非常推崇刚柔相济之美。苏轼用两句诗概括了这种美的境界："端庄杂流丽，刚健含婀娜。"⑤ 这种刚柔相济之美，形象地说，就是龙飞凤舞。

其二，这是动静、力韵的绝佳配合。龙的形象其突出特点就是威猛异常。而凤，则是温婉娴淑。龙为动，凤为静。龙动，掀天揭地；凤静，天肃地穆。动在力，静在韵。两者的结合是理想的人伦境界。龙凤文化是中国传统文化的两翼，它们从两个不同的方面展现中华文化的精神。如果说，龙代表中华民族刚毅、进取、万难不屈的一面；那么，凤则代表中华民族仁慈、宽厚、智慧灵动的一面。龙凤文化相对、互补、相渗、互含、合一，演化出中华文化的大千世界。可以说，在龙凤身上，寄寓了中华民族自帝王将相到市

---

① 邵雍：《皇极经世·观物内篇》。
② 《老子·四十二章》。
③ 石涛：《画语录·一画》。
④ 邵雍：《皇极经世·观物内篇》。
⑤ 苏轼：《和子由论书》。

井百姓、农家小院全部的人生理想。

第三节　礼 乐 和 合

如果说中华民族的哲学观念主要是阴阳观念，那么，中华民族的政治观念则主要是礼乐观念，礼乐虽然主要施之于治国，但实际上它广泛渗透于中华民族诸多的生活方面，成为中华文化的重要传统，也是中华民族重要的美学传统。一般说，中国的礼乐传统始于夏，成于周。这在文献上是有记载的。生活于春秋时期的孔子说："夏礼，吾能言之，杞不足征也。殷礼，吾能言之，宋不足征也。文献不足故也。"[①]虽然夏朝之前的礼，孔子没有说他能知，但是他也没有否认夏代之前有礼。大量的史前考古材料证明，礼和乐早在夏代之前就已经存在，史前的礼乐虽然不够完备，甚至还可以说是雏形，却是中华礼乐美学的源头。

一、远古存在礼器的可能性

礼这个概念，按王国维的理解："礼（禮）从示从豆"，"豊象二玉在玉器之形，古者行礼以玉"，"奉神人之事通谓之礼"[②]。按此说法，只要是用玉奉神人之事就都称之为礼了。诚然，用玉通神通常属于礼的范围，但作为礼，重要的不是祭神的行为，也不是祭神的用具，而是祭神的权利。显然，即使在远古，虽然人人都需要敬神，也都可以祭神，但是祭祀是分等级的，不同的等级的人从事不同地位的祭祀，也就是说，这祭神的权力是不一样的。像郊祀这样的祭天大典，只有天子才能主持。不仅祭祀的主祭者对身份有所要求，对于陪祭人员也有一定的身份要求。

祭祀在远古人类的社会活动中诚然占有重要地位，但它并不是唯一重要的活动。当时社会组织形式——族群、部落、部落联盟的管理包括生产、

---

① 《论语·八佾》。

② 王国维：《观堂集林》第一辑，中华书局 1959 年版，第 290 页。

战争的指挥、财富的分配等都需要有一定的规章可循，承担这种规章的制定与操控的人，无疑是社会上最有权势的人了。凡能体现权势的行为方式与物件，均见出礼来。

以神定礼还是以权定礼，见出对礼的两种不同理解。也许两者不相矛盾，但无疑后者才是最根本的，荀子讲的礼似为后者。从这个角度去理解礼，凡能见出人的地位区分的一切规则均可以归属为礼。礼使用的领域十分广阔，祭祀、宴享、庆典、结盟、丧葬、婚庆、教育是礼运用得最多的领域，但并非只有这些领域才是礼通行的领域，日常生活、生产劳动、军事活动中也有礼。礼有四个层面：理的层面，礼是建立在理的基础上的。这理不一定要用语言表述出来，但它存在着。制的层面，礼需要有一定制度来保障，大家都得遵守。象的方面，礼需要有一定的仪式程规来体现，通常称之为礼仪。心的层面，对礼要敬畏，要认同。考古从诸多方面证明史前是存在礼制的。像丧葬，中国古代有诸多规定，这些规定属于礼。《礼记·檀弓上》云：

> 有虞氏瓦棺，夏后氏堲周，周人墙置翣。周人以殷人之棺椁葬长殇，以夏后氏之堲周葬中殇，以有虞氏之瓦棺葬无服之殇。夏后氏尚黑，大事敛用昏，戎事乘骊，牲用玄。殷人尚白，大事敛用日中，戎事乘翰，牲用白。周人尚赤，大事敛用日出，戎事乘騵，牲用骍。

这段话是说有虞氏、夏后氏、殷人、周人的葬礼。有虞氏烧土作棺，也就是陶棺。夏后氏烧砖砌在棺的四周。殷人用木头做棺的内棺与外椁。周人在灵柩四周围上木框布屏，并且用上翣扇，翣扇上画着云气花纹。周人用殷人的棺椁来葬埋 16 岁至 19 岁的孩子，用夏代的砖砌瓦棺来葬埋 12 岁至 15 岁或 8 岁至 11 岁的孩子，用虞代的瓦棺来葬埋不到 8 岁的孩子。不到 8 岁的孩子死去，不用丧服，称之为无服之殇。夏代崇尚黑色，丧事入殓选日落时刻。打仗骑黑马，祭祀杀的牲畜用黑毛的。殷人尚白，丧事入殓宜在中午，太阳当顶。打仗骑白马，祭祀杀的牲畜用白毛的。周人尚红，丧事入殓的时间宜太阳刚出的时候。打仗骑红马，祭祀杀的牲畜用红毛的。

如此看重葬制，其实并不始于有虞氏，至少在仰韶文化时期葬就有礼制了。西安半坡遗址发现一座仰韶文化时期的公共墓地，墓穴排列有序，多数取朝西或近西的方向，这肯定包含有某种观念。葬式以单人仰面直肢为主，也还有少量的俯身葬（15座）、屈肢葬（4座）。半坡还盛行二次葬，人死后，先作临时埋葬，等尸体完全腐烂后再将尸骨捡起来，做另一次埋葬。半坡有合葬墓两座，一座为两位男性的合葬墓，年龄40岁左右；一座为四位女性的合葬墓，年龄约为十五六岁。在半坡，小孩葬有其特殊之处。成人无葬具，直接埋入土坑，而小孩有葬具。这里，孩葬中男孩与女孩有区别。男孩用瓮棺，瓮棺上面盖上陶盆。陶盆有人面鱼纹，盆中有孔。这孔显然是让孩子的灵魂自由出入的。女孩用木棺，随葬品远较男孩甚至成人丰富。如此种种不同的葬式当然有某种道理在，说明半坡时就有葬制。

山东省泗水县尹家城遗址发现属于龙山文化墓葬65座。学者将这些墓葬分成三等七级。第一等的有5座墓，又分为两级，第一级的墓一座，两椁一棺，墓穴最大，达25平方米以上，随葬品丰富，且品质优良。第二级的墓四座，墓穴较大，为10平方米左右。一椁一棺。第二等的墓29座，为中型墓，又分为三级：第一级的有11座墓，墓穴约5平方米，随葬物均10件以上。第二级的11座墓，墓穴约3平方米，随葬品只有三至五件。第三级的墓7座，墓穴3平方米左右。除个别死者手持獐牙外，均无随葬品。第三等墓21座，为小型墓。墓穴在2平方米以下，仅能容尸，无葬具。它又可以分为两级，第一级尚有极少的随葬品，为生活用具，以陶钵为主。第二级的，什么随葬品也没有。

尹家城遗址的墓葬体现出一种与半坡墓葬完全不同的礼制，半坡的葬制说明男女有别，小孩与成人有别。这是母系氏族社会礼制的反映。而尹家城遗址墓葬所体现出来的礼制则见出阶级分化，说明原始社会快结束了，奴隶制社会已经或正在到来。

中国古代的礼制文化涉及大量的日常生活问题，像装饰，就不只是一个审美的问题，还是礼制的问题。装饰有种种，其中有冠饰。中国远古非常重视冠。《礼记》云："冠者，礼之始也。"① 也许日常生活中戴什么冠不必太讲究，但在礼仪场合这冠却不能乱戴。不同的冠称呼也不同。天子戴的冠称之为冕，天子在不同的礼仪场合戴不同的冕。《周礼·春官宗伯》云："王之吉服：祀昊天上帝，则服大裘而冕，祀五帝亦如之；享先王，则衮冕；享先公、飨、射，则鷩冕；祀四望山川，则毳冕；祭社稷、五祀，则希冕；祭群小祀，则玄冕。"这体现在戴帽上的礼制是不是也可以在史前找到呢？也可以。良渚文化反山遗址出土的玉琮上的神人兽面纹，那神人头上就有一顶宽大的羽冠，我们完全有理由认为，这神人实际上是按照部落长的形象来描绘的，羽冠就是部落常戴的礼帽。良渚文化反山遗址、瑶山遗址出土的三叉形器（山形器），学者们猜测它就是部落首领冠上的装饰。

二、史前礼器的主体为玉器

有礼，就有相应的器。学者一般将用于生产、军事和日常普通生活之中的器具就称为用器，用于礼制的器具称为礼器。

礼器既然不用在生产、军事和日常普通生活之中，其地位之高贵可想而知。地位高贵，在用料上、在制作上就不能不讲究。这样，礼器就与审美相通了，礼器首先要求美。只有美，才能谈得上贵。于是，礼器在更大程度上通向了艺术，礼器必然是艺术品，而且是艺术珍品。

地下考古发现的远古人类的实物，就制作的原材料来说，有石器、木器、陶器、玉器等。大体上，石器和木器主要用于制作实用的生产工具与生活器具，除极为精美者外一般是不能成为礼器的。陶器主要是生活器具，极精美者可能是礼器，如龙山文化中的高柄黑陶杯。

最能见出器物的礼品格的，应属玉器。史前礼器的主体是玉器。考古发现的中国史前玉器不下 2000 件，其中最著名的玉器发现遗址有红山文化、凌家滩文化、良渚文化、石家河文化、大汶口文化、龙山文化等，这些文

① 《礼记·冠义》。

化遗址发现的玉器基本上可以分成四大类：第一为饰玉，它是装饰物，用来装饰人的身体；第二为佩玉，它主要为人们赏玩的对象，也可以佩戴在身上；第三，为神玉，它是祭祀时巫师的用具；第四为权玉，它是某种权力的象征。四类玉均在不同意义上体现出礼制的色彩。

我们先来看饰玉。最早发现的饰玉，是距今 8000 年的兴隆洼文化的玉玦。据专家研究，它是耳部的装饰器。红山文化绝对年代距今 6000—5000 年，主要分布在辽河流域。它出土的玉器很多，其中勾云形佩其基本功能可能是装饰，良渚文化的绝对年代为距今 5000—4000 年，主要分布在太湖流域。良渚文化中出土的饰玉很多，其中之一为冠状饰，基本形制为倒梯形，冠状饰多刻有兽面纹，有的则为素面。

佩玉可以看成是一种装饰，也可以看作是一种把玩物。红山文化发现的 C 字形玉龙、猪形玉龙、玉鱼、玉鳖、玉鸟、玉鸮应是佩玉，良渚文化遗址发现的玉璜也很可能是佩玉。能够佩戴这些玉器的人肯定不是部落中的一般人，而只能是部落中有权力的人，他们佩戴着这些玉器，除了显示出对美的爱好外，还显示出一种身份与地位。因此，饰玉与佩玉未尝不可以看作是礼玉。

神玉是用来从事祭祀活动的玉器。最具代表性的神玉是琮，一般认为，它是祭地的器物。琮有内圆外方形和圆形两种，内圆外方形又分大孔小孔两种。琮的高度、大小、表面纹饰均有区别。良渚文化中的反山 M12 出土玉琮六件，是各墓中最多的，其中编号为 M12：98，号称"琮王"。此件通高 8.9 厘米，上射径 17.1—17.6 厘米，下射径 16.5—17.5 厘米，孔外径 5 厘米、孔内径 3.8 厘米。此具琮不仅体积大，而且分外美观，纹饰繁缛。这具琮的实际意义，应超出了祭神，它也是权力的象征。

权玉是能体现权力的玉器。在远古，权力是依仗军事力量的，因此，很自然地，兵器成为权力的象征。在众多的兵器中，史前人类逐渐选择钺这种兵器作为权力的象征。良渚文化反山南北两排九座墓葬中发现有玉钺五件。这些墓都伴有玉琮、三叉形器、锥形器（头部装饰）等，足以证明墓主人生前的权威。徐世炼先生认为，"钺与神没有直接关系，它只是世俗权力的一个象征,显示持有者的身份和特权"。① 徐先生还认为,"以钺为中心的和以琮为中心的分属于两个不同的用玉体系。钺是表示等级身份的器物组合核心。琮有时加强这种组合的地位。如果钺代表的是世俗的权力,琮则代表了宗教的权力。而两者合用则可以理解是政教合一的标志。"②

龙山文化是距文明最近的史前文化。龙山文化时期,玉器是最主要的礼器,礼器的价值不只是取决于人们所赋予它的象征意义,还取决于它制作的工艺水平。就玉器制作的工艺水平来说,龙山文化达到了史前制玉的最高水平。

朱封 202 号大墓有一件头饰,由乳白色佩形玉件和顶端有榫口的墨绿色簪形玉件嵌合而成。器物精巧秀雅,堪谓龙山文化玉器的代表作。如此精雕细琢,说明人们已经不满足于仅仅将玉器作为神器、礼器,还需要进一步提升它的艺术品格,以满足人的审美需要了。

三、史前的乐

1986—1987 年,在河南舞阳贾湖裴李岗新石器文化遗址发现有鹤骨做成的笛,共 25 支,其中完整的 17 支,残器 6 支,半成品 2 支。这些骨笛,最早的距今约 9000 年。这些笛大多有 7 个音孔,少数的为 5 孔或 8 孔。③ 研究人员尝试着用这笛吹奏,还能吹出完整的乐曲来。河南汝州中山寨新石器时代遗址也出土了属于裴李岗文化的骨笛,据碳十四测定,距今 6955—7790 年。舞阳贾湖骨笛的出土证明,早在史前期,中华民族就有了 7 声阶的认识,已经能够曲尽各种细致的情感。

史前的岩画以形象的手法展现了史前人类载歌载舞的场面。著名的广西花山崖壁画以歌舞为主题,据发现者杨成志介绍:

---

① 徐世炼:《从工具礼器化到兵器礼器化》,见《中国玉文化玉学论丛》,文物出版社 2006 年版,第 109 页。

② 徐世炼:《从工具礼器化到兵器礼器化》,见《中国玉文化玉学论丛》,文物出版社 2006 年版,第 121 页。

③ 河南省文物考古研究所:《舞阳贾湖》上卷,第四节,科学出版社 1999 年版。

花山石壁高约 200 公尺，宽约 300 公尺。石壁下部约六千平方公尺的面积里，现尚清晰可见的约一千多个人物形象。其中位置最高的一个，离河面九十公尺。人物的形象大小不等，大的约三个人大，小的也有约半个人大。像武士形状的正面男人最多，画面人物有的排列成行，有的像集体舞蹈。又有像狗的动物形象和各种像铜鼓面形或盾牌形的圆圈。由这些不同的形象看来，或许是与作战时集体会师或举行庆祝大会和舞蹈的表现有关。①

虽然歌舞的具体场面，各部落有所不同，但在各种重要的场合举行盛大的歌舞当不只是花山地区独有。据各种文字资料记载，歌舞在史前人类生活中比较普遍。不仅庆典有歌舞，祭祀有歌舞，作战前有歌舞，而且在从事某项重要的生产活动前也有歌舞。歌舞的功能是多方面的。学者一般看重它的通神功能，无疑，这一功能很重要，但不是唯一的。歌舞在表达并沟通情感、激发士气、统一心志上，具有不可忽视的重要作用。据记载，传说中的三皇五帝均有属于自己部族的歌舞，而且对于音乐均有自己的贡献。伏羲是中华民族人文始祖。《史记·补三皇本纪》云，伏羲"号曰龙师，作三十五弦之瑟"。伏羲的歌舞为《扶来》又名《凤来》。《凤来》顾名思义，凤凰来贺，显然是一种欢庆的歌舞。女娲氏也有自己的歌舞，名《充乐》。相传女娲氏发明笭、笙，这种乐器盛行于南方少数民族的音乐生活之中。神农氏是中华民族重要的始祖之一，相传他是琴与瑟的发明者，神农氏的歌舞为《扶犁》（又名《扶持》《下谋》）。黄帝的音乐名《咸池》。《白虎通德纪·礼乐》说："黄帝乐曰《咸池》者，言大施于天下之道而行之，天之所生，地之所载，咸蒙德施也。"《咸池》是天下安康、百姓幸福之乐，也是黄帝爱民之乐。此乐充分体现乐和同人心的功能。黄帝的孙子五帝之一的颛顼也喜好音乐，他的乐名《承云》，关于这一音乐的来历，《吕氏春秋》说："帝颛顼生自若水，实处空桑，乃登为帝。惟天之合，正风乃行。其音若熙熙凄凄锵锵。帝颛顼好其音，乃令飞龙作，效八风之音，命之曰承云，以祭上

---

① 《花山崖画资料集》，广西民族出版社 1963 年版，第 17 页。

帝。"① 效仿大自然的音响作歌,它的直接效应乃是与天和,也就是说,在精神上实现了与自然、与天地神灵的统一,这正是古代人们所企盼的。这是一种天人合一,以音乐的方式在精神上所实现的天人合一。大禹作乐基本上也持这种传统,但是增加了一个重要内容,那就是歌颂帝王的英明。他的歌舞为《夏籥九成》。这又形成一种传统。商汤伐夏桀,功成,命伊尹作《大濩》;周武王伐商纣,深得民心,命周公作《大武》。这种以歌颂圣明君王为主的音乐,传达的是另一种更为深刻的意义:那就是《周易》革卦《象传》所说"顺乎天意而应乎民心"。

音乐的突出效应是和谐,一是人与天和(含人与神和),一是人与人和。当然,这种和,是情感上的、想象中的,未必实际,却能发挥最大的效应,淡化乃至解构由礼带来的人与人之间的隔膜与对立。上古神话中有关音乐与和的记载同样甚多。

四、礼乐传统

礼,中国文化重要特质之一。关于礼,荀子有一个很经典的说法。荀子说:"礼者,养也……君子既得其养,又好其别。曷谓别?曰:贵贱有等,长幼有差,贫富轻重皆有称者也。"②

按荀子的说法,礼的本质是别。别就是分类,首先是人要分类,见出贵贱贫富之不同;再就是事要分类,见出轻重缓急之不同,三就是理要分类,见出管属大小之不同。没有分,就不可能有群,没有群,就无法在严酷的自然条件下生存,更不要说发展了。

礼广泛地体现在人们的生活中,不仅政治权利、经济待遇、宗教活动要体现出差别来,就是生活用具也要有所不同。像鼎这种器具具体用途不过是煮肉盛肉,但不同的人用的鼎有重大区别,不仅大小、规制、造型有别,而且使用起来也有诸多讲究。按西周礼制,只有天子祭祀才可用九鼎,配

---

① 《吕氏春秋·仲夏纪》。
② 《荀子·礼论》。

以八簋,最低档次的士只能用一鼎一簋,而百姓根本不能用鼎.孔子很重礼,吃肉,"割不正不食"①,原因是不合礼制;穿衣,说"君子不以绀緅饰,红紫不以为亵服"②.因为绀緅这两种颜色近于黑色,黑色是正式礼服的颜色,不可用来做装饰;红色与紫色也是贵重的颜色,只能用作朝服,不能用作日常服装.

礼制的意义当然首先是政治的.礼在政治上的最大好处是规定了社会上的各种规制,让人们的言语行动有章可循.中国政治的基本方式为礼治,从美学上来看礼,礼的审美本质在秩序感.秩序感是审美的重要规律之一.礼,通常由一定期形式来保障,称之为"礼仪".礼仪有一定的形式美.

礼与乐,一重在别,一重在和.前者体现社会对秩序的需求,后者体现社会对和谐的需求.两者均是实现社会稳定不可缺乏的方面.礼治与乐治缺一不可,中国传统将二者并提,称之为礼乐.礼之本在善,审美的意义是附加的;乐之本在美,求善的意义是附加的.二者互补,互渗,互促,共同合作,促进了社会的进步与发展.史前的礼乐文化是中华民族礼乐传统的源头,值得格外重视.礼乐文化在周朝蔚为大观.礼乐和合的审美境界为"和乐"."和乐"出自《诗经》中的《鹿鸣》《常棣》.《荀子·乐论》和《礼记》中的《乐记》《中庸》《乡饮酒义》也有此概念,表达的意思都是和谐且快乐.

第四节　意象合一

意象合一是中国美学的重要传统之一.这一传统我们通常溯源到《周易》.《周易》的主体是象,这象有八卦符号、阴阳符号,还有每个卦各自代表的宇宙自然、社会人生的众多事物.在《周易》宇宙观、时空观、生命观等诸多方面的哲学思想的指导之下,构成诸多的意象系统.象是《周易》的基础,象的组合又根据着一定的数,这数不能简单地理解成数量的关系,而

---

① 《论语·乡党》.
② 《论语·乡党》.

应理解为制《易》人所认为的宇宙发展变化的逻辑。在象的基础上，再配上卦辞、爻辞。卦辞、爻辞只是《易》象的说明，不是《易》理规律的概括。关于这个结构，王弼总结为"立象以尽意"，这是准确的。值得说明的是，这"意"不是制《易》者主观的意，而是制《易》人所理解的宇宙（包括社会人生）发展变化的客观规律。

《周易》这种意象系统奠定了中华民族美学的基本品格。中华民族美学这种意象合一的传统也可以从史前的艺术中找到它的源头。这里，至关重要的是象的制作。《周易》中的象是如何制作出来的？《系辞下传》说："昔者包牺氏之王天下也，仰则观象于天，俯则观法于地，观鸟兽之文与地之宜，近取诸身，远取诸物，于是始作八卦，以通神明之德，以类万物之情。"这段话的要点：一是"观"。《周易》的象源自客观外界，是"观"来的。二是"取"。分为两个方面："近取诸身"，即取自人的现实生活及人的主观世界；"远取诸物"，即取自自然现象及其规律。三是"通"。"通神明之德"即与神相沟通，让神了解人的意愿，支持人的意愿。四是"类"。"类"为合，"类万物之情"，即让人的意愿合乎自然规律，从而让自然规律支持人的意愿。

这四个要点，我们在史前的艺术中均可以找到对应处：史前艺术中有大量的自然现象的造型，均是初民们从自然界观来的。值得说明的是，史前初民从外界获取大量的象，只是用来作为创作的原料，而不是简单地模仿外界的象。出现在彩陶上的鸟纹、鱼纹、蛙纹，有写实的，但更多的属于写意。凡写意的，均有不同程度的抽象，不同程度的变形。如《周易》中的制象目的在"尽意"一样，史前彩陶、玉器上纹饰也主要在"尽意"。此"意"同样是为了"通神明之德"。

像下面这两具仰韶文化庙底沟类型彩陶盆，其纹饰比较复杂，有鸟，有星星，有太阳，有云气，还有花木。初民们将这纹饰弄得这样复杂，肯定是企图借这图案表达一种观念，向谁表达这种观念？当然是向神灵了。史前陶器和玉器上的纹饰也有"类万物之情"的意义。像下面这具仰韶文化史家类型葫芦瓶，其纹饰同样比较复杂。

制器者试图说明什么呢？仁者见仁，智者见智，不同的说法很多。蒋

仰韶文化史家类型葫芦瓶
（采自《考古与文物》1980 年第
3 期）

书庆先生有一种解释，他认为图中的"鱼纹在寒热两半相对应正反两面鸟
纹之间，是以传递寒热阴阳信息的使者而存在，以鱼纹按鸟纹自然数顺序
而回旋，则形成同一圆圈纹中两个相互环抱的鱼形图像，而这一形式也正
是传统文化中的古《太极图》形。从这一花纹形式中我们正可以看到古《太
极图》的起源与由来"①。不管这种说法是否成立，此图的创作者肯定是有
一种想法的。从构图来看，除了通明之德外，很可能传达了创作者对于宇
宙自然的规律的一种认识与理解，也就是"类万物之情"。

中国古代的意象系统，有两个特点：

一、真与美同体

中国古代文化理解的真，有四个意义：真事，真情，真理，道。中国的
意象系统中，其意同样存在着这四个意义的真，只是不同的意象侧重于不
同的真。中国意象系统中的象也是多种多样的，有的具象，有的抽象，有的
为实象，有的为虚象，有的为幻象，有的为征象。

由于象本身就具有审美性，美离不开象，因此，意与象的统一寓含着真
与美的统一。以象表真的代表是《周易》。《周易》六十四卦，每卦均有诸多
的象，每象均为美丽动人的自然图画或生活场景，它们均具有强烈的审美

---

① 蒋书庆：《破译天书》，上海文化出版社 2001 年版，第 131 页。

感染性。由于周易的象均是意的载体，因此，这象就是意的图解包括真的图解。比如，晋卦，它上卦为离，下卦为坤，离为火，太阳，坤为土，为大地。于是，晋就构成这样的画面：一轮太阳从地平线升起。这样的画面，无疑很美。但它只是美吗？不是。它寓有某种思想，这思想就是《象传》所说的"进"。可以有各种不同的进，就社会事业来说，它是发展，是进步，是成功在望。至于为什么是"进"，晋卦卦象的组织包括六爻所在的位置，均以一定的逻辑解释了。这就是真——《周易》所认为的真理。这种象与真的关系似乎像科学图解。应该说，这不是《周易》的首创。

史前彩陶、玉器上的纹饰，有一些没有太多的思想，可能就是描绘自然界的一种现象，但不排除其中有一些是有深意的。大体上来说，中国古代借助图象表真，其真更多的不是真事，而更多的是真情、真理，而真理，当其深化，泛化，又达到宇宙本体——道。中国史前彩陶、玉器上的纹饰，抽象多于具象，心象重于物象，反映出中华民族的思维品格的走向，中国哲学、中国美学、中国艺术深受其影响。

二、善与美同义

中国古代的意象思维，其意不仅含有真，也含有善与美，这三者是相通的。从史前彩陶、玉器的纹饰、造型，我们不仅读出了初民对于真、善的理解，也读出了他们对于美的理解。这三者往往是不可分的。

中国的文字也是一种意象系统。它究竟产生于何时，还是一个有待考古新发现的问题。据现在的考古发现，距今 7000—5000 年的仰韶文化，有文字符号，可惜的是，不够多，现在不能辨识。现在能够确定的甲骨文只有3000 多年的历史。虽然甲骨文的历史短，但仍然透露出一些古代文化的信息。

"美"是最早的汉字之一，在甲骨文中，"美"字上半部是个"羊"字，其形状象羊头；下半部是个"大"字，"大"字象正面站立的人。关于此字的解释，《说文解字》云："大，天大地大人亦大，故大象人形。"这样看来，"美"是"羊"字与"大"字的结合。它的意义是什么呢？目前有三种说法：

第一种说法是"羊大为美"。此说出自东汉许慎的《说文解字》。许慎说："美，甘也，从羊，从大，羊在六畜主给膳也，美与善同意。"这里说的"甘"字，"从口含一"，本义为甜，在这里引申为可口。羊是生活在中国西北部的汉人祖先羌部落最主要的食物来源。羊大则肥，羊肥则可口。宋代学者徐铉为许慎的《说文解字》做注，曰："羊大则美"。第二种说法是"羊人为美"。此说又可分为二：一认为美字的上部是羊角，下是人，全字为头上戴着羊角的巫人形象。肖兵、李泽厚持此看法。[①] 另一认为美字上部是羽毛的装饰物如雉尾之类，下是人。[②] 康殷持此种看法。两说都将美字的起源归于巫术。第三说是"色好为美"。马叙伦持此说。马先生认为"美"本书"媄"，"媄，色好也。"他说："徐铉谓羊大则美，亦附会耳。伦谓美字盖从大，芊音微纽，故美音无鄙切。"马叙伦认为，"美转注为嬔。嬔，从女，嬔声，亦可证美从芊得声也。芊羊形近，故讹为羊。"[③] 这样说来，美实与羊无关，美来自女色之好。

　　以上三说，各自强调了审美发生的一方面的原因。第一说"羊大为美"，强调了审美起源于物质功利；第二说"羊人为美"，强调审美起源于巫术；第三说"色好为美"，强调了审美起源于性爱。其实，不管是"羊大为美""羊人为美"，还是"色好为美"，都说明审美发生服从于功利。功利先于审美，功利孕育审美，功利决定审美。广义的善即为功利。从这个意义上说，善为美。

　　以上我们所说的虽然据自中国文化史的材料，但具有全人类的意义。虽然各民族的审美发生并不都与羊有关，但审美孕育于功利之中，是没有什么不同的。值得我们格外注意的是，中国汉字的"善"具有多义性。它与"膳"字相通，可用来说饮食。善引申为实际功利，为成功，为"好"。善后来又用来指品德高尚，遂成为伦理学的范畴。"善"字的意义变迁史为我们进一步探索中国审美意识的起源提供了方向。从中国美学的实际来看，美与善（伦理学意义上的）的关系非常密切，这在儒家美学中体现得十分突

---

① 肖兵：《美·美人·美神》，见《美的研究与欣赏：第一辑》，重庆出版社 1982 年版，第25 页。

② 康殷：《文字源流浅说》，荣宝斋出版社 1979 年版，第 9 页。

③ 马叙伦：《说文解字六书疏证》卷七。

出。善即美，众所公认为中国美学的一大特点。

从文字学角度来分析，我们发现，"美"字与"善"字中都含有一个"羊"字。羊是中国西北地区羌人的图腾。《说文解字》云："羌，西戎牧羊人也，从人从羊。"这羌人是周人的祖先。作为氏族的图腾，羊是吉祥、幸福的象征。"羊""祥"通用，屡见于甲骨文、金文之中。《说文解字》云："羊，祥也。"而"祥"又通"善"。《尔雅·释诂》："祥，善也。"这样，由"羊"而通"祥"，由"祥"而通"善"。至于"善"字的本义，《说文解字》云："善，吉也，从誩，从羊，此与义、美同意。""义"由"羊""禾""戈"三字组成，意味着畜牧业、农业和战争三者的结合。这三者的确很重要，有了这三者，部落自然强大，人丁自然兴旺，那当然是大善、大美的了。

日本学者笠原仲二在接受许慎的"羊大则美"的观点后，从审美生理与心理的角度对此观点有所发挥。他认为"羊大"作为美的出发点，可以有四个方面的意思：其一，视觉方面，羊的庞大身躯给人强壮的感觉；其二，味觉方面，羊肉的丰腴肥厚给人"甘"的感觉；其三，触觉方面，羊毛的细软、丰厚对人的御寒产生期待的感觉；其四，从经济上考虑，羊具有很高的价值，使人产生欲望的感觉。这些内容从心理的角度讲，都可称为幸福和吉祥的感受，它包含在喜好、欢欣、快乐之中。[1] 这种分析很细致，很有说服力。它主要是从羊对人的经济价值这方面来谈的，由经济价值而到审美价值，因功利而为美。

日本另一著名的美学家今道友信则从羊在祭祀中的作用来谈它为什么成为美的。今道友信先生认为，美、义、善都有一个羊字头。这羊不能仅从美味的角度去理解，而应该联系《论语》中"告朔之饩羊"去理解。他说"告朔之饩羊"是每月初一祭庙用的活羊。从这句话，我们可以转而联想到"牺牲"这个词内在的含义。羊是牺牲的象征。因而，每当自己双肩扛起牺牲的羊时，就成了含义为对社会负责的"义"字，这个字的构造是在我肩上背着羊，这一点是十分明了的。而且，那个我所付出的牺牲的大小，是要符合

---

① 　参见笠原仲二：《古代中国人的审美意识》，三联书店 1988 年版，第 3 页。

规定的。即一定的牺牲,放在一定的献台上,这时构成的不正是"善"字吗？今道友信还认为,善字的下半部是从"豆"字得来的,"豆"是中国古代的一种食器,浅如盘,下有圆座。根据这种分析,今道友信认为,善与牺牲有关,当牺牲超出一切规格,大到连自己也要毁灭的时候,这就是美了。今道友信先生说:"美相当于宗教里所说的'圣'。美是作为宗教里的理想道德而存在的最高概念。"[1]

将以上看法概括起来,就是中华民族的审美意识的一个重要基因:"美善同义"。中华民族美学的全部奥秘就在"意象"。中华民族对美的理解与意象分不开,中华民族绝不会离开意象去谈什么美,离开象的抽象概念,在中华民族看来无美可言。虽然美离不开象,但中华民族绝不会止于象,她会将此象全部转化为意,成为意之象,象即意,意即象。表现在诗歌艺术中,景语即情语,情语即景语,情与景妙合无垠。绘画等造型艺术就更不消说了。不仅象全部化为意,成为意之象,而且此意还在不断地升华,在意的升华过程中,象也在不断地升华着,象的升华,就成为境。所以,虽然意象是美的存在形式,却只是最低层次,最高的美却在意境,或者说境界。美始于意象,生于意象,然后大成于境界！

第五节　中华魂魄[2]

中华民族以"中华"为自己的族名、国名,这中间积累着中华民族极为丰厚的精神文化。"中华"之"中",之"华",既有相对独立的文化内涵,又相互通融,互为释义。与"中华"几乎可以互换的"华夏"概念,其"华"其"夏"同样如此。中华文化是一种非常美学化的文化。深入品味中华美学精神,会发现,中华美学精神有个内核,这个内核就是"中华""华夏"。从"中""华""夏"以及由它们连缀的"中华""华夏"和"中国"概念,我们触

---

① 今道友信:《关于美》,黑龙江人民出版社 1983 年版,第 20 页。
② 本节曾以《中华美学之魂——为中华美学释名》发表于《人民日报》2016 年 12 月 19 日。

摸到了中华美学的强劲脉搏，强烈地感受到了它的绚丽多姿，它的恢宏大度，它的堂堂气概。

一、"中"之美

"中华"名号首字为"中"，它寓含着极为丰富的思想内涵，《故训汇纂》收入中的辞条近六百。"中"的许多意义化为美——"中"之美：

一是居中为美。"中"首先为中位。《周易》中的经卦为三爻，三爻中第二爻为中位。《周易》中的别卦由两个经卦构成，于是，它就有两个中位——第二爻与第五爻。按《易》理，居中为吉。这中，既有空间义，又有时间义，更有恰当、正确义。

二是正"心"为美。中有内的意思。《说文》云："中，内也，从口、丨，上下通。"内与外应该说都有美，但中国人比较地注意内，这内，于家来说，家内事务是重要的；于国来说，国内事务是重要的；于人来说，内心是重要的。中国哲学非常重视内，突出体现在对于心的重视。心在人体之中，在中国的古籍中，"中"的意思常为"心"。

《论语·先进篇》云："回也，其庶乎，屡空。"何晏集解："空犹虚中也。"《史记·乐书》"情动于中。"这些"中"均为心。

《文选·潘岳悼亡赋》："悲怀从中起"。张铣注云："中谓衷心。"

中华哲学儒道释三家均以修心为本，只是修法不同：儒家修心重礼，以仁义为心；道家修心重无，以自然为心；释家修心重空，以寂灭为心。三家均认为，心修到一定的境界，就可以说为美了。

这里要提到与心相关的一个概念——"诚"。诚，指心，但强调这心是真实的心。如果说人之本在心，那么，心之本就在诚。《礼记·中庸》云："诚者，天之道也。诚之者，人之道也。"儒家将"诚"提到天道的高度了。人效天，故人道亦重诚。《庄子》说："真者，精诚之至也。不精不诚不能动人。"[①]庄子将真与诚联系起来，认为真为诚之至即至诚。不仅如此，他还将诚与

---

① 《庄子·渔父》。

审美联系起来，说"不精不诚不能动人"，无异于说不精不诚就不足以成美。

三是中正为美。中华哲学重正，正即为正道，正道即为中道。《易·系辞下》"则非其中爻不备"，惠栋作述，云："中，正也。"① 《孟子》云："汤执中，立贤无方。"② "汤"指商汤，他用人取中道，无偏私，唯德是举，唯才是用。

中道不仅通向真，也通向善。《楚辞·离骚》云"耿吾既得此中正"，此处的"中正"，蒋骥注云："中正，理之不偏邪者。""理之不偏邪"，这理有两义：一是真理，它是客观事物的内在规律；二是善义，它是于社会于国家于人民有利有益的规定。

儒家将中道名为"中庸"。中即正，是讲理之真；庸可训为用，是讲善用理。中庸可以理解为至善，也可以理解为至美。

四是中和为美。和，是中华美学的最高范畴。和于人，是身与心、情与理的和谐，内在修养与外在风度的和谐；和于社会，是人与人之间的和谐；和于天地，是人与自然的和谐。这人与自然的和谐是最高的和谐，《乐记》称之为"天和"。"与天和者谓之天乐"，"天和"是至和，天乐是至乐。

"和"虽然能通向美，但必须有"中"来节制。《春秋繁露·循天之道》云："中，天地之美达理也，圣人之所保守也。""中"是天地之理，圣人以这理为自己的主心骨。在儒家，一般说的"和"均为"中和"。《中庸》云："中也者，天下之大本也；和也者，天下之达道也。致中和，天地位焉，万物育焉。"

中和之美是中华美学的精髓。南北朝时的大文学家沈约论音韵云："夫五色相宜，八音协畅，由乎玄黄律吕，各适物宜，欲使宫羽相变，低昂互节，若前有浮声，则后须切响。一简之内，音韵尽殊；两句之中，轻重相异。妙达此旨，始可言文。"③ 唐太宗论书法："夫字以神为精魄，神若不和，则字无态度也；以心为筋骨，心若不坚，则字无劲健也；以副毛为皮肤。副若不圆，则字无温润也。所资心副相参用，神气冲和为妙。"④ 这里说的"冲和"即为"中和"。

---

① 宗福邦等主编：《故训汇纂》，商务印书馆 2003 年版，第 26 页。

② 《孟子·离娄章句下》。

③ 沈约：《宋书·谢灵运传论》。

④ 李世民：《唐太宗指意》，见《佩文斋书画谱》。

中和之美不只体现在艺术审美上，也体现在环境审美上。中华哲学中的"五行"说，以中为贵，中为土，为地。周易《坤》是大地的颂歌。《坤·文言传》云："君子黄中通理，正位居体，美在其中，而畅于四支，发于事业；美之至也。"

我们的国家是以"中国"为名，中国之美囊括了全部的"中"之美。

二、"华"之美

中华民族用"华"作为自己的族名，最为鲜明地表示中华民族是一个爱美的民族。

"华"在古汉语中亦为"花"。《论语·子罕》有句"唐棣之华"，皇侃疏："华，花也。"中华民族非常喜爱花，中国新石器时代早期，距今8000—5000年前的秦安大地湾文化彩陶器上就有花叶纹，距今7000—4000年的仰韶文化的彩陶器上，花纹更是绚丽多姿。

由花派生出"荣"的概念。《尔雅·释草》："木谓之华，草谓之荣。"用"荣"来训华，这"华"就具有了生命的意味。自然生命兴旺发达谓之荣；社会生命显达，族群繁衍，也称之为荣。由此，奠定了中华美学的基本主题：生命发展意识与社会进步意识。

《周易·系辞上传》云："夫乾，其静也专，其动也直，是以大生焉；夫坤，其静也翕，其动也辟，是以广生焉。"又，《周易·系辞下传》云："天地之大德曰生。"《老子》云："天长地久，天地所以能长且久者，以其不自生，故能长生。"[1] 孔子云："天何言哉？四时行焉，百物生焉。天何言哉？"[2] 这些话都强调生命之可贵，生命之美。

在认同天地生命的永恒性的基础上，道家侧重人的自然生命。儒家侧重于人的社会生命，不论侧重的是哪种生命，生命的最高境界都是人的生命与天地生命的统一。

---

① 《老子·七章》。
② 《论语·阳货》。

"华"还有"光"义、"光华"义。《文选·曹丕〈芙蓉池作〉》"华星出云间"李周翰注:"华,光也。"《荀子·正论》云:"琅玕、龙兹、华觐以为实。"杨倞注云:"华,谓有光华者也。"①

在中华民族的意识中,"光"通常指太阳光,"光华"也一样。中国哲学的第一对概念为"阴"与"阳"。阴阳概念的来源与太阳有着直接联系。《周易》云:"一阴一阳之谓道。""阴阳不测之谓神。"《周易》将宇宙的根本规律——道归之于"一阴一阳"的关系,这一认识构成了中华哲学的基本精神,也构成了中华美学精神的基本精神。中华美学非常注重阴阳关系的处理,并且推导出两种基本的审美形态:阳刚之美和阴柔之美。清代学者姚鼐说:"吾尝以谓文章之原,本乎天地。天地之道,阴阳刚柔而已。苟有得乎阴阳刚柔之精,皆可以为文章之美。"②

虽然就哲学层面来说,阴阳二者不可缺一,有阴必有阳,有阳必有阴,但对于二者,中华民族的态度是有所区别的,这种区别可以概括为"崇阳恋阴"。"阳"是中华民族精神的主心骨,它是中华民族积极向上、不断进取的精神支柱。《周易》乾卦为纯阳之卦,《乾卦·象传》阐释乾卦精神:"天行健,君子以自强不息。"

"华"有"美"义。《文选·张协〈七命〉》"镂之以金华",李周翰注曰:"华,谓美也。"③美字早在甲骨文中就有了。《说文解字》释义,说是"羊大为美";也有人解释为"羊人为美","羊人"为戴着羊角的巫师。两种解释均可,羊大为美,重在人的肉体生命的价值;羊人为美,重在人的精神生命价值。

先秦古籍中的美字往往兼有"善"义、"好"义,但在《论语》中已经见出它的独立性。孔子论乐,说《韶》乐"尽美矣,又尽善也",说《武》乐"尽美矣,未尽善也"。在这里,善与美显然是两种不同的品质,善并不是美,美也不是善。

---

① 宗福邦等主编:《故训汇纂》,商务印书馆2003年版,第1932页。

② 姚鼐:《惜抱轩文集·卷四·海愚诗抄序》。

③ 参见宗福邦等主编的《故训汇纂》,商务印书馆2003年版,第1932页。

中国美学说美，不只是有"美"这一个概念，还有诸多概念，其中最重要的是"妙"。

《老子》云："故常'无'，欲以观其妙，常'有'，欲以观其徼。此两者，同出而异名，同谓之玄；玄之又玄，众妙之门。"①在这里，妙是用来形容"无"的，但"无"不能离开"有"。

"无"与"有"是"道"的两个因子，同出而异名。两者统一，其妙无穷。所以，"妙"其实是对"道"的审美判断。道至高，妙也就至美。《老子》中也有"美"概念，因为有了表示至美的"妙"，"美"也就下降为形式美。《老子》云"信言不美，美言不信"②，明显地对形式美有防备心理，因为它可能产生误导，影响人们对于真的认识。

"华"也有"丽"义。谢琨《游西池》有句"水木湛清华"，李周翰注："华，丽也。"③"丽"与"美"同义，明代音乐家徐上瀛对"丽"评价很高，他说："丽者，美也。于清静中发为美音。丽从古澹出，非从妖冶出也。"④从这来看，这与美同义的"丽"并不只在形式上的好，也还有内容上的好。晚清至民国的大学者王国维的著名美学专著《红楼梦评论》，其"美"是兼顾内容与形式二者的。

当我们对"华"概念做如此阐释的时候，我们心中揣着的完整的概念是"中华"。一方面可以说，是我们的民族的崇真、尚善、臻美的实践培育了我们的美学精神；另一方面也可以说，是我们民族的审美精神陶铸了我们的民族的崇真、尚善、臻美的品格。

三、"夏"之美

"中华"又名"华夏"。"夏"，作为名词，有诸多解释：《说文解字》云："夏，中国之人也。"《汉书·匈奴传赞》有"蛮夷滑夏"一语，颜师古注曰："夏，

①　《老子·一章》。
②　《老子·八十一章》。
③　参见宗福邦等主编的《故训汇纂》，商务印书馆2003年版，第1932页。
④　徐上瀛：《溪山琴况》。

谓中夏诸国也。"《诗经·周颂·时迈》有句云："肆于时夏",朱熹注云："夏,中国也。"①

"夏"作为中国的代名词与"华"相同。虽然,"夏"作为名词与"华"有诸多相同之处,但也有着一些不同于华的文化内涵,正是这些内涵从另外的方面对于中华美学精神的缔造有着重要的开启意义。

第一,"夏"有"雅"义。

《诸子平议·墨子二》有句"於先生之书,大夏之道之然",俞樾按曰:"大夏即大雅,雅夏古字通。"②

"雅"在先秦有三个重要的意义:

一是"雅"为"正"。

朱熹注《论语·阳货》"恶郑声之乱雅乐也",云:"雅,正也。"③ 何谓正? 自然是儒家的仁与礼。儒家的仁与礼,一为内在精神层面,一为外在制度层面,共同架构起儒家的理论体系。在儒家看来,仁与礼就是善。儒家美学以善为本。孔子说"里仁为美",孟子说"充实之为美",荀子说"美善相乐"。基于儒家在中国文化中的主流地位,这一观点的影响至巨。虽然中华美学并不简单地认为善即美,但认为美必善。对形式美虽有所保留,但对有损内容的形式美,则多持以批评的态度。

二是"雅"为"文"。

文有多义,一是指与武力相对的非暴力的行为。中华民族尚文,反对滥用暴力。早在两千多年前,老子就说:"兵者不祥之器,非君子之器,不得已而用之,恬淡为上。胜而不美,而美之者,是乐杀人。夫乐杀人者,则不可得志于天下矣。"④

文有温恭义。温恭的基础是合礼,但不只是合礼,它还要求情理结合,给人以温和感。荀子说:"君子宽而不慢,廉而不刿,辩而不争,察而不激,

---

① 宗福邦等主编:《故训汇纂》,商务印书馆 2003 年版,第 460 页。
② 宗福邦等主编:《故训汇纂》,商务印书馆 2003 年版,第 460 页。
③ 朱熹:《四书集注》。
④ 《老子·三十一章》。

寡立而不胜,坚强而不暴,柔从而不流,恭敬谨慎而容,夫是之谓至文。《诗》曰:'温温而恭人,惟德之基',此之谓也。"① 荀子这里用到"至文"概念,至文,文之至也。在中华民族看来,善当然也可以视为美,但那是层次比较低的美,善如能达到"文",最好是"至文"的高度,那就美了。

文有形式义,与这种"文"相对的概念为"质",质指内容。孔子说:"质胜文则野,文胜质则史,文质彬彬,然后君子。"② "彬彬",美好义。中华民族的美学观从来不排除形式美,但排除不与内容相统一的形式美。坚持文质彬彬,是中华民族重要的美学传统。

文还有文明义,孔子说:"周监于二代,郁郁乎文哉,吾从周。"③ 这里的"文"指礼仪制度,引申则为整个文明包括物质文明、制度文明和精神文明。

从夏由"雅"到"正"、到"文"的概念演绎,可以明显地看出中华民族基本的美学立场,那就是美在文明。

三是"雅"为"美"。

《文选·陆机〈日出东南隅行〉》有句"雅舞播幽兰",刘良注"雅,美也。"④ 雅多为优雅之美。相比于"华"所显示的对阳刚之美的推崇,这由"夏"所导出的对优雅之美的肯定实际上是对阴柔之美的肯定。

第二,"夏"有"大"义。

"大"在先秦是一个重要的概念,它既可以作名词用,也可以作形容词用。作为名词用,"大"是与"善""美""圣"为同一系列的赞词。孟子曰:"可欲之谓善,有诸己之谓信,充实之谓美,充实而有光辉之谓大,大而化之之谓圣,圣而不可知之之谓神。"⑤ 在这个系列中,"大"比"善"高一级。值得我们注意的是:孟子强调"大"是在"充实"即"美"的基础上加上"光辉"形成的,光辉让人联想到太阳,太阳给万物以生命,给人以温暖。在具有"光

---

① 《荀子·不苟》。

② 《论语·雍也》。

③ 《论语·八佾》。

④ 宗福邦等主编:《故训汇纂》,商务印书馆 2003 年版,第 2445 页。

⑤ 《孟子·尽心章句下》。

辉"品格这一点上，"大"与"华"是一致的，"华"即"光华"。从这来看，"夏"与"华"本相通，都是太阳崇拜的体现。

作为形容词，"大"有宏伟与壮丽义，尽管"夏"可以用来描述宏伟与壮丽的事物，但在汉语中，实际上"夏"只用来描述中国、中华民族。"夏"的这一种似有约定俗成的用法，足以见出中华民族的自豪感。早在战国时期，就有九州的说法，中国是九州之一，名赤县神州，这赤县神州位于九州之中，是九州中最为宏大、最为壮丽的一州。

正是出于这种民族的自豪感，中华民族的审美观，最为推崇的是大气阳刚、进取、豪迈这样一种美，这种美，用司空图《二十四诗品》中的话来描绘，是"具备万物，横绝太空；荒荒油云，寥寥长风"，"天风浪浪，海山苍苍，真力弥满，万象在旁"。数千年来，中华民族正是在大夏精神的引领下，披荆斩棘，万难不屈，山呼海啸般地前进着，发展着，创造出一个又一个的辉煌。

中国、中华、华夏这三个概念，虽然意义各有所侧重，具体用法有所不同，但精神是互通的，故也常互训。三个概念有一个共同处，那就是均认同一个文化，这文化以"中""华""夏"为自己精神内核，正是这种精神内核裂变出中华美学的基本个性与风貌，中华美学崇尚生命，崇尚阳刚，崇尚绚烂，崇尚文雅，一句话，以文明为美，这些，无不可以溯源于"中""华""夏"，可以说，"中""华""夏"就是中华美学的灵魂。

第 二 章
中华美学中的"美"

审美虽然筑基于日常生活，而其高峰体验却是人类的精神追求。它是永远飘扬在人类前进之路上的希望与幸福之旗。人类对于"美"的精神追求，早在人之成为人的时候就开始了。考古发现，距今 3.4 万—2.7 万年的中国山顶洞人，已经会制作装饰品了。大约 1 万年，中华民族进入新石器时代。新石器时代的人类就具有审美意识，精美的彩陶器、玉器就是明证。新石器时代，只发现零碎的疑似文字的符号，未能发现成体系的文字。目前已知，中华民族最早的文字是商代的甲骨文，估摸夏代也应有甲骨文。文字的产生，对于审美意识朝着更高的精神层面发展具有重要意义。因为有了文字，各种哲学得以以文本的形式传播，而美学追求也就不断地向着更辉煌同时也更辽远、更无限的前方发展。中国美学历经时代风雨沧桑，同时也饱沃着自然与人文的阳光雨露滋养，已经成为中华民族最为宝贵的精神财富之一，它是中华民族、中国的一道绚丽的精神标志。从中国美学中，我们可以看到中华民族、中国人光辉灿烂的精神世界。

第一节 美的概念（上）

美的概念，也许最能反映中华美学的精神追求，事实上，中华美学中的

"美"的概念正是中华民族美学精神的集中体现。中国古典美学中有许多关于"美"的概念。除了"美"以外，还有"丽""清""逸""妍""能""神""妙"等。这些概念所蕴含的美学意义相互重叠，也相互补充，但都从不同的方面来说明美，也从不同的维度反映出中华民族的审美品位。

中国古典美学对美的理解，有两条线索，一条线索是从哲学本体论——道论出发，引申出美学本体论——境界论，不仅得出"美在境界"的结论，还产生了"妙""神""逸""清"等美的命名，这些概念重在揭示道的某方面的性质。另一条线索，则是从审美发生论出发，从现实人的生存与发展，从关注人的生存功利到关注事物的形式，创造了"美"这一概念。这两条线索并不对立，在发展过程中也相互重合。"丽"这一美的命名，就是这两条线索重叠的产物，既突出形式的美，也重视内容合于道。

从哲学本体论出发去探讨美的本质，实际上关涉到对美的发问。

对美有两种发问方式，其一是"美是什么?"其二是"美在哪里?"一般来说，前者发问，问的是"本"；后者发问，问的是"体"。在中国，这两种回答不做严格的区分，这两问都属于美学的本体论研究。

美学的本体论涉及哲学本体论，美是什么，追根究底，会涉及宇宙的根本是什么。

众所周知，中国哲学认为宇宙的根本是"道"。道是中国哲学的最高范畴。从哲学高度论道，最深刻的莫过于《老子》。《老子》大体上从四个方面论道：

一是道之功能。《老子·四章》云："道冲，而用之或不盈，渊兮，似万物之宗。"又《老子·四十二章》云："道生一、一生二、二生三、三生万物。"这说明道是宇宙之本，万物之母。

二是道之本质。《老子·四十章》云："天下万物生于有，有生于无。"这说明道的本质是"无"。

三是道之存在。《老子·二十一章》云："道之为物，惟恍惟惚。窈兮冥兮，其中有象；恍兮惚兮，其中有物。窈兮冥兮，其中有精；其精甚真，其中有信。"这说明道不仅是物，有"象"；而且有生命，有"精"(精气、灵魂)。

四是道之把握。《老子·十四章》云:"视之不见,名曰夷;听之不闻,名曰希;搏之不得,名曰微。此三者不可致诘,故混而为一。其上不曒,其下不昧,绳绳兮不可名,复归于无物。"这说明道超出了感官把握的范围,用"视""听""搏"等感官是不能把握道的。

老子对道的设定很晦涩,给人们留下的可创造的空间很大,因此,道是什么,从来就没有完全一致的理解。不管怎样,人们在这一点上是统一的,即:这个世界之本是道,道不仅是真之本,善之本,而且也是美之本。何以见得?《老子·一章》云:

> 道可道,非常道;名可名,非常名。"无",名天地之始,"有",名万物之母。故常"无",欲以观其妙;常"有",欲以观其徼。此两者,同出而异名,同谓之玄。玄之又玄,众妙之门。

说道是"众妙之门",这"妙"就既包含真,又包含善,还包含美。所以,如果要追问美的本质,是可以追问到道的。如果问:"美是什么?"可以回答:美是道的一种性质。

美是道的一种性质,这种性质又是如何呈现出来的呢?这涉及我们上面说到的关于美的第二种发问——"美在哪里?"

美在哪里与如何把握道密切相关。在老子,道是一种逻辑设定,作为逻辑设定,它具有超验性;但是,道又是一种美学想象,作为美学想象,具有经验性。把握道,纯感性不行,但又不能没有感性,纯理性不行,但又不能没有理性。

那么,到底怎么把握道?老子提出"玄览"("玄鉴")。"玄"为黑色,引申为深。众所周知,黑夜不能视物,为何老子要说玄览?原来,黑夜中,眼睛的物理功能是屏蔽了,然而,心灵的眼睛倒是透亮了,所以,玄览实际上不是说要在黑夜中视道,而是强调道只能"心视"。

除了"玄览"外,《老子》还提出"味"这一概念,说道是可以"味"的。"味"本是感觉,用来说体道,当然不是舌头在味了,而是心在味了,为"心味"。舌头不能味道,只有心才能味道。既然只有心才能体道,为何要用"味"这一概念呢?这是因为,虽然道是心来理解的,但是,这种理解是需要细细体察的，它具有某种意义上的感性色彩，因而不是"解道"，而是"体道"。

体道可以说是"观道"，也可以说是"味道"。这两者在中国古代都用，在《老子》更强调"味道"。视与味都是感觉，但味比视更精微、更灵动、更丰富，而道正具有精微、灵动的特性，也许是这个原因，老子更看重"味道"。但后来，学者们为了强调道也存在于一切可形事物之中，故也用"观道"这一概念。"道"通过"味"与美学结缘，这可以分成两步：

首先，"味象"。《老子》说的道"有象"，然这"象"是眼睛看不见的，只有"味"，当然不是用舌头去尝，而是用心去品。中国文化中有一个独特的概念——"味象"。南朝学者兼画家宗炳《画山水序》说："圣人含道映物，贤者澄怀味象。"宗炳"味"的"象"有三种：现实山水之象、画中山水之象、道之象。现实山水之象、画中山水之象均是具体的，道之象则是抽象的，道之象不能独立存在，它就在前两种象之中。宗炳说的"味象"，是通过对现实中自然山水之象或画中山水之象的欣赏"味"出"道"来。故宗炳的"澄怀味象"实质是"味道"。"象"是"道"的显现。

《老子》中的"象"有些模模糊糊，更切近于抽象；宗炳的"象"则清晰可辨，更切近于具象。《老子》虽然说道中"有象"，但没有归结为象，因而，它没有强调"味象"或"观象"；宗炳说"澄怀味象"，"道"即是"象"，那么，"味象"就是"体道"。于是，这一哲学的思辨过程就这样被审美化了。宗炳的"澄怀味象"的重大意义在于完成了道的哲学思辨向审美体验的转化。

宗炳是画家，他提出"澄怀味象"论，是希望画家能在画自然山水之"形"时，画出自然山水之"灵"来，"灵"就是道。然后，让欣赏者从画中"味"出"道"来。宗炳的"味象"论，"味"的是画之象，唐代的司空图则发展为味诗之象。他在《与李生论诗书》说："余以为辨于味而后可以言诗也。"苏轼《送参寥师》亦云，"咸酸杂众好，中有至味永"，也是讲味诗之象。画有象，诗有象，一切艺术均有象，所以，"味象"论适用于一切艺术。

道由象显，道在象中，道为象之本，象为道之体。道之象即为美，因此问美在哪里，可以回答，美是道之象。

"味象"，为道与美结缘的第一步。有自然山水之象，也有艺术山水之象,它们均为道之存在。只是前者为造物主所造,是客观的,为物象;后者是艺术家根据现实再创造的,包含有艺术家的思想与情感,是主观的,为意象。物象与意象均是道之象。

艺术家的工作是创造意象。要问艺术美在哪里? 在意象。

问题探讨到这里,基本上回答了美的本质问题,但不彻底,因为意象需要升华。意象的升华为"境界"。

境界也是意象,但与一般意象相比,它有两个突出特点:一是"象"扩大了,不仅有在作品中表现出来的象,还有在作品中没有表现出来的象,是所谓"象外有象";二是"意"扩大了,不仅有在作品中表达出来的意,还有在作品中没有表达出来的意,是谓"意外之意"。"象外之象"和"意外之意"是需要欣赏者根据作品所提供的象与意去想象、去生发的。不同的欣赏者、不同的欣赏场合,均有不同的象外之象和意外之意。于是,仅从作品中表现或表达出来的象与意是有限的,然而,经过欣赏者再创造的象与意则是无限的。应该说,任何艺术作品均能产生一定的象外之象和意外之意,但是,具有境界品格的艺术作品,其所产生象外之象和意外之意,天地格外广阔。

中国境界理论的建立归功于道家、佛教、儒家等众多的学派,有众多的学者、艺术家为它作出了贡献。其中司空图、刘禹锡、王国维三位更为突出。

司空图说:"戴容州云:诗家之景,如蓝田日暖,良玉生烟,可望而不可置于眉睫之前也。象外之象,景外之景,岂容易可谈哉?"[1] 又说:"近而不浮,远而不尽,然后可以言韵外之致耳。""徜复以全美为工,即知韵外之旨矣。"[2] 这里,已经有了"象外之象""景外之景""韵外之旨"等命题,但没有联系上"境界"这一概念。刘禹锡则将"境"与"象外"联系起来,说:"片言可以明百意,坐驰可以役万景,工于诗者能之……诗者其文章之蕴邪!义得而言丧,故微而难能,境生于象外,故精而寡和。"[3] 晚清民国初的王国

---

[1]　司空图:《与极浦书》。

[2]　司空图:《与李生论诗书》。

[3]　刘禹锡:《董氏武陵集纪》。

维在总结众多的诗歌理论之后，确定"境界"为诗美之本，他说：

> 严沧浪《诗话》曰："盛唐诸公，唯在兴趣，羚羊挂角，无迹可寻。故其妙处，透彻玲珑，不可凑泊。如空中之音、相中之色、水中之影、镜中之象，言有尽而意无穷。"余谓：北宋以前之词，亦复如是。然沧浪所谓兴趣，阮亭所谓神韵，犹不道其面目，不若鄙人拈出"境界"二字为探其本也。①

王国维还接受司空图"象外之象""韵外之旨"等观点，说："古今词人之高无如姜白石，惜不于意境上用力，故觉无言外之味，弦外之响，终不能与于第一流之作者也。"② 实际上是说"言外之味"是"境界"的基本特点。

将"境界"与"道"比较一下，发现二者很相似，它们都有"象"，也都有"精"，是"象"与"精"的统一；它们都是"有"，又都通向"无"，是"有"与"无"的统一。"境界"与"道"最大的不同在于：道之象是不可能有具体形象的，只能是一种模糊的意念，惟恍惟惚，而境界其象总是具体的。尽管如此，境象亦如道象，也是一种心象。梁启超说："境者心造也，一切物境为虚幻，惟心所造之境为真实。"③

境界不只是艺术家具有，普通人也有。王国维说："境界有二：有诗人之境界，有常人之境界。诗人之境界，惟诗人能感之而能写之……若夫悲欢离合、羁旅行役之感，常人皆能感之，而惟诗人能写之。"④ 只要能"感之"，就可以产生境界，但只有不仅"感之"，还"写之"，才能创造出艺术的境界。"写之"即艺术传达在艺术境界的创造上具有重要的作用。

基于对宇宙本体——道的尊崇，中国人将美归于道，又基于对道的艺术诠释，将美归于道的形态——意象和其高级形态即境界。美在道，亦美在境界。

境界是道的形式，道只有一个，而境界却是多种多样的，不同的境界揭

---

① 王国维：《人间词话·九》。
② 王国维：《人间词话·二六》。
③ 梁启超：《饮冰室合集》文集之二，中华书局1941年版，第45页。
④ 王国维：《人间词话·附录一二》。

示道的不同的性质,故而产生不同的概念,主要有"妙""神""清""逸"。这四个概念,都是来自对道的评价,后来进入美学,成为"美"的概念,实际上,它们均是"道"的美学别名。

（一）妙

"妙"首先出现在《老子》第一章。老子说,道有两个性质:一是"无",另是"有"。"无"是天地之始;"有"是万物之母。"有"来自"无","无"生"有",因而"无"比"有"更根本。"妙"是对"无"的评价语。

"妙"的特性有四,均与道相关:

一是幽微性。王弼论《老子》云:"妙者,微之极也。"①

二是无限性。《老子·十四章》云:"迎之不见其首,随之不见其后,执古之道以御今之有,能知古始是谓道纪。"这里说的"不见其首""不见其后",既具空间意义,又具时间意义。不仅如此,这里说的无限,既有宏观的无限,也有微观的无限。道是无限的,就妙来说,主要用来说明道微观上的无限。

三是虚灵性。南宋的严羽看到优秀的艺术意象具有以实见虚的重要特质,将这一特性归于"妙"。他说:"故其妙处透彻玲珑,不可凑泊,如空中之音,相中之色,水中之月,镜中之象,言有尽而意无穷。"②

四是难以言传性。《老子·一章》云:"道可道,非常道。"妙作为道的性质,同样具有这样的特性。至妙的东西往往是语言难以表达的。

五是心灵体悟性。对道的把握不能凭感官,也不能用语言,而要靠心灵。这心灵,不是纯思辨,也不是纯体验,而是一种兼具理性与感性、思辨与体验的"悟"。只有这种悟,才能把握道,也只有这种"悟",才能体会"妙"。

在中国美学中,凡是最美的东西,我们称之妙,妙在人们的审美生活中用得十分普遍:

---

① 王弼:《老子道德经注》。
② 严羽:《沧浪诗话·诗辨》。

人物方面：妙人、妙容、妙相、妙耳、妙舌、妙趾、妙旨、妙意、妙用、妙理、妙思、妙绪、妙觉、妙悟、妙得、妙义、妙兴、妙味、妙语等。

艺术方面：妙舞、妙音、妙文、妙楷、妙句、妙笔、妙成、妙选、妙赏等。

自然方面：妙风、妙云、妙花、妙色、妙香、妙土、妙树等。

（二）神

"神"在中国文化中有多种用法，除了神灵、精神（思维、灵感）等意义外，还表示"道"。作为道的评价词，神有哪些特性呢？一是无形。《周易·系辞上传》云："神无方而易无体。""无方"即无形。二是变化。"知变化之道者，其知神之所为乎？""知神"就是知变化之道，这无异于说，神就是变化之道。三是神奇。《周易·系辞上传》云："唯神也，故不疾而速，不行而至。"又云："阴阳不测之谓神。""神"后来也用到审美，成为审美概念。唐代的张怀瓘把艺术分成三个等级"神，妙，能"，"神"排第一。严羽在《沧浪诗话》中称："诗之极致有一：曰入神。诗而入神，至矣，尽矣，蔑以加矣。"这就是说，诗之美就在于入神。达到神这个境地，就达到无以复加的高度。王士祯在《池北偶谈》中也说："总其妙在神韵矣。""神"后加一个"韵"，韵是作品内在的意味，说诗之妙在神韵，也就是说，艺术之美在神韵。

"神"与"妙"同为道的评价词，它们之间的关系是密切的，神必妙，妙必神。但也有一定的区别：神更为哲学化，而妙更为美学化。神最重要的在变化，妙最重要的在精微。神含义更丰富，运用面更广，妙的含义相对地比较确定，只在审美上运用。

神有一个相对立的概念——形。当神看作与形相对立的概念时，神就不是一个审美判断词，它成为境界内在的方面，灵魂的方面，由此派生了一个重要美学理论——"传神写照"，这个理论的要点是"以形写神"，"形神兼备，重在神似"。

（三）逸

中国哲学的道，由于哲学派别的不同而有所分野。道家讲的道，重在自然之道；儒家讲的道，重在人伦之道。因这个原因，在对审美境界的追求上，则产生了两个重要的范畴："逸"和"清"。《老子》《庄子》并没有提出"逸"这一概念，后人却将"逸"与"道"联系在一起。清代画家恽南田说："须知千树万树，无一笔是树。千山万山，无一笔是山。千笔万笔，无一笔是笔。有处恰是无，无处恰有，所以为逸。"①恽南田将"无"看成"逸"，那"逸"就是"道"了。

"逸"，作为美学范畴是在宋元才得以凸显的：宋代黄休复的《益州名画录》把画分成"能""妙""神""逸"四格，"逸格"最高。他说："画之逸格，最难其俦，拙规矩于方圆。鄙精研于彩绘。笔简形具，得之自然。莫可楷模。出于意表。故目之曰逸格尔。"从黄休复对逸格的描述，可以看出"逸"具有这样几种特性：一是自由性，"拙规矩于方圆"；二是简朴性，"鄙精研于彩绘"，"笔简形具"；三是自然性，"得之自然"；四是独创性，"莫可楷模"。这四点，最重要的是自由性与自然性，这恰好是道家之道的最为重要的性质。

唐代评画，将"神"放在最高地位，说明唐代最为看重的是别出心裁的创造性和神出鬼没般的变化性。唐代画家吴道子是这方面的卓越代表。宋元评画，将"逸"放在最高地位，说明宋代的画家更为看重的是自然性与自由性。代表性的画种为文人画，代表性的画家有元代的倪瓒。

"逸"在美学中的运用主要有三：一是就创作心态来说，"逸"是一种不为功利、不拘法度的自由创造。二是就艺术处理来说，"逸"是一种不拘形似、重在传神的审美洞见。三是就创作风格来说，"逸"是一种简约平淡、自然清新的艺术表现方式。四是就理想人格来说，"逸"是一种幽远淡泊、超凡脱俗的人生境界。元倪元林《跋画竹》云："仆之所谓画者也，不过逸笔草草。不求形似，聊以自娱耳。""余之竹聊写胸中逸气耳。"

（四）清

与"逸"类似的美学范畴有"清"。"清"首先是作为自然概念而出现的，指的是水的澄清明净。《说文解字注》："清，朗也，澄水之貌。朗也，明也。

---

① 恽正叔：《南田论画》。

澄而后明。故云澄水之貌。引申之，凡洁曰清，凡人洁之亦曰清。同静。"
《孟子》所载《孺子歌》："沧浪之水清兮，可以濯我缨；沧浪之水浊兮，可以
濯我足。"

先秦道家和儒家均没有提出"清"这一概念，"清"这一概念，是在魏晋
玄学中才得到重视的。玄学家们标榜自己为清，以清与俗相抗衡。玄学家
们所标榜的清兼有儒家的"清正"与道家的"清真"。儒家尚的"清"，重在
合礼法——"正"，通向"人道"；道家尚"清"，重在法自然——"真"，通
向"天道"。

在魏晋玄学盛行的时代，"清"就被用到审美上了，成为一种美。这种
美历来得到知识分子的高度推崇。清之美大体上有这样几种表现：

一是相对于人工修饰，它指一种本色的美。《老子》有语"见素抱朴"，
"素""朴"即为本色。孔子与子夏谈诗，"子夏问曰：巧笑倩兮，美目盼兮，
素以为绚兮。何谓也？子曰：绘事后素。曰：礼后乎？子曰：起予者商也，
始可言诗已矣。"[1]"巧笑倩兮，美目盼兮"属于"素"，是本色的美。

二是相对于世俗，它指一种绝俗的美。《世说新语·赏誉》载："嵇康身
长七尺八寸，风姿特秀，见者叹曰，'萧萧肃肃，爽朗清举。'"嵇康的"清举"
是超尘绝俗的。

三是相对于虚假，它指一种真纯的美。李白《古风》云："自从建安来，
绮丽不足珍。圣代复元古，垂衣贵清真。""清真"就是真纯。

四是相对于守旧，它指一种创新之美。苏轼说："诗画本一律，天工与
清新。"[2]"清新"重在"新"。

五是相对于板实，它指一种空灵之美。张炎论词云："词要清空，不要
质实。"[3]"清空"重在"空"，空在灵，在虚，在变，在动。魏晋之后，"清"在
中国美学中得到普遍的重视，明代诗论家胡应麟说："诗最可贵者清。"[4] 清

---

① 《论语·八佾》。
② 苏轼：《书鄢陵王主簿画折枝二首》。
③ 张炎：《词源·清空》。
④ 胡应麟：《诗薮·外编》。

的品格实际上是儒道两家哲学在对抗社会黑暗势力上的一种融合,它的影响所及,远不只是美学。

"逸"与"清"都具有不合流俗的含义,但"清"似更重本真、自然,强化"道"的"本色"的一面,是一种静态的美。"逸"更重超越、自由,强化"道"的"灵动"的一面,是一种动态的美。"清"可看作道、儒两家共同的审美理想;而"逸"则基本上为道家的审美理想。

以上,我们均是从哲学本体论的维度来认识美的本质的。概括一下,中国人认为,美是宇宙本体——道的形式。道的形式为象,在艺术则为意象。意象升华则为境界。美在境界。艺术有境界,人生也有境界。"妙""神""清""逸"均是对道的描述,提示道的性质的不同方面,它们也成为美的不同性质的描述。

第二节 美的概念(下)

关于美的本质,中国人另一认识的维度则是审美发生论,主要是从人的生存出发探讨什么是美。这一维度,也是人类共同的认识美的维度。不管对美有多少种解释,所有的人都认为,美总是有利于人的生存与发展的。

寻找美的本质不能不寻找美的发生。各民族均将美的发生归于与人的生存相关的事物上。由于各民族有各自不同的生存状况和文化背景,因而各民族有各自不同的审美发生论。中华民族当然有它自己的审美发生论。探讨审美发生是有众多途径的,其中,字源学不失为一条可靠的途径。探讨一下汉语中的"美"字的含义是非常有意义的。

关于"美"字,主要有五种解释:

一是"羊大"说。中国文化最早开发的区域在西北,那个地方人们以羊为主要食物,个头大的羊格外受到人们的喜爱,故"羊大为美"。

二是"羊人"说。中国古代筮术盛行,"美"为头戴羊面具的巫师,巫师是当时社会上最有本领的人,故为美。

三是"色好"说。"美"字本为"嬇"字,"嬇"为美女,后转训成"媄"。

许慎云："媄，色好也，从女从美，美亦声。"①"媄"字后简化成"美"字。

四是"顺产"说。商代青铜器父乙簋上，"美"字的写法像一个孕妇。为何要将孕妇的形象与羊联系起来？因为羊是顺产的，妇女顺产则为美。

五是"味甘"说。《说文解字》说："甘，美也，从口含一，一，道也。凡甘之属皆从甘。"既然可以用"美"来解释"甘"，那么，也可以用"甘"来解释"美"。美就是甘甜。

这些解释均符合审美发生学的基本原理。按说，"羊大"说和"味甘"说应列为第一，这两说与饮食相关，植根于人的自然本性，关系人的个体生命的保存。但也许"色好"应摆在第一位。对于史前人类来说，有两种生命保存，一是个体生命的保存，另是种族生命的保存。在两者不发生矛盾的情况下，个体生命保存处于优先地位，但在两者发生矛盾情况时，种族生命的保存是摆在优先地位了。对于史前人类来说，没有比繁殖后代更重要的事了。如此说来，"羊人"说应列为第三。人之所以赞美头戴羊面具的巫师，是因为巫师是部落中唯一可以与神灵沟通的人物。于是，美就与巫术、祭祀进而与礼仪联系在一起了。这种对美的解释就已进入人文层面了，说明美不只是生命的象征，还是人文的象征。

在中国文化中，"美"字的起源主要有上面五种说法。

"美"字产生后，它不只是用来表示现代人所认为的美，它的意义泛化了。中国古代，美通常用来泛指人物、事物的"好"。在先秦儒家的著作中，有时它也相当于伦理学意义上的"善"。《孟子》说"充实之谓美"，这"美"其实就是善。不过，在先秦也有将美与善区分开来的，《论语》中记孔子论乐，"谓《韶》尽美矣，又尽善矣，谓《武》尽美矣，未尽善矣"②。这美与善就不是一回事。

美的以上这些方面的意义与世界上其他民族对于美的理解大体相通，只是具体表述不同。

---

① 许慎：《说文解字》。

② 《论语·八佾》。

在中国古典美学中,相当于西方美学"美"这一概念的其实不是"美",也不是"妙""神""逸""清"等,而是"丽"。

"丽"来自《周易》的离卦。离卦的《彖传》云:"离,丽也。日月丽乎天,百谷草木丽乎土,重明以丽乎正,乃化成天下。""丽"的本义是附丽,日月附丽于天,才光辉灿烂;百谷草木附丽于土,才千姿百态。后来,"丽"引申为美丽,侧重于说事物形式的美。

"丽"正式进入人们的审美视野是在汉代。王逸《离骚经序》释"丽"曰:"丽,美好也。"曹丕《典论·论文》云:"辞赋欲丽。"另,扬雄《法言·吾子》云:"诗人之赋丽以则,辞人之赋丽以淫。"汉赋是从楚辞发展起来的一种文学形式,突出特点一是语言华艳,二是情感深郁,可谓文情并茂。这是真正的具有审美性质的文学。"丽"最早就出现在对汉赋的评价上。

"丽"这一范畴进入美学领域具有重要意义。它标志着文艺的形式美真正受到重视。中国的唐代,文采风流,文学艺术的审美品格得到空前高扬,与之相关,"丽"也受到空前的重视。唐代著名诗人司空图在《释怨》中说:"物尤则妖,美极则丽。"

自汉至宋元,"丽"在文艺创作中一直受到重视,但少有理论上的论述。明代出了一部重要的美学著作——《溪山琴况》,在这部书中,"丽"得到了深刻的论述:

> 丽者,美也,于清静中发为美音。丽从古澹中出,非从妖冶中出也,若音韵不雅,指法不隽,徒以繁声促调触人之耳。而不能感人之心,此媚也,非丽也。譬诸西子,天下之至美,而具冰雪之姿,岂效颦者可与同日语哉? 美与媚,判若秦越而辨在深微,审音者当自知之。

此书作者徐上瀛是明代重要的音乐理论家,《溪山琴况》是他重要的理论著作,此著作的主旨是论述琴的美学品格。徐上瀛在众多的美的概念中单挑"丽"这一概念作为琴音之美的命名,不是没有深入思考的。在他看来,"丽"这一概念具有美的别的概念所不具备的优点:

第一,丽,华艳,具有形式美的品格。在这方面,它比妙、神、逸、清等概念要好得多,这些概念都不重视形式美。第二,丽,清雅。这是因为,丽是"从清静中发为美音","从古澹中出"。"清静""古澹",显然就是指"清",包括儒家的"清正"和道家的"清真"。这样说来,"丽"具有"道"的品格。

也许,不是"妙""神""逸""清",也不是"美",而是"丽",最接近西方美学中讲的"美"的概念。

相较于以"悟境"维度去感受美,"丽"主要是从"观象"的维度去感受美。

于是,中国美学的审美视界,正面评价形成两个系列:

境为基点:妙、神、逸、清……

象为基点:丽、靓、艳、媚……

前者通向精神上的悟道;后者通向生理上的爽悦。

当然,也有两者相融会的,那就是最高的美了!

以上关于美的诸概念之间有着相互重叠、相互补充的关系。

(一)从使用的时段来看

"美"这个范畴主要使用于先秦两汉;"丽"则流行于文风重华彩的六朝时期。经历了六朝的繁复以后,文风逐渐转入素朴,"清"取代了"丽",成为魏晋及唐以后文艺品评的主要标准之一。"神"是唐代文人在艺术审美方面的最高追求;宋元文人则将高扬主观情志的"逸"发展到了极致,视其为艺术品评的最高等级。

"妙"自魏晋,一直在艺术领域广泛使用,成为中国古典美学中关于美的理解的核心范畴。

(二)从使用的领域来看

关于美的范畴都具有"好"的含义,但具体意义有所不同,描绘对象也有所差异。

"美"的含义一般比较具体,多用于对具体事物的描述,它一般与"真""善"联系起来使用。在日常生活中,古人往往在两种意义上使用美。一种是感官之乐的赞扬,如赞扬山水奇特,容貌姣好。另一种是伦理上的认同,如称赞品德美好。

"丽"由于其内涵比较集中,定义比较固定,因而其应用领域比较狭窄,主要用于描写文学艺术的形式美,尤指文学艺术的辞采美。

"神"作为哲学概念成于《周易》,魏晋则用于人物品藻、艺术品评中,派生为美学概念。这个范畴兴盛于唐代,唐代艺术丰富多彩,百花齐放,"神"广泛用于艺术领域。

"清"凸显于魏晋南北朝,它的出现,与"清议"有关系,但更重要的是玄学的盛行,道教的兴起。

"逸"作为美学范畴,其出现要比"清"迟,它与宋元文人画兴起有密切关系。"清""逸"都标举自然,自然即自由。但清的意味在静。逸的意味在动;清重在本色、朴素;逸则重在灵动、创造;清重在自然无为,逸则重在无为的无不为。

"妙"反映了中国美学精巧空灵的特点,自魏晋以来在文学艺术中使用十分广泛。大体而言,"妙"主要有三个层次的含义:第一,作为具有较大涵盖面的美学范畴,相当于西方美学中的"美"。"神""逸""清""丽""美"等均可包括在内。第二,作为狭义的美学范畴,与"神""逸""清"等并列,重在事物内在精神的美。第三,作为一个形容词,与别的概念合成一个概念,表示某一类的美,如"妙语""妙音""妙容"等。

(三) 从与道的关系来看

中国的美学思想以体道为旨归,因而在美学品评中,概念凡与"道"的关系近,则地位高;与"道"的关系远,则地位低。如果要将"美、丽、神、清、逸、妙"按这个标准排序的话,那么便是:"丽""美""清""逸""神""妙"。

"丽"是绚烂的美,它也是"道"的一种反映,只是"道"的本质是朴素的、恬淡的,故而,它距道的本质较远。不过,道的本质虽然是朴素的、恬淡的,道的现象却是丰富的、绚丽的。真正的朴素是以道为本质的朴素,这种朴素出于绚烂而臻于平淡,因而无绚丽也就无朴素,无平淡。"美"作为普泛的美学范畴,是"道"的感性表现,它的用法很不固定,因而它与道的关系也难以确定。它有时与"丽"同义,有时却可以代清,代逸,代妙,代神,因而它与道的关系需要在具体的语境中分析。"清"是"道"的一种属性概念,表明了"道"的恬淡素朴的生存状态。"逸"是道的功能概念,表明道的自由灵动的运作方式。"神"生趣盎然，多用来描绘"道"的变幻莫测；"妙"则难以言传，多用来表示"道"的精微无限。

"道"首先是道家的道，作为中国美学中美的本体，对美的影响是深远的、全方位的。具体表现在：一是受"道"为本色的影响，中国美学尚"平淡"。二是受"道法自然"的影响，中国的美学重"天工"。三是受道体玄虚的影响，中国的美学尚"妙悟"。

道有天道、地道、人道之分，天道是根本的。儒家尚人道，道家尚天道。如果说在先秦两者还多少有冲突的话，但是自魏晋以后，它们就逐渐地走向融合。天道融进了很多人伦成分，实际上很难说是自然；而人道也被论证为天道。这中间不能说没有矛盾，但总的来说，是圆融的，或者说是追求圆融的。中国古代各种美的形态包括美、丽、清、逸、神、妙都是圆融的。具有冲突性质的崇高在中国美学中竟然难以找到相应的范畴。这种现象值得深思。

中国古典美学对美的理解，最具中华民族文化特色的是"道"—"妙"论，这是从中国哲学本体论出发所得出的结论。而从人的生存论出发所得出的结论，与其他民族对于美的理解是差不多的。在我们看来，理解中华民族的美学也许更应该注意中华哲学的本体论——"道"论。

中国哲学的"道"论，虽然有儒家、道家、释家的区别，但它们并不矛盾，反而相通，并相成。中国哲学中的"道"向外是社会、自然的最高规定，是宇宙之本；向内则化为善，为善之源，并进而升华为妙，为美之灵。"道"是"一"，但它生发出来的却是千变万化、五颜六色的万事万物。美的本体只有一个，但美的形式却多种多样，它们或雄浑，或冲淡，或沉着，或高古，或典雅，或平易，或繁复，或简洁，或浓艳，或清纯，或超越，或精微……不管其形态如何，都由"道"牵引着，生于凡尘，而臻于化境。

第三节　美在文明

中华民族对于"美"的理解，除了表现在美的概念系统外，还表现在关于美是什么或美在什么的回答上。对美的提问，中西美学均有。与西方美学有异的是，中国美学一般不会去问"美是什么"，而会问"美在哪里"。

关于美在哪里，中国美学第一回答是美在文明。

文明（civilization）在西方是与城市的出现密切相关的，词根 civil 是市民的意思。而中国文化中的"文明"却另有来源。中国最早关于文明的概念来自中国最古老的哲学著作《周易》，《周易》中有一个卦为贲卦。朱熹注此卦，云："贲，饰也。""饰"，用现代的语言来表达，就是美化。因此，某种意义上，这是一个谈美的卦。那么，它又是怎样谈美的呢？且看贲卦的《彖传》对"贲"的深层阐释：

> 贲，亨。柔来而文刚，故亨。分刚上而文柔，故小利有攸往。天文也。文明以止，人文也。观乎天文以察明变，观乎人文以化成天下。

这段话中，"文明"概念首次出现，非常值得重视。它对于卦象的分析，透露了如下重要的信息：

第一，文明是与火相关的。贲卦的卦象，其构成是，上卦为艮，艮为山；下卦为离，离为火。生活在中国土地上的原始人是地球上最早使用火的部族之一。火的使用，是人类进化史上极其重要的事件。它一方面使人能熟食，有利于人体的发育、完善，不仅使人的肉体更强壮，而且使人的脑力更发达。另一方面，它广泛使用于生产活动，从而大大推进了生产力的发展。

贲卦的卦辞中，说"柔来而文刚"，柔指的是下卦——离，刚指是上卦——艮。离是火，艮是山。离为阴卦，阴为柔，离为火，火就为柔；艮为阳卦，阳为刚，艮为山，山也就为刚。离来就艮，就是火来就山，这种以柔就刚的作用，不仅是吉利的，还造就出美丽的形象，此形象称之为"文"。根据卦象，这里的火，很可能是人制造的火，人在山下用火，要么是在烤肉，狂欢；要么是在烧荒，打猎。也就是说，人在生活，在生产。人的生活、生产，就是"文"，此种文，可以称之为"人文"。

第二，文明与太阳有关系。贲卦中的下卦离，也可以理解成太阳。太阳是人类所能观察到的宇宙中最大的火球。它对于人类的意义十分重大，这是生命之源、能量之源。不仅如此，它还是人类世界最为伟大的光明。《彖传》中说的"天文"就是指太阳的形象。

"文明"概念本就是在谈修饰即美化时提出来的，又何况它以"山下有火"和天上有火这样美丽的形象出现，因此，我们可以合乎逻辑地得出，按《周易》的观点，美就在文明。

《周易》是儒家经典，《周易》的美在文明观可以视为儒家基本的美学观点。

孔子的言论中，"文"这一概念，有时就是指文明。《论语·八佾》云："子曰：周监于二代，郁郁乎文哉，吾从周。"这"文"不只是指形象丰富美丽，还指内涵的充实美好，它就是指周朝的制度文明。

孔子有时将"文"与"质"对应起来，他说："文质彬彬，然后君子。"① 这"文"专指形式的好，而"质"则专指内容的好，孔子认为，只有这两者统一，才称得上君子。文质彬彬也是文明的一种体现，它的扩大则是美善统一。在这个问题上，孔子有两个相互可以参照的观点。一是美归属于善，善即美，孔子说"里仁为美"②。"里仁"实质是行善，"里仁为美"就是善为美。二是美是美，善是善，善与美是不同的概念。他在谈《韶》乐与《武》乐时说："《韶》尽美矣，又尽善也……《武》尽美矣，未尽善也。"在孔子这段言论中，"美"指形式的好，"善"指内容的好。形式与内容不是一回事。孔子当然认为，像《韶》乐这样，形式与内容相统一最好。至于为什么形式与内容相统一最好，形式与内容统一会产生什么样的效果，孔子没有说。荀子则有"美善相乐"命题。荀子这里说的"乐"不是指音乐，而是指快乐，这美与善相互统一过程中所产生的快乐，当然不会是一般的快乐，只能是最高的快乐。这最高的快乐就是审美的快乐。这样，美与善的统一，其最高境界就不是伦理的，而是审美的，不是理性的，而是情性的。

美善统一是儒家美学的基本命题，是美在文明的集中体现。美善统一可以派生出两个命题：

---

① 《论语·雍也》。
② 《论语·里仁》。

其一，仁礼统一。儒家学说中有两个重要概念，一是仁，另一是礼。仁偏于心理、道德；礼偏于政治、制度。某种意义上，礼可以视为仁的外化。二者之统一是自明的。

其二，礼乐统一。礼作为外在化、形式化、制度化的仁，兼有善美两者，但突出的是善；乐作为融仁于其内的艺术，同样兼有善美二者，但突出的是美。二者的统一同样是自明的。

儒家全部学说其实都可以归纳到礼与乐两个概念中来，荀子分别作《礼论》和《乐论》，关于礼、乐二者的关系，他说："乐合同，礼别异，礼乐之统，管乎人心矣。"①

学者们均认为，儒家学说本质上属于伦理文化。重伦理确是儒家文化突出特点，但从"礼乐之统管乎人心"的命题来看，儒家文化更应归属于美育文化，重审美也许是儒家文化更为突出的特点。作为仁之外化、形式化、制度化、程式化的礼，它具有一定的审美性；至于乐，它为艺术，更注重审美，其特殊功能为娱情悦兴。礼乐的统一，不只是善（礼制）与美（乐艺）的强强融会，更是美（礼之美）与美（乐之美）的强强融会。

在儒家文化中，"文明"用得并不普遍，倒是"文"用得很多。值得我们注意的是，"文"，在中华文化中，从最高义讲，是文化、文明的简称，它代表着时代先进的生产力与生活方式。与之相对的概念是"野"。"文"与"野"是对立的概念。"野"即为野蛮、落后。儒家从孔子始，总是将自己看作是先进文化的代表者、维护者，以"文在兹"的身份批判"野"。

"文"也是与武相对立的概念。儒家崇文，反对乱用武力。孟子处的时代，较之孔子，更为动乱，中原大地，群雄割据，战火不息。孟子深感战乱给人民所带来的巨大灾难，对战争深恶痛绝。他主张统一中国，统一的方式，不是凭武力的霸道，而是凭德治的王道。儒家是真诚的人道主义者，"太平盛世"是儒家最高的社会理想，实现太平盛世的唯一道路，则是"为政以德"。以德治国，也就是以善治国，以"文"治国。中华美学的审美意识，深

① 《荀子·乐论》。

深地扎根在这种"文"的土地上。

"文"也解释成"文饰"。上面提及的《周易》的贲卦，它就是讲文饰的卦。文饰有正反两义，正面来讲，它是文明化即文化，这无疑很好；从反面来讲，它指人的刻意加工，有虚假义。修饰的正反两义均可用在审美上。

从正面作用来说，中华传统文化主张"文"化，其中包括"美"化，即使是善的内容，也需要具有美的形式。孔子就认为"文质彬彬，然后君子"。文艺也如此，刘勰云："圣贤书辞，总称文章。非采而何？夫水性虚而沦漪结，本体实而花萼振，文附质也，虎豹无文，则鞟同犬羊；犀兕有皮，而色质丹漆，质待文也。"①

中华美学也接受饰的反面义，反对虚假。《老子》是疾伪的突出代表，他说："信言不美，美言不信。"② 这里说的"美言"就是过分修饰的话，过分修饰的话，是妨害内容的。重视真，不独道家，儒家也重真，儒家的真，常用"诚"来表达。《中庸》云："诚者，天之道也；诚之者，人之道也。"在反对过分修饰上，儒家与道家是一致的。美在文明或者说美在文，主要是儒家的观点。道家，特别是《老子》对它似有所反对，但其实也并不反对，只是《老子》特别强调，创造文明的"有为"必须小心、谨慎，遵循自然规律，他说："民之从事，常于几成而败之，慎终如始，则无败事。"③

第四节　美在自然

中国美学中，关于美在哪里，还有另一种回答：美在自然。这一观点主要来自道家学派。道家哲学的创始人为西周时期的老子，老子的哲学思想浓缩为一个命题："道法自然"。此命题出自《老子·二十五章》，全句为"人法地，地法天，天法道，道法自然。"这里，展示一个精神上不断提升的系列：人、地、天、道、自然。人生活在大地上，为了生存，必须认识、了解大地上

---

① 刘勰：《文心雕龙·情采》。

② 《老子·八十一章》。

③ 《老子·六十四章》。

的某些事物与某些规律,此为"人法地"。"地"与"天"都是人生存与生活的物质资料,在老子看来,位于人的头上的"天"应是"地"的主宰或源泉,因此,"地法天"。天虽然高居于人的头顶之上,但并不是这个宇宙之初。老子认为,"有物混成,先天地生",它"寂兮寥兮,独立而不改,周行而不殆,可以为天地母"①。这"物",老子说"吾为知其名,而字之曰'道'"。"道"是由物"混成"的,它是不是物,老子没有说,但它高于天。道既然是"天地母","天法道"就是必然的。

"道"是不是宇宙的至高或者说至终?老子认为不是,他认为,宇宙的至高或至终,为"自然",所以,"道法自然"。

这样一个追溯,表面上是一个空间的、时间的追溯,其实,是一个逻辑的追溯。追溯什么?追溯谁是这个宇宙的根本。追来追去,最后追到"自然"。什么是"自然"?《老子》一书中做了充分而又清楚的表述,归结起来,就是"自然而然",亦即本然、天然。这样来理解自然,自然就不是自然界,不是山水,不是风月,而是指一种生存方式,这方式就是本性生存。

《老子》谈本性生存,为的是生存,无意说审美。将这种生存方式提升为审美,那是《老子》之后《庄子》的贡献。

第一,《庄子》将"自然"进一步阐释成"自己"。《庄子·齐物论》在比较地籁、人籁和天籁三种声音时说:"夫天籁者,吹万不同,而使其自己也,咸其自取,怒者其谁邪?"地籁、人籁均要借助物来发声,而天籁不需要,它自己发声。按现代科学,声之产生,均要借物,否则不成声。天籁不借物,应没有声。这没有声,在《庄子》看来,才是最高的声。凡有声均有限,只有无声才无限。这一观点,在《老子》中也有,《老子》说"大音希声"②。只有自己,才能实现无限。由自己到自取到无限,这就是自由。

天籁之音,一直被大众认定为最美的声音。虽然,在自然审美与艺术审美中,天籁之音并不是无声之音,它有声,但它一定是很自然、很本真的

---

① 《老子·二十五章》。
② 《老子·四十一章》。

声音，而且一定能让听者从有限的音响通向无限的想象的声音。

天籁在中国文化中发展成为一种艺术品格，凡是能见出这种品格的艺术，就是最美的艺术，不独是音乐。

第二，《庄子》将"自然"进一步阐释成"逍遥游"即自由。"自然"在老子那，是一种生存状态，仅为了活着；而在《庄子》这里，它不仅是活着，而且活得很滋润，很潇洒。这种活，庄子名之为"游"，不是一般的游，是逍遥游，这种游，《庄子》的解释是："乘天地之正，而御六气之辩，以游无穷者。"①这里，所谓"天地之正""六气之辩"均可以理解成自然规律，"乘天地之正""御六气之辩"可以理解成驾驭、掌握、遵循自然规律，这种驾驭、掌握、遵循自然规律的活动，就是自由。

自由是真的实现，真的实现就是美。美的本质是自由。

第三，《庄子》将"自然"进一步阐释为"天地"。它说："天地有大美而不言。"本来，自然不等于天地，不等于自然界，这点在《老子》中是明确的，在《庄子》也是清楚的，但只要去追索一下这"自然而然"的生存状态哪里最普遍，很容易得出结论——自然界最普遍。《庄子》"天地有大美"本意是想说因为天地中自然的状态最为普遍，故而天地有大美，然而，人们对它的理解往往忽视这话中的"有"字，有意思的是，《庄子·天下篇》不再说"天地有大美"，而径直说"天地之美"。

到魏晋南北朝，文人热衷游山玩水。《世说新语》载：

> 顾长康从会稽还，人问山川之美，顾云："千岩竞秀，万壑争流，草木蒙笼其上，若云兴霞蔚。"②

这里的"山川之美"，后来通用的概念为"山水之美"。左思《招隐诗》云："非必丝与竹，山水有清音。"谢灵运《石壁精舍还湖中作》云："昏旦变气候，山水含清晖。"

这个时候，我们说的"自然之美"，就不是老子说的"道"之美，也不

---

① 《庄子·逍遥游》。
② 《世说新语·言语》。

是庄子说的"天地之美",而是具体的自然界之美,包括山水之美、动植物之美。

中华民族对自然的喜爱,可以远追史前,彩陶的纹饰中,自然物的纹饰占据主流地位,其中,花纹、鱼纹、鸟纹、流水纹特别突出。夏商周三个朝代属于青铜时代,青铜器上自然题材的纹饰仍是主体,只是比较地抽象。汉代的情况则有所变化,人物图案受到重视,汉代帛画、画像石中人物题材较自然题材突出。魏晋南北朝,自然山水美又得到人们的青睐。杰出的代表人物一是陶渊明,他写了大量的田园诗,描绘自然风光之美;二是谢灵运,他是中国山水诗的开山祖师。自他以后,写山水诗的人越来越多,山水诗竟成为中国诗的主体。山水画在这个时代也产生了,大画家既画人物画,又画山水画。画家兼画论家宗炳对这一现象予以理论上的总结,他指出:"山水质有而趣灵,是以轩辕、尧、孔、广成、大隗、许由、孤竹之流,必有崆峒、具茨、藐姑、箕首、大蒙之游焉,又称仁智之乐焉。夫圣人以神法道,而贤者通,山水以形媚道,而仁者乐,不亦几乎?"[①]与山水诗一样,山水画由中国画的一个画种,历唐至宋,竟成为中国画的主流画种。

众所周知,在西方美学史上,艺术美是最高的美,黑格尔说:"我们真正的研究对象是艺术美,只有艺术美才是符合美的理念的实在。"[②]至于自然美,黑格尔认为是低于艺术美的,他说:"艺术美高于自然。""从形式上看,任何一个无聊的幻想,既然是经过了人的头脑,也就比任何一个自然产品要高些,因为这种幻想见出心灵活动和自由。"[③]

在中国,自然美既可以具体化为自然界包括山川、动植、云霞之美,也可以上升为宇宙本体——道、天地之美。

自然,当其下沉为自然界之美,其美取其生气、野性,自在;当其上升为宇宙本体,其美就取其自己、自性、自生、自成。于是,自然美就成为最高的美,成为艺术美的标杆。

---

① 宗炳:《画山水序》。

② [德] 黑格尔:《美学》第一卷,朱光潜译,商务印书馆1979年版,第183页。

③ [德] 黑格尔:《美学》第一卷,朱光潜译,商务印书馆1979年版,第4页。

这一观点广泛地运用于艺术品评之中：

宋朝的黄休复论画说有四格，最高为"逸格"。"逸格"是什么，黄休复说是"拙规矩于方圆，鄙精研于彩绘，笔简形具，得之自然，莫可意表"①。原来，逸格之所以位于四格之首，就是因为"得之自然，莫可意表"。美在自然，导致了一种重要的审美风格的诞生。早在南北朝时期，以自然而然为特征的艺术得到人们的喜爱，获得诸多文人的推崇。钟嵘在《诗品》中评论颜延之的诗，认为他的诗过于雕琢，不够美，他在文中引用汤惠休的评论"谢诗如芙蓉出水，颜诗如错采缕金"，并且指出"颜终身病之"。钟嵘旨在推崇一种以真实、本色为特质的美——"真美"②。虽然钟嵘在其文评中已经明确地标榜"真美"，但影响并不是很大，真正将"真美"树立为一面大旗的是唐朝的大诗人李白。李白不用"真美"这一概念，用的是"清真"。在《古风》一诗中李白朗然高唱："自从建安来，绮丽不足珍。圣代复元古，垂衣贵清真。""清真"就是"自然而然"。在《经乱离后天恩流夜郎旧游书怀赠江夏韦太守良宰》一诗中，他明确地说："清水出芙蓉，天然去雕饰。"基于李白的影响，美在自然，在中国美学中的地位甚至超过了美在文明。

第五节　美在化工

由先秦哲学导出的美在文明和美在自然两种观点，并没有产生严重对立，相反，在它们的发展过程中，逐渐走向统一。

首先，儒家说的"文""文明"从来就是兼顾自然与人文两者的。《周易》贲卦的《象传》中谈到天文与人文时，是这样说的："天文也。文明以止，人文也。""天文"指自然现象；"人文"指人的创造。在"人文也"前有"文明以止"的话，这是什么意思？朱熹说："止，谓各得其分。"既曰"各得"，那就是说，不仅人文要"得其分"，天文也要"得其分"。天文当然无所谓"得

---

① 黄休复：《益州名画录》。

② 钟嵘在《诗品序》中说："文多拘忌，伤其真美。"

其分",天文是不是"得其分",是人根据自己的利益所作出的判断。天文要变成文明,就是看它是不是"得其分",即符合人的需要。只有符合人的需要的天文,才能参与创造文明。说"文明以止",就是说,天文与人文的统一,这种统一,既是双方"各得其分",又是双方互用其分。

先秦儒家虽然主要谈人,但也谈天,不仅谈天,而且崇尚"天",他们说的"天"有自然界的含义。孔子云:"天何言哉?四时行焉,百物生焉,天何言哉!"这"天"是自然界。先秦儒家对于《老子》"自然"概念的核心意义——自然而然也能接受。《论语·八佾》载孔子与子夏论诗,子夏提及《诗经·硕人》中对卫国一位女子的描写——"巧笑倩兮,美目盼兮,素以为绚兮",孔子就很欣赏。这位女子到底美在哪里?就美在"素"——本色。她的巧笑、她的目光流盼,是本色的、自然而然的。孔子喜欢的是这位女子本色的美。

宋明理学家提出"天理"这一概念,天理是至高之理。天理作为理,当然具有人文的含义,事实上,它就是儒家的伦理道德,那么,为什么又要说它是天理呢?不仅是为了强调这理的绝对性、至高性,而且也为了说明这理也是自然的,不是人为的。张岱年先生说:"宋明道学(现在称'理学'——引者)所谓天,指大自然,全宇宙,亦指究竟本理。"[1] 理学家们将"天"理解为自然。一方面,理(人文)被自然(天文)化了,另一方面,自然(天)也被理(人文)化了。

道家说"道法自然",确实有反对人为的性质,但让人去"法",又怎么能完全摆脱人的需求、人的功利呢?人之所以要"法自然",是因为人想获得某种利益,或者说要创造某种人文。《老子·十七章》云:"功成事遂,百姓皆谓'我自然'。""事遂",这事就是人文,之所以这事能遂,是因为"法自然"。"事遂"称之为"功",当然是因为它给人带来了利益。这样的事,《老子》说是"我自然"。明明是"法自然",怎么又成了"我自然"?原来,在《老子》,"法自然"也是出于人的本性的,不是人被动地要去法自然,而是人的

---

[1] 张岱年:《中国哲学大纲》,中国社会科学出版社 1982 年版,第 177 页。

本性就是要法自然。于是,"法自然"成了"我自然"。因此,道家不是一概地反人为,只是反违背自然规律,也违背人的本性的人为。

正是因为儒家的文明说与道家的自然说,内在地相通,所以,美在文明说与美在自然说并没有矛盾,但是,它们确又存在一定的相互约束性。正是这相互的沟通又相互的约束,让它们实现了对立的统一。自然与文明的互通、互纳、互补,促进了中国哲学天人合一说的发展。天人合一哲学不独属于哪一个学派,而是属于整个中华民族。值得我们注意的是,天人合一说在其发展过程中逐渐地美学化。这个过程中,"化"的学说起了重要作用。中国人讲对立的事物的统一关系,一般用"和"来表示,而"和"的极致就是"化"。《左传》记中国古代著名的政治家晏子对齐王说"和"。晏子说:"和如羹焉。"这"如羹"的和,就是化。

中华民族崇尚"化"。"化"大体上有三种意义:一是事物的演变。它与"变"字联缀成"变化"。二是"化"表事物演变的结果。"化"意味着完全地彻底地变了。"化"广泛地运用到生活中,谈文明,有"文化";谈教育,有"教化";谈美学,就有"美化"。三是"化"意味着新事物的产生,这更重要。因此,由"化"所表示的和为创造性的和谐。"化"理论用在男女关系上,它还意味着新生命的创造。

《周易》中有一个卦名为咸卦,这个卦是专门讨论交感和谐的。此卦上卦为兑,兑为阴卦,卦象为少女;下卦为艮,艮为阳卦,卦象为少男。它们的相交,是阴阳相交,少男与少女相交,这种相交,自然是在创造新的生命。咸卦虽然只是《周易》中的一个卦,但是,它所体现的阴阳交感和谐可以看成是《周易》的基本精神。《周易》所倡导的交感和谐实质是"化"。某种意义上,我们可以将《周易》咸卦所阐释的交感和谐,看作"化"学说的理论源头之一。

中国古代哲学将宇宙生命现象称为"大化流行"。邵雍在《皇极经世·观物内篇》中大谈"化":"应风而化者飞之情也,应露而化者草之情也,应雷而化者木之情也……"在他看来,天地间万物包括生命全是某种机缘"化"出来的。朱熹明确说:"人物之始,以气化而生者也。""化",比之"生",

奇妙得多，神秘得多。"化"不只有"生"的意味，还有"育"的意味。《中庸》说："能尽人之性，则能尽物之性。能尽物之性，则可以赞天地之化育。"人与天地共同进行着化育生命的事业。正是"化"让中国古代哲人津津乐道的天人合一的哲学升华到美学层面，让宇宙间的生命现象充满着美的光辉。

在这样的背景下，一个表示艺术美的概念——"化工"产生了。此说出自明代的李贽。李贽说："《拜月》《西厢》化工也；《琵琶》画工也。夫所谓画工者，以其能夺天地之化工，而其孰知天地之无工乎？今夫天之所生，地之所长，百卉具在，人见而之矣，至觅其工，了不可得，岂其智固不能得之欤？要知道造化无工，虽有神圣，而不能识知化工之所在，而其谁能得之，由此观之，画工虽巧，已落二义矣。"① 李贽这里说了艺术创作中的两种审美品格："画工"与"化工"。"画工"，虽然达到了很高的审美水准，能"夺天地之化工"，然一个"夺"字，足以说明它存在着严重的人工痕迹，不够自然。"画工"的例子是戏曲《琵琶》，此戏情节曲折，也很感人，殊不知这一切全是剧作者的精心设计，目的是宣扬儒家的伦理道德。"化工"的例子是戏曲《拜月》《西厢》。这两出戏，情节发展很自然，剧作者没有刻意去宣传什么，如果说其中有什么思想，那是情节自然流露出来的。李贽特别提出，"化工无工"，"无工"即是自然。虽然"化工无工"，但"化工"并不是"无工"，它是有工的，这工是人工，《拜月》《西厢》这两出被李贽赞誉为"化工"的戏，毕竟是人创作的，既然是人创作的，就属于文明的范畴。因为这创作如此出色，如此成功，不露些许人工的痕迹，很真实，很自然，故而称之为"化工"。就艺术美的创造来说，美就在"化工"。

第六节　美在境界

"化"在中华美学中的重要意义是促成了境界概念的产生。"境"这一概念首先大量出现在佛经中。汉代开始译经，译者在汉语词汇中拈出"境"

① 李贽:《焚书·杂述·杂说》。

来表述佛国在信奉者心灵上的感受。与"境"含义相似的还有"界""法界""境界"等。按汉字语义,"境"有疆界的意义,中国汉代著名的字典《说文解字》说:"境,疆也。"但"境"主要用来指一种心理感受,很少用来指地域上的疆界,主要是出于佛经广泛使用它之故。现在,大家公认,中国美学的最高范畴是"境界"或者"意境"。一般来说,从哲学维度言,更多地用境界概念,而于艺术维度言,更多地用意境概念。

境界或意境的组成,不外乎自然与文明,在境界中,它们是高度统一的,它们要统一到什么样的程度,才能够成境界呢? 一般的还不够,要"化",即自然化成文明,文明化成自然。这种化所产生的形象,我们称之为"化境"。王夫之在《姜斋诗话》中提出"化境"① 概念,在具体论述中,其情景关系说最能见出"化境"的意义。在文学艺术中,自然与人文的统一,主要是由景与情的统一来体现的,因此,情景化合成为境界创造的核心问题。要怎样才能让这两者做到化合呢? 王夫之提出了一系列的理论。主要的有:

一是"会景"与"体物"说。王夫云:"含情而能达,会景而生心,体物而得神,则自有灵通之句,参化工之妙。"② 景要"会",物要"体",这是说艺术家,作为创作主体的心理活动,这可以说是人文渗入自然乃至融会自然。这是实现情景化合的前提,也是境界创造的前提。二是"情语"与"景语"说。王夫之认为,作品中的因素,不外乎景语与情语。"情景名为二,而实不可离。神于诗者,妙合无垠。巧者则有情中景,景中情。"③ 一般来说,做到景中有情不算难,最难的是情中有景,王夫之说:"情中景尤其难曲写。"④ 重要的,还不是情景互含,而在情景互生,实现"景以情合,情以景生"⑤。可以说,王夫之已经将境界建构的关键说透了。

---

① 王夫之:《姜斋诗语·夕堂永日绪论内编》。
② 王夫之:《姜斋诗语·夕堂永日绪论内编》。
③ 王夫之:《姜斋诗语·夕堂永日绪论内编》。
④ 王夫之:《姜斋诗语·夕堂永日绪论内编》。
⑤ 王夫之:《姜斋诗语·夕堂永日绪论内编》。

王国维是中国境界理论的最后完成者,他的贡献主要有四:

第一,提出了境界本体论。他说:"沧浪所谓兴趣,阮亭所谓神韵,犹不过道其面目,不若鄙人拈出'境界'二字,为探其本也。"① 在王国维之前各种构建艺术美的理论,如他在这里所举的兴趣说、神韵说,还有王夫之的情景说都只是现象的描述,没有拎出一个概念来概括这种工作。王国维将这工作归结为"境界",一下就清晰了。境界这一概念原出于佛教,佛教本是心性之教,佛教要构建的境界为佛境,佛境是靠心来构建的。境由心生。将艺术美的构建工作归之于境界,那就要强调心性的工夫。这才是本,是艺术美创造之本。我们前面提到的"化",在这里找到落实处,就是心。只有心才能让自然与人文化合,才能创造出堪与"无工"相媲美的"化工"来。

第二,境界的创造特别需要"真"。他说:"能写真景物,真感情者,谓之有境界,否则谓之无境界。"②"真",让我们想到道家所倡导的"自然"——本色。是的,作品所表现的一切不管是情感还是景物,都让人感到"真",它就达到"化工"的境地了。

第三,境界的创造特别重情。境界,诚如上面的文章所论,它的构成因素客观方面主要是景,主观方面主要是情。景情二者应该说都重要,但何者更重要呢? 王国维认为是情。他说:"境非独谓景物也。喜怒哀乐,亦人心之一境界。"③ 虽然王国维之前,谈情的重要性的言论不少,但没有谁说情就是"人心之一境界"。耐人寻味的是,他说情是"人心之一境界",不说情是艺术之一境界。可见,艺术境界的构成,仅仅是情还不行。尽管如此,情在构建艺术境界中的作用与地位已是非常突出的了。炼情与炼景,无疑,炼情更重要。艺术美虽在景,亦在情,但更在情。

第四,强调最好的境界于读者应该"不隔"。所谓"隔"与"不隔"均是对读者而言的。将读者对于艺术美的接受,纳入境界理论,这是王国维于境界理论最大的贡献。如果说上面说的三个理论,在王国维之前,多少还

---

① 王国维:《人间词话·九》。
② 王国维:《人间词话·六》。
③ 王国维:《人间词话·六》。

有人涉及,这一理论却是完全没有人说起的。什么叫"不隔"？王国维说:"语语都在目前,便是不隔。"① 据此标准,他认为,"东坡之诗不隔,山谷则称隔矣"②。姜白石的作品"虽格韵高绝,然如雾里看花,终隔一层。梅溪、梦窗诸家写景之病,皆在一'隔'字"③。王国维对于境界的"不隔",特别强调,他说:"大家之作,其言情也必沁人心脾,其写景也必豁人耳目。其辞脱口而出,无矫揉妆束之态,以所见者真,所知者深也。"④ 中国古典美学的境界理论到王国维这里做了一个精彩的总结。

古代对于美的理解,于境界理论告一终结。清理它的线索,从美在文明、美在自然两个基本点出发,逐渐地走向融会。融会的过程中,我们分明可以看出,人的主体性在加强。主体性主要体现为精神主体性,精神主体性又主要体现为情感主体性。到王国维,提出"境非独谓景物也,喜怒哀乐,亦人心之一境界",这样一种发展,见出中国哲学的逻辑。早期的中国哲学,天与人更多的是两分的,自宋,天与人更多地两合。天人两合过程中,不是天融会了人,而是人融会了天。从本质上看,天人合一是一种主体性哲学。建立在这一基础上的境界论是主体性的美学理论,说彻底,是以情感为本体的精神美学。说美在境界,其实,是美在情感,当然,不是一般的情感,而是实现了对象化的有意味、有观赏性的情感。

值得特别提出的是,在美的锻造中,精神超越性的作用凸显了。超越不只是体现在对物质功利的超越,还体现在对文明与自然之间、现实与理想之间的区分与对立的超越。中华民族的精神超越力极强,且不说道家、道教、佛教这些哲学本就极具超越力,就是入世感很浓的儒家,何尝没有很强的超越力呢？《论语》中著名的哲学命题——"吾与点也",其意义就在超越。

审美从本质上来看,是超越的产物,没有超越就没有审美。"审美超越

---

① 王国维:《人间词话·四十》。
② 王国维:《人间词话·四十》。
③ 王国维:《人间词话·三九》。
④ 王国维:《人间词话·五六》。

是境界创造的必由之路。经过多层次的审美超越,一个空明灵透的生命之境,寓真含善的审美化境得以实现。"① 实现超越的过程中,主体的审美心灵在其中起到特殊重要的作用。它相当于做米酒的酒曲,是它的投入,米饭才成为米酒。无疑,在审美方面,诗人、画家、作曲家之于普通人敏感得多,也丰富得多。所以,王国维说:"一切境界,无不为诗人设。世无诗人,即无此种境界。"② 说得多么彻底! 美在哪里? 在中国古典美学,是可以分做多层次回答的:美在文明,美在自然,美在天人化合,而最后是美在境界。这个递进的过程,是对立因素的融会,更是对现存状态的超越。有了多层次的超越,不仅构成境界的来自自然和文明的诸元素实现了融会,构造成了一个灵透的生命之境,而且这似是有限之境通向了无限——精神上的无限。"美在文明"与"美在自然"是并列性的概念。美在文明,其文明可用"善"来概括,强调美是人的价值,是对人的健康人性的合理肯定。美在自然,其自然不是自然界,而是《老子》哲学中说的"自然"——自然而然,即事物本身、本质、规律,自然与人工相对,强调其客观性。人也有自然,人的自然,即人的本性——自由。自然的性质,可用"真"来概括。"美在文明"与"美在自然"说的是美的内涵。美的内涵并不等于美,美的内涵要成为美,还需要进行具有审美意义的靓化,这种靓化就是将善与真的统一进行提炼和打造,由意象到意境或者说境界。所以,最终的成果是境界。境界理论是中国古典美学最为重要的遗产,它并没有成为历史,它在当今的审美生活中仍然有着生命力。笔者认为,这一概念具有当代的意义,经过重新解释,注入新内容,完全可以成为当代全球美学的本体论范畴。

---

① 　陈望衡:《当代美学原理》,人民出版社 2003 年版,第 164 页。
② 　王国维:《人间词话·附录一六》。

第 三 章
中华美学思想内核

　　中华文化主要依据两重关系建构：一是天人关系，二是人际关系。天人关系，在中国文化中虽然地位是最高的，但实际上是虚的，由于时代的局限，在中国传统文化中，对天人关系的解释多联系到人际关系上去，事实是，不论儒家还是道家都在不同程度上按人际关系改造了天人关系。天人关系并不能理解为自然与人的关系。人际关系直接关系到人们方方面面的利益，从国家民族的利益到个人的利益。因此，它一直受到国人的重视，儒家因为精于此道，而成为社会文化的主体。关于人类的三大价值——真善美，儒家与道家都主张统一，但侧重点不同，道家将天人关系作为立论之本，因而更重视美与真的关系，将善纳入真之下。儒家将人际关系作为立论之基，更重视美与善的关系，将真隐于善之中。基于儒家在中国传统文化中的主体地位，善与美的问题较之美与真的问题更受关注。事实上，善与美的统一才是中华美学的核心思想。

第一节　善美统一（上）

　　中国传统的思维方式十分注重调整天人关系、人际关系和各种意识形态的关系，以建立圆融的、安定的、和谐的生活秩序。中国传统的伦理观和审美观就是在这样一种思维方式的指导下建立起它们之间的联系的。尽管伦理与审美是两种不同的意识形态，但它们在中国古代是和谐的、统一的。由于以儒家哲学为代表的中国哲学基本上是伦理学，美学作为哲学的一部分，很大程度上受伦理学的影响，因此伦理与审美的统一是以伦理为核心的。

一、天人关系论

中国哲学的基本精神是天人合一。中国的伦理学与中国的美学都建立在这个基础上。只是中国的伦理精神侧重于将"天"义理化，而中国的美学精神则侧重于将"天"情感化。它们虽各有侧重，但内在意蕴又是相通的。这内在意蕴就是将宇宙人生看成流转不息的生命。正是在生命的基础上，作为兼自然与上帝二义的"天"与作为万物灵长的"人"才建立起"你中有我""我中有你"的交感和谐关系。伦理与审美共处于这交感和谐关系中，各以自己的曲调，协奏出中华民族独具风貌的精神乐章。"天人合一"的哲学精神本是一种带有浓厚泛神论色彩的原始宗教思想，原始人类本都有的。但随着社会的进步，世界上不少民族抛弃了这一宇宙观，如西方一些民族就由天人合一，走向天人相分，在对人与自然的对立的强调中去认识自然，改造自然，导致自然科学的发达；中华民族虽然走出了原始社会，进入文明时代，但由于经济和其他方面的原因，仍然相当多地保留氏族社会的"天人合一"思想，并且经过封建统治阶级及其思想家的改造，逐步建构起庞大的、严整的理论系统，使其成为整个封建意识形态系统的理论根基。张岱年先生认为，中国传统文化中说的"天"有三种含义：一指最高主宰，二指广大自然，三指最高原理。[①] 与此相关，中国的"天人合一"就包含有多种意义：宇宙观上的人与自然的统一，宗教观上的神与人的统一，伦理观上的天道与人道的统一和艺术观上的景与情的统一。

就伦理来说，中国的"天人合一"主要是将人伦关系天道化，或者说使天道人伦化，从而建立起具有准宗教意味的政治道德系统。儒家在这方面

---

① 　参见张岱年：《中国哲学中"天人合一"思想的剖析》，《北京大学学报》1985 年第 1 期。

做的贡献最大。孟子讲"知其性则知天",董仲舒讲"天人相类",都是指义理之天或主宰之天与人类的关系。宋儒承孟子之说,而且有很大发展。张载认为天之本性即人之本性,二程更强调"天人本无二",最后完成了"天人合一"的理论。朱熹说:"宇宙之间,一理而已,天得之而为天,地得之而为地,而凡生于天地之间者,又各得之以为性,其张之为三纲,其纪之为五常,盖此理之流行,无所适而不在。"① 这样,天道与人道合为一体。人世伦常变成神圣不可侵犯的"天规",具有不可违抗的绝对权威性。

中国的伦理学,先是将人的道德从人自身外化出去,创造出一个义理之天,使其成为伦理本体,成为人们追求、信仰的对象;接着又通过"存心""养性""思诚"等,将义理之天收回到人。经过这样一个循环,人就具有了道德的权威性和自觉性的意识,人就可以修养成为道德高尚的"圣人"。

"天人合一"在美学上最重要的体现是"情景合一",情景合一溯其源,可达先秦的"比德"说。最早在理论上对"比德"说作阐述的,就现存的美学资料来看,是春秋时期的管子。在《管子·小问》篇中,管仲与齐桓公、隰朋谈君子之德时以禾苗做比喻。他说:

> 苗始其少也,眴眴乎,何其孺子也;至其壮也,庄庄乎,何其士也;至其成也,由由乎兹免,何其君子也。天下得之则安,不得则危。故命之曰:禾。此其可比于君子之德矣。②

这里,管仲就明确地以禾比君子之德了。禾的几个成长阶段——"少""壮""成",类似一个人由"孺子"成为"士",再成为"君子"。"禾"为人们提供物质食粮,君子为人们提供精神食粮,有了精神食粮,天下人才得以和谐相处。"禾"与"和"实相通也。

"比德"说虽是管子首创,但孔子在这方面的贡献超过管子。他的"知者乐水,仁者乐山",对后世影响很大。《孟子》《荀子》《说苑》等书,都对

---

① 《朱子文集》卷七。

② 《管子·小问》。

孔子这一思想有所阐述、发挥，其中尤以刘向的《说苑》论述最为透辟。在刘向看来，水的流转不息、灵活裕如颇类似于仁德之士的聪明；而山的博大胸怀、藏宝埋玉、育禽养兽、林木繁茂又颇类似于仁德之士的品格气度。具象的水、山与抽象的品德建立起联系，这是古代贤哲想象的结果。这种想象在现代心理学中可以找到根据，如西方的格式塔心理学就有人的心理活动的张力与大自然的物理活动的张力异质同构之说。

"比德"严格说来还不是审美，但它是由伦理到审美的中介。就审美来说，早在《诗经》中就大量出现的"比兴"手法也许更值得注意。这种"比兴"大多是从自然风物中选取对象，由此引发、比喻社会生活中的事物，建立起人与自然的审美关系。《诗经》中脍炙人口的"昔我往矣，杨柳依依，今我来思，雨雪霏霏""桃之夭夭，灼灼其华"，等等，以状物之工、传情之真对中国美学精神的形成有深远的影响。屈原的作品一方面继承管子、孔子的"比德"说传统，另一方面又继承了《诗经》的"比兴"说传统，将"比德"与"比兴"结合起来，在中国的文学创作中最早实现了伦理与审美的统一。

魏晋南北朝时期，审美活动中人与自然的关系发展到一个新的阶段，那种本只具道德象征意义的自然转而成为人们怡情悦性的对象。人们不是从自然中找什么君子之德、智者之智、仁者之仁，而是从中找精神的寄托、审美的情趣。陆机的《文赋》深刻地指出自然风物对人的情感的激发作用："遵四时以叹逝，瞻万物而思纷；悲落叶于劲秋，喜柔条于芳春。"[①] 刘勰在《文心雕龙·物色》中进一步论述了情与景的对应关系："献岁发春，悦豫之情畅；滔滔孟夏，郁陶之心凝；天高气清，阴沉之志远；霰雪无垠，矜肃之虑深……"[②] 至此，中国美学基本上奠定了情景合一的品格，其后就朝着更为成熟的"意境"理论发展。

"意境"说是中国美学独具的理论。作为这个理论根基的还是中国哲学"天人合一"的精神，只不过它更为强调的是天人之间的情感关系，强调

---

① 陆机：《文赋》。

② 刘勰：《文心雕龙·物色》。

景与情的合一。王国维说:"昔人论诗词,有景语、情语之别,不知一切景语,皆情语也。"① 王夫之说得更明白:"情景名为二,而实不可离,神于诗者,妙合无垠。巧者则有情中景,景中情。""景中生情,情中生景,故曰景者情之景,情者景之情。""景生情,情生景,哀乐之触,荣悴之迎,互藏其宅。""情景一合,自得妙语。"② 这里,情与景互相渗透,互相生发,你中有我,我中有你,充满着生机,充满着活力,这是真正的审美意义上的"天人合一"。

中国的伦理学与美学有两种意义的"天":一是义理的"天",一是情感之"天"。二者不是走向对立,而是走向统一。之所以如此,乃是因为中国先哲所观照的宇宙不是一个物质的机械的系统,而是一个充满生机的生命系统。中国人酷爱生命,极为尊重生命的价值,所以对于生命总是求其流衍创化,以达于至善至美。这一点是儒、道、墨、禅诸家都肯定的。儒家之所以要追原天命,率性以受中,道家之所以要遵循道本,抱一以为式,墨子之所以要尚同天志,兼爱以全生,就是因为天命、道本、天志被看作是生命之源。在中国人的眼中,宇宙是生命的宇宙。

由于中国的伦理学不仅不否定感性生命,而且认为只有在自然的感性生命中才有人伦关系的仁、义、礼、智、信,因此中国的伦理学并不通向否定感性生命的宗教,而通向审美。又由于中国人的审美渗透着浓厚的道德理性,向来反对片面地追求感官享受,而提倡一种理性与感性相结合的精神愉悦,因此它并不通向唯美主义,求感官享乐,而提倡一种理性与感性相结合的精神愉悦,因此,并不通向唯美主义、享乐主义,而通向伦理主义。

二、善美关系论

伦理学的核心范畴是善,美学的核心范畴是美,伦理与审美的关系在很大程度上表现为善与美的关系。中国传统文化有个重要特点,就是强调善与美的统一,美不美,其前提是善不善。

---

① 王国维:《人间词话·删稿》。
② 王夫之:《姜斋诗话》。

　　《国语·楚语上》中有伍举论美的一段记载,这是最早见诸史料的以善为美的观点。

　　　　夫美也者,上下、内外、小大、远近皆无害焉,故曰美。①

　　在这里,伍举强调美是"无害",也即有利。这段话是针对周灵王大兴土木、营筑宫室、追求声色淫乐而言的。他强调美不在于好看、好听,而在于是否有利于人民,有利于国家。实际上,他讲的美就等同于善了。孔子注意到善与美的区别。《论语》中有这样两段记载:

　　　　子在齐闻《韶》,三月不知肉味,曰:"不图为乐之至于斯也。"②

　　　　子谓《韶》,"尽美矣,又尽善也。"谓《武》,"尽美矣,未尽善也。"③

　　前一段记载告诉我们,《韶》乐能给人很大的快乐,这种快乐不同于吃肉获得的快感,这是一种精神上的愉快。第二段记载说明美与善是两回事。《韶》乐既尽美,又尽善,而《武》乐只是美,还够不上尽善。据孔颖达《疏》,这"美"指的是"声容之盛",属于形式方面的属性。《武》乐虽然在内容上没有充分体现"礼"的规范,但形式上有声有色,威武雄壮,堪称是美的。《韶》乐则不仅在形式上能给人以感官的愉悦,而且在内容上也完全合乎"礼"的规范,因而尽美又尽善。

　　孔子虽注意到美善之分,但他谈得更多的还是美善统一。这种统一主要表现为两个方面:第一,美即善。《论语》中有这样的记载:

　　　　子曰:"里仁为美。择不处仁,焉得知?"④

　　　　子曰:"君子成人之美,不成人之恶,小人反是。"⑤

　　　　子张曰:"何谓五美?"曰:"君子惠而不费,劳而不怨,欲而不贪,泰而不骄,威而不猛。"⑥

------

① 《国语·楚语上》。

② 《论语·述而》。

③ 《论语·八佾》。

④ 《论语·里仁》。

⑤ 《论语·颜渊》。

⑥ 《论语·尧曰》。

这里，孔子也如伍举一样，将美与善等同起来了。如果说孔子与伍举有什么不同的话，那就是孔子自觉地将以"仁"为核心的伦理道德作为衡量美的根本标准。

第二，美从属善。孔子说：

> 礼云礼云，玉帛云乎哉？乐云乐云，钟鼓云乎哉？①
>
> 人而不仁，如礼何？人而不仁，如乐何？②

这里说得很清楚：乐不只在于悦耳的钟鼓之声，还在于其仁义道德的内涵。仁是第一位的。

孔子强调美的形式与善的内容的统一，他的"文质彬彬"观正好说明了这一点：

> 质胜文则野，文胜质则史。文质彬彬，然后君子。③

这段话讲的是人的修养，"质"指人的内在道德品质；"文"指人的文饰。孔子认为，一个人如果缺乏文饰（包括服饰、容貌、风度），那是粗野的；而如果单有文饰而没有内在品德的修养，那就是虚浮的了。只有"文"与"质"统一起来，"文质彬彬"才能成其为"君子"。"文"与"质"的统一意味着美与善的统一，这种观点后来不仅用于品评人物，而且还用于品评文艺作品，在中国传统文化中产生了深远的影响。

孔子的善美合一观在孟子那里又有新的发展。孟子与浩生不害有一段很有意义的对话：

> 浩生不害问曰："乐正子何人也？"孟子曰："善人也，信人也。""何谓善？何谓信？"曰："可欲之谓善，有诸己之谓信，充实之谓美，充实而有光辉之谓大，大而化之之谓圣，圣而不可知之之谓神。乐正子，二之中，四之下也。"④

孟子这段话概括了他的整个伦理—审美观，很值得注意。孟子在这里

---

① 《论语·阳货》。
② 《论语·八佾》。
③ 《论语·雍也》。
④ 《孟子·尽心下》。

将人格修养分为六个阶段：一是普通人格，为"善"。"善"为"可欲"。"欲"指自然人性，食色之类。二是信人人格，为"信"。"信"是"有诸己"即言行一致。"信"指社会人性，道德之类。信人人格是普通人格的升华。三是美人人格，为"美"，"美"是"充实"，内在优秀道德与外在悦人容貌统一，社会人性与自然人性统一。美人人格是信人人格的升华。四是大人人格，为"大"。"大"是"充实而有光"。人的内外统一的形象光照四方。大人人格是美人人格的升华。五是圣人人格，为"圣"。"圣"是"大而化之"，大的人格经"化"而光被天下，美化世界。因为这，大人人格就升华为圣人人格了。六是神人人格，为"神"。"神"是"圣而不可知之"。神是神秘的、无限的，不可知晓。神人人格是圣人人格的升华。

孟人论述了人格修养的六个阶段，其中，关涉到美的为第三阶段和第四阶段："充实之谓美"和"充实而有光辉之谓大"。"美"，孟子认为是"充实"，"充实"指道德修养的充实，强调的是美以善（不只指自然人性的"可欲"，还指包括"信"在内的优秀的道德品质）为基本内容的。"大"是"美"的光辉。说明美不仅内容充实，而且形象光鲜，充满活力，光辉四射。按现代美学理论，"大"才是美。

先秦儒家的另一位大师荀子也有美善统一的思想，他认为，人的美不在于容貌漂亮，而在于内在品德的高尚。在《非相》篇中，他举了一连串的例子来证明这一观点，他说：

> 长短小大美恶形相，岂论也哉！且徐偃王之状，目可瞻焉；仲尼之状，面如蒙供；周公之状，身如断菑；皋陶之状，色如削瓜；闳夭之状，面无见肤；傅说之状，身如植鳍；伊尹之状，面无须麋。禹跳，汤偏，尧舜参眸子。从者将论志意，比类文学邪？直将差长短，辨美恶，而相欺傲邪？古者，桀纣长巨姣美，天下之杰也；筋力越劲，百人之敌也。然而身死国亡，为天下大僇，后世言恶则必稽焉。是非容貌之患也，闻见之不众，论议之卑尔。①

---

① 《荀子·非相》。

这些例子颇能说明荀子的观点。你看,孔子、周公、皋陶、闳夭、伊尹、禹、汤、尧舜都长得很难看,然而人们不仅不厌恶他们,而且还敬重他们,原因就在于他们品德高尚。反过来说,桀、纣身材高大,面目姣美,力敌万人,可是最后身死国亡,遭天下人唾骂,遗臭万年,原因就在于桀、纣是恶人、暴君。

荀子是主张人性恶的。恶当然无美可言,但恶的人性可以通过后天的努力加以改造使之成善,成美,所以他说:"人之性恶,其善者伪也。"① "无伪则性不能自美"②,"君子之学也,以美其身"③。这就是说,善、美不是来自先天禀性,而是来自后天的学习、修养。荀子对美的要求颇高,他说:"君子知夫不全不粹之不足以为美也。"④ 这样,美不只是包含善,而且高于善了。

道家强调美与真的联系,认为美在于自然。他们反对人为,认为人为妨碍美,破坏美。但这只是一个方面,另一方面,道家也不否定美善一致。老子说:"天下皆知美之为美,斯恶矣,皆知善之为善,斯不善矣。"⑤ 在这里,美不是与丑而是与"恶"相对,这说明美理所当然应该是不"恶"的,亦即善的。庄子在他的著作中,也和荀子一样写了一群外貌丑陋而品德高尚的人物,如支离疏、兀者王骀、兀者申徒嘉、兀者叔山无趾、哀骀它、瓮㼜大瘿等,这些人虽貌丑体残但心地善良,品德高尚,因而受到当时人们的尊敬,甚至赢得不少妇女的青睐。在庄子看来,一个人的相貌,漂亮也好,丑陋也好,都得之于"天",根本无须计较,重要的是内心的"德"。因为注重"德",必然会忽视外貌,也就是"德有所长而形有所忘"⑥。

道家哲学到魏晋发展成玄学。玄学提出以无为本,但在人性问题上,玄学家们一般不反对儒家的观点,如王弼就同意孔子的"性相近"之说。王

---

① 《荀子·性恶》。
② 《荀子·礼论》。
③ 《荀子·劝学》。
④ 《荀子·劝学》。
⑤ 《老子·二章》。
⑥ 《庄子·德充符》。

弼认为，不管是圣人，还是常人，都是有性有情的。"圣人之情，应物而无累于物。"①就是说，圣人有情而不为情所牵累，与外物接触而不为外物干扰。这样，圣人实际上就是以无为本即以自然为本了。玄学家认为名教即自然，或名教出于自然。"名教"崇善，"自然"为真，既然"名教出于自然"，善就出于真了。魏晋玄学认为儒家的伦理教化实来自自然，这样，儒家的美善一致与道家的美真一致就合流为真善美一致了。

三、理情关系论

理与情是伦理学、美学都要讲的问题，理情结合既是伦理活动的要求，也是审美活动的要求。但一般说来，伦理讲究融情入理，以理显；审美讲究理融情中，以情显。一个重理，一个重情。中国古代的伦理学和美学是早熟的，尽管这二者有各自不同的研究对象，但彼此渗透、互相补充的情况较西方要明显得多。这就是说，伦理走向审美，审美走向伦理。这种互相融合的倾向的突出表现是：尚情的审美也注重理；尚理的伦理也注重情。

先看审美。中国的审美理论大都蕴含在艺术理论中，因为艺术是人类审美活动的典范形式，它比较集中地包含着审美的秘密。从艺术入手谈美，这是一条便捷的道路。中国传统的审美观既尚情又重理，这可以用以下三种有代表性的艺术理论来说明。

一是"诗言志"。

"诗言志"是中国的传统诗教。中国最古老的典籍《左传》《尚书》《孟子》《庄子》《荀子》中都有诗言志的提法：

《左传·襄公二十七年》："诗以言志。"

《尚书·尧典》："诗言志。"

《孟子·万章上》："说诗者不以文害辞，不以辞害志，以意逆志，是为得之。"

《庄子·天下》："诗以道志。"

---

① 《三国志·魏书·钟会传》注引。

《荀子·儒效》："诗言其志也。"

据闻一多先生的解释，"志"与"诗"原来是一个字。"志"有三个意思：一记忆，二记录，三抒怀，这三个意义正代表诗的发展途径上的三个主要阶段。① 在第一个阶段，那种朗朗上口、后来称之为"诗"的东西，其功能在于帮助人们记忆某种事情；在第二个阶段，诗的主要功能在于记事，"诗"就是史。其后，散文产生了，开始有用韵文记录的史，也有用散文记录的史，后来人们觉得用韵文记事毕竟不如散文方便，于是"诗"这种短小而又押韵的句子群就主要用来抒发人们的思想和情感了。

"诗言志"的传统自先秦一直延续到近代。其中，魏晋南北朝时期刘勰提出的"情志"说对先秦"诗言志"传统有较大发展；唐代，孔颖达又做了进一步的阐述，他说："在己为情，情动为志，情、志一也。"② 情是志的直接动因，情的地位突出了。那么，情又是如何产生的呢？他说："感物而动，乃呼为'志'。"③ 也就是说，情和志的产生是由于外物的感发。由外物感发到情动，由情动到志生，这就形成了较为系统的审美反映论。

二是"比兴"说。

"比兴"说最早见于《周礼·春官》："大师……教六诗：曰风，曰赋，曰比，曰兴，曰雅，曰颂。"④ 后来，《毛诗·大序》中也有这种说法："故诗有六义焉：一曰风，二曰赋，三曰比，四曰兴，五曰雅，六曰颂。"孔颖达解释说："赋、比、兴，是《诗》之所用，风、雅、颂是《诗》之成形。用彼三事，成此三事，是故同称为义。"⑤ 一般认为，孔颖达这种解释是正确的：风、雅、颂是《诗经》中诗歌的三种类型；赋、比、兴是《诗经》中诗歌常用的三种创作手法。至于这三种手法具体又是何意，说法很多。一般认为，赋是铺陈其事，这没有多大分歧。分歧较多的是对"比""兴"的说法。我认为，在众多说法中，郑

① 参见《闻一多全集》第一册，三联书店1982年版，第185页。
② 《左传正义·昭公二十五年》卷五十一。
③ 《毛诗正义》卷一。
④ 《周礼·春官》。
⑤ 《毛诗正义》卷一。

玄的说法较切合中国诗歌创作的实际。郑玄说："赋之言铺，直铺陈今之政教善恶。比，见今之失，不敢斥言，取比类以言之。兴，见今之美，嫌于媚谀，取善事以喻劝之。"① 按郑玄的解释，诗歌中有些政治伦理性的内容不好说，不便说，只好用"比""兴"的方法曲折地说。"比"，侧重于批评、讥刺；"兴"侧重于赞颂、表彰。"比""兴"就其本义来讲，与其说出于审美的需要，不如说出于伦理的需要。当然，后来的发展就有所不同了。以"他物"作比，便于更形象、更生动，也更深刻地表达"此物"；先言别事，引发兴趣，再谈此事，别具情趣。作为一种创作手法，"比兴"后来更多地从审美着眼了。

三是"风骨"说。

这是刘勰在《文心雕龙》中提出来的，对"风骨"的解释亦有多种。笔者认为，"风骨"与"情志"有类似之处。"风"强调的是作品中的情感，"骨"则重在作品中的政治伦理原则。宗白华先生就是这样看的。他说："中国古典美学理论既重视思想——表现为'骨'，又重视情感——表现为'风'。一篇有风有骨的文章就是好文章。"②

"言志""比兴""风骨"这三说充分体现了中国传统的审美理论对"理"的重视。虽然，自魏晋以来，随着"文的自觉"，中国的文学最终从政治典籍和史传中独立出来，情感的色彩加浓了，但对情感抒发、渲染一直是有限制的。一旦情感过于泛滥，走上"绮靡""浮艳"的唯美主义道路，就有人出来大声疾呼，重倡"言志""比兴""风骨"的理论。魏晋以后，六朝的诗文一度有唯美主义倾向，初唐的陈子昂就起来大加反对，提倡"汉魏风骨"，强调"兴寄"。此后，韩愈等人发起的古文运动是这一拨乱反正事业的继续。中国文学史上曾经有过多次这样的较量，纯审美派从来没有占据上风，而审美与伦理相结合的风格特点一直保持主流地位。

下面我们来看中国的传统的伦理学。中国的伦理学从其开始就带有浓重的情感色彩，比较地靠近美学。在理情关系上强调二者的结合。

---

① 《周礼注疏》卷二十三。
② 宗白华：《美学散步》，上海人民出版社 1987 年版，第 47—48 页。

中国的伦理学是在血缘关系的基础上建立起来的。血亲之爱是中国伦理学的胚胎。伦理之"理"与血亲之"情"紧密地联系在一起，互相渗透，难以分割。孔子作为中国伦理学的开山祖师之一，他的伦理学的一个重要特点就是将处理人际关系准则的"礼""仁"转化为人的心理欲求，也就是说，他尽力将外在的"理"植根于内在的"情"，使"情"成为"理"的动力，把具有强制性的"遵理"变成自觉自愿的"循情"。最典型的例子是孔子回答宰我"三年之丧"道理何在，他说：

> 子生三年，然后免于父母之怀。夫三年之丧，天下之通丧也，予也有三年之爱于其父母乎！①

任何人生下来至少有三年需在父母的怀抱里成长，就是说，父母至少付给你三年的爱。那么，父母死了，你为父母守丧三年以尽哀，不是既合情又合理吗？

中国的伦理学，将人的情感欲求包括食、色、视、听之娱等，统称为"人欲"，以与"理性""天理"相对称。首先，应该指出，中国的历史上是颇有些卫道士竭力鼓吹"存天理，灭人欲"，认为天理是一切善的根源，人欲是一切恶的渊薮。但是，这只是一方面的观点。另一方面的观点是将天理与人欲联系起来，既重理，又重情。

人本来是不能离开感性欲求的，孔子相当老实地承认这一点。他对饮食就颇多讲究，"食不厌精，脍不厌细"。当然，他的最高的感性欲求是在审美的愉悦中进入一种超功利的境界，这种审美的愉悦是直通伦理的。孔子在与弟子言志时，最欣赏曾点的生活方式，即"暮春者，春服既成，冠者五六人，童子六七人，浴乎沂，风乎舞雩，咏而归"。这种徜徉于自然山水之间的生活方式是富有情感的，但又与理性精神相和谐。朱熹说，这里体现出来的精神气象是"胸次悠然，直与天地万物上下同流"②，说得很精当。

孔子之后的儒学大师如孟子、荀子、董仲舒、韩愈等均在一定程度上

---

① 《论语·阳货》。
② 朱熹：《四书集注·论语卷》。

肯定人的情欲。如韩愈反对把"性"和"情"截然分割开来，而主张"性"与"情"统一。韩愈说的"性"指"五德"即仁、义、礼、智、信；他说的"情"是指喜、怒、哀、惧、爱、恶、欲等"七情"。"性"是"情"的基础，"情"是"性"的表现，因"情"见"性"，因"性""生""情"。宋代的王安石发展了韩愈的学说。他说："性情一也。世有论者曰：性善情恶，是徒识性情之名，而不识性情之实也。"① 他认为情既然是性之用，其发动之处就有可能入于善，也有可能入于恶。换言之，情既可以表现为善，也可以表现为恶，不能简单地否定情。

宋明理学家在理、情关系问题上，有种种说法。诚然，扬理抑情的观点占相当优势，但重血亲、讲情欲仍然是不可忽视的一个方面，就连极力主张"存天理，灭人欲"的朱熹也说："若是饥而欲食，渴而欲饮，则此欲亦岂能无"②，"虽是人欲，人欲中亦有天理"，"天理人欲无硬定底界"③。这就说明朱熹在一定程度上是肯定人的感性欲求的。宋明理学由朱熹的重"理"到王阳明的重"心"，一方面标志着理学体系逐渐走向解体，另一方面也说明这种伦理学说进一步接近感性和审美了。在"心"这个无所不包的精神圈子里，理性、感性、自然、社会、现象、本体、知行等等，都浓缩集中在一起，不可分离走向同一。"所谓汝心，却是那能视听言动的，这个便是性，便有天理。"④ 这里，"视听言动"的感性，不仅被承认为"性"，而且被认为是"天理"的前提。宋明理学家和孔孟一样力图把伦常秩序、道德原则归结到充满活力的心理情感，变道德他律为道德自律。李泽厚先生对此有极精辟的分析，他说："宋明理学家经常爱讲'孔颜乐处'，把它看作人生最高境界，其实也就是指这种不怕艰苦而充满生意，属伦理又超伦理，准审美又超审美的目的论的精神境界。"⑤

明末清初的思想家在控诉宋明理学"以理杀人"的同时，进一步发展

---

① 王安石：《性情》。

② 朱熹：《近思录集注》卷五。

③ 朱熹：《朱子语类》卷十三。

④ 王阳明：《传习录》上。

⑤ 李泽厚：《中国古代思想史论》，人民出版社 1986 年版，第 238 页。

了自然人性论，肯定人的感性情欲，李卓吾讲"童心"，戴震讲"血气心知"。到近代，受西方资产阶级学说的影响，对人的情感欲求就更强调了。从以上分析来看，中国传统的伦理学不仅不排斥人的情感欲求，而且力求将这种情感欲求纳入"理"的轨道，或者说将"理"植根于这种情感欲求之中，以实现情理的统一。中国传统的审美据情纳理，中国传统的伦理据理纳情，二者自然而然地趋向于统一。

第二节　善美统一（下）

中国传统文化是一种内部充满着矛盾却又能达到圆融的文化。因为其矛盾，所以，它具有评价的多元性，正负价值判断均有充分的根据。所以，历史上尊孔与批孔的斗争自有儒家以来就从来没有断过。近年来在弘扬国学的背景下，虽然国学的态势总体来说是在上升，但主要力量在民间，而在上层的知识分子中，坚决维护者与激烈反对者仍然处于严重对峙的状况。但是中国传统文化又具有圆融性，各种对立的价值判断并不存在绝对的对立性，在一种更高的哲学思想的统驭下，它们的对立得到一定程度的消解，并且实现为统一。这一点，在伦理与审美的关系上尤其明显。

一、小我与大天

我们知道，审美是最讲究个性的，审美主体具有最大的自由。从本质上来讲，审美就是人的自由本性的感性显现。可是，在中国传统文化这个精神领域内，健康的审美很难得到充分实现，因为中国的传统伦理基本上是一种以他律人格为支柱的伦理观。他律人格与审美所需要的自律人格是格格不入的，伦理观在中国文化中的主导地位，使得健康的审美观很难建立。这种他律人格的说教必然导致审美主体的失落。

儒家伦理是最典型的他律人格，儒家编制的那一套道德规范是既扼杀人的肉体自由又扼杀人的精神自由的。从表面上看，儒家也强调个体人格，什么"杀身成仁""舍生取义"，什么"仁以为己任"，什么"可以托六尺之孤，可以寄百里之命"，其实都还是在强调仁、义之类的道德规范的绝对价值。人只有在履行仁义的时候，才有他的主体地位，才有他的个体自由即自由地去实现仁，因此，真正具有个体性地位的不是人，而是仁义礼智信之类的道德规范。

儒家伦理的他律人格有这样两个特点：第一，往往以否定式的肯定来剥夺独立人格。儒家的许多命题是从防御的角度提出来的，如《论语》中提出的：

> 子绝四：毋意，毋必，毋固，毋我。①

> 颜渊问仁，子曰：克己复礼为仁，一日克己复礼，天下归仁焉。为仁由己，而由人乎哉？颜渊曰：请问其目。子曰：非礼勿视，非礼勿听，非礼勿言，非礼勿动。②

> 孔子曰：待于君子有三愆：言未及之而言谓之躁，言及之而不言谓之隐，未见颜色而言谓之瞽。③

这一系列的否定，见出儒家对人格自律的不满。

第二，在"有为"的现象之后掩盖着剥夺主体自由的"无为"。儒家讲有为，但这种有为是有原则的，这原则就是儒家的仁义礼智信等。岳飞虽明知班师回朝不仅是他的死路，而且也是南宋抗金的事业的严重失败，但也得班师，因为"忠君"这条是绝对不可违背的。《儒林外史》中的王小姐死了丈夫必须去自杀以尽节，哪怕这种死是绝对愚蠢的。

上面我们说的是儒家，道家如何呢？一些学者认为，道家是强调个体人格的，崇尚自由。表面上看，似是这样，但不要忘记，道家的"无为""逍遥游"都是以"丧我"为最高境界的。"丧我"就是丧失我，如何丧失呢？《庄子》用"坐忘"这一概念来说明。此书《大宗师》一章，假孔子与颜回之名讨论修行。开初，颜回说他有进步了，具体表现在将"仁义"忘掉了，孔子给予肯定，但觉得不够。过些日子，颜回来说，他又有进步了，现在忘礼乐

---

① 《论语·子罕》。

② 《论语·颜渊》。

③ 《论语·季氏》。

了。孔子也给予肯定，但也说不够。再过些日子，颜回又来说他进步了，孔子问进步在哪。颜回说他"坐忘"了。孔子问什么叫坐忘。颜回说："堕肢体，黜聪明，离形去知，同于大通。"孔子说："同则无好，化则无常也，而果其贤乎！丘也，请从也后也。"

这就是丧我，具体为二："离形"——身体忘掉了；"去知"——智慧没有了。孔子对此大加肯定，表示以后要跟随颜回。

儒家讲"无我"，道家讲"丧我"，都是对人的主体性的否定，不同是儒家的"无我"的"我"是指个体，儒家否定个人的利益而认同社会（家、国）的利益。为家国可以舍弃个人的一切。这是一种道德至上主义，尚"善"（此"善"取道德义）。

道家"丧我"的"我"是指人，道家通过否定人的一切而认同作为宇宙共同本体的"道"，现在有些学者将这道理解为"自然"，其实不等同于自然，它大于自然，这是一种宇宙本体主义，尚"真"（此"真"取本体义）。

全面评价这两种主义不是本书的主旨。著者要说的是，这两种主义均有一定的反审美的负面价值。儒家的无我，否定了个体，众所周知，审美的突出特点，是个体本位，否定了个体，哪还有审美存在？道家的丧我，虽然只是精神上的，不能理解为肉体上消失以及佛教所说的涅槃，但是，它对人的感性享受基本上持批判的态度。《老子》对于"五音""五色"等都是否定的，说"五音令人耳聋""五色令人目盲"。《庄子》也说"五色乱目""五声乱耳""五臭薰鼻""五味浊口"，归纳为"趣舍滑心，使性飞扬"①。虽然"五"在老庄，意味着感性享受过了一些，但这个度很难把握，实际效果必然导致反审美。中国儒家与道家的"无我"和"丧我"理论中具有某些反审美的性质是毋庸置疑的，但是，这种理论中却又包含非常重要的审美意义。这里有一个理论上的推导过程：

一是"理"上升为"天"。

先秦时代，就有关于天的理论了，孔子讲天命，天命即天的意志、天的

---

① 《庄子·天地》。

道理。那时孔子正试图将儒家之理上升为天命，这一事业为后世儒家所继承。经过汉代经学、魏晋玄学、唐代佛学的努力，到宋代理学，这一事业终于完成。程颐、朱熹等大学者将儒、道、释三教所认同的理统称为天理。于是，认同儒家的仁义之类的理，就是认同于天理。这一理论上的推导具有多方面的意义，其中之一是美学的。当将人的精神境界上升到天的时候，这精神境界就似乎真的如浩荡的长空变得宽阔起来。《易传》说"天行健，君子以自强不息""地势坤，君子以厚德载物"。朱熹特别喜欢讲"胸次浩然"，"上下与天地同流"，这些均具有审美的意味，而不只是伦理的。

二是"理"下落到自然物。

这一工作在先秦也开始了。孔子讲天命，同时，也讲自然。孔子说"智者乐水，仁者乐山""岁寒，然后知松柏之后凋也"。这山水自然之中，隐然有一种理在，与自然山水接触中，不仅可以获得这种理，还能获得快乐，这就通向审美了。如果说乐水、乐山、知松这些欣赏自然的快乐，主要还是伦理性的话，那么，当他与弟子讨论人生意义，对于曾点说的"浴乎沂，风乎舞雩，咏而归"大加肯定之时，就基本是唯审美的了。

朱熹《春日》诗云："胜日寻芳泗水滨，无边光景一时新。等闲识得春风面，万紫千红总是春。"不要以为这"万紫千红"仅仅是自然界的春天，不，它还是儒家所认定的宇宙之理包括仁义之类的理。寻芳者在春天里领略到的既是宇宙的本体，做人的真谛，还有自然界的美丽。这种快乐就不仅是伦理性的，还是审美性的。

先秦儒家的"无我"，"无"的是个体，有的是理，当这理上升为天，下落到自然，竟忽然发现它有审美了。同样，先秦道家的"丧我"，"丧"的是人，要的是道，当这道上升为天，下落为自然，同样，也忽视发现其中有审美了。只有到这个时候，人们蓦然回首，才发现庄子说的"天地有大美而不言"实在是至理名言。这种天人合一式的思维方式一方面压抑了人性（"无我""丧我"），另一方面却又高扬了人性。它的意义后来更多地属于审美。其中代表性的人物有两位：一是陶渊明。陶渊明在他的《饮酒》诗中说："结庐在人境，而无车马喧。问君何能尔，心远地自偏。采菊东篱上，悠然见南山。山气日夕佳,飞鸟相与还。此中有真意,欲辩已隐言。"这种"悠然见南山"的审美,实质是人与自然的情感交流。在这种交流中,人即南山,南山即人。另一代表为辛弃疾。他在《贺新郎》一词中说:"我见青山多妩媚,料青山见我应如是,情与貌,略相似。"这又是一种"见",这种见之中,不仅是我见青山,而且是青山见我,不仅是我肯定青山,而且是青山肯定我。

就这样,在天人合一、主客合一的情境中,伦理与审美竟然实现了精神上的圆融。伦理与审美均是人的对象化活动,从利益归宿来说,伦理侧重于社会利益,而审美侧重于个人喜好。它们之间的冲突是个体与社会的矛盾,在中华文化中,它们的冲突在天人合一格局之中竟然实现了圆融。从精神出发点来说,伦理基本上是理性的,理性的支点是于社会有益,审美则基本上是感性的,感性的支点是超功利的快乐。

二、人欲与天理

中国传统文化自先秦至近代一直存在着理欲之争。在儒家创始人孔子那里,这种斗争不算严重,孔子主要从正面谈培植儒家道德的重大意义,强调"仁",重视"礼"。这"仁""礼",被后世儒家上升为天理,然在孔子那里,还只是现实的道德规范与政治原则。至于欲,孔子没有一概反对,还给予一定的地位,只是不要过分,要"欲而不贪"①。到孟子,理欲之争开始凸显出来了。孟子主张"寡欲",反对多欲。他说:"养心莫善于寡欲。"② 寡欲,不是不要欲,只是欲要少一些,如何寡?孟子说:"无为其所不为,无欲其所不欲,如此而已矣。"③ 所谓"无欲其所不欲",就是在理所能容许的前提下,以理节欲。到宋儒,理与欲的对立强化了。为了维护理,宋儒大多主张"灭欲"。周敦颐说"圣可学乎?曰:可。曰:有要乎?有。请闻焉。曰:一为要。一者,无欲也。"④ 程颐说:"人心私欲,故危殆;道心天理,故精微。灭私欲,

---

① 《论语·尧曰》。
② 《孟子·尽心章句下》。
③ 《孟子·尽心章句上》。
④ 周敦颐:《通书·圣学第二十章》。

则天理明矣。"①

人欲真的就这么厉害，影响到天理吗？程颐说："人心惟危，人欲也；道心惟微，天理也。"② 一个"危"，一个"微"，原来人天生地喜欢"欲"，不喜欢"理"！

这里牵涉到人性的问题。人性可以分成两个层次：一是自然性层次，这个层次人与动物是差不多的，均有食、色等欲的要求；二是社会性的层次，这个层次是人仅有的，动物没有。它主要指人在精神上的追求，包括仁、义之类道德规范。人天然地追求欲，因为这欲立根于人的自然本性。然而，人不能天然地追求理，因为这理所植根的人的社会本性是后天修养的结果。

客观地说，过分泛滥的人欲是妨碍理的植入的。"玩物丧志"并非没有道理。然而，天理与人欲其实也不是绝对对立的，朱熹就说过，天理与欲"几微之间"，意思是，天理与人欲是可以转化。《朱子语类》载朱熹与门生的对话，其中一段云：

> 问：饮食之间，孰为天理，孰为人欲？曰：饮食者，天理也；要求美味，人欲也。③

在朱熹看来，饮食、男女，这通常被看作人欲的东西其实也是天理，既然这种基本人性也是天理，那人欲岂不是没有了？不是。朱熹说，人欲就是超出基本人性要求的东西。像饮食，维持生命的饮食那是天理，超出了维持生命的基本要求而追求美味，那就是人欲了。朱熹是宋代理学集大成者，他对天理人欲的理解可以看作宋代理学的代表。显然，儒家"节欲""无欲"或者"灭欲"就具有一定的反审美的性质。那么，道家、墨家、佛家呢？应该说，它们更严重。老子明确反对"五色""五音""五味"，说是"五色令人目盲，五音令人耳聋，五味令人口爽"④。墨子主张"非乐"。他说："且夫仁之为天下度也，非为其目之所美，耳之所乐，口之所甘，身体之所安，以

---

① 《二程遗书·语录第二十四》。

② 《二程遗书·语录第十一》。

③ 朱熹:《朱子语类》卷十三。

④ 《老子·十二章》。

此亏夺民衣食之财,仁者弗为也。"① 至于佛教,对人的感性欲求的限制与否定更为突出。

如此严重的对审美的压制为何没有导致审美的委顿呢?

原来,中国传统文化有一种礼乐彬彬的机制,这种机制给了审美发展的活力和广阔的空间。礼乐彬彬的首倡者是孔子。众所周知,孔子非常爱好音乐,他在齐国闻《韶》乐,说是"三月不知肉味",这种对音乐的沉迷是不是耽于人欲呢? 不是。原因是,孔子沉迷的乐是《韶》乐,这种乐"尽美矣又尽善矣"②。"尽善",意味着它是充分合理的。理,在孔子时代为"仁""礼"。孔子说:"人而不仁,如乐何?"③ 意思是,不是仁人,欣赏不了音乐,这岂不是说音乐应是合仁的? 孔子爱好《诗》,诗为审美的方式之一,可以归之于人欲的,欣赏诗是不是会妨碍理呢? 不会。因为"诗三百,一言以蔽之,思无邪"④。原来《诗》是合理的。《论语》载,孔子与子夏讨论《诗经·卫风·硕人》一诗中"巧笑倩兮,美目盼兮,素以为绚兮"三句。子夏不解其意,问孔子此"何谓也",孔子说是"绘事后素"。子夏受到启发,反问"礼后乎?"这里的"后"是"本"的意思,孔子很高兴,说"起予者商也,始可与言《诗》已矣"。这一故事充分说明,"礼"才是《诗》之本。

看来,儒家并不反对一切艺术,反对的只是不符合仁、礼的艺术,换句话说,儒家不反对审美,只是要求审美纳入伦理的轨道。将审美纳入伦理的轨道会不会妨碍审美? 儒家压根就不这样提出问题,他们认为审美就应该这样。

礼乐关系在孔子时代是乐合于礼,乐基本上处于从属于礼的地位。而到荀子时代,乐则上升到与礼并立的地位。礼乐的关系发生变化了,不是一个统,一个属,而是各有分工,互相作用:互渗、互补、互成。荀子认为,礼的作用在"别",即将社会上各色人等区别开来,建立起上下等差的社会

---

① 《墨子·非乐》。

② 《论语·八佾》。

③ 《论语·八佾》。

④ 《论语·八佾》。

秩序；乐的作用在"合"，即将社会上不同地位的人在情感上沟通起来，统一起来，和合起来，以建立起和谐稳定的社会关系。用荀子的话来说，那就是"乐合同，理别异。礼乐之统，管乎人心矣。"①在荀子这里，一方面，乐独立了，它与礼并立；另一方面，它没有孤立，它与礼互成。荀子说：

> 君子以钟鼓道志，以琴瑟乐心，动以干戚，饰以羽旄，故其清明象天，其广大象地，其俯仰周旋有似于四时。故乐行而志清，礼修而行成。耳目聪明，血气和平，移风易俗，天下皆宁，美善相乐，故曰，乐者乐也。②

这一段话太重要了！乐为审美，却能"道志"，说明它能通礼；礼本为政治、伦理，它能让人"耳目聪明，血气和平"，说明它能通乐。二者相互作用，实现"美善相乐"，最后的境界是"乐也"，这"乐"是审美的快乐。到汉代，儒家礼乐思想上升到天人合一的高度。公孙尼子的《乐记》说："大乐与天地同和，大礼与天地同节。"（《乐论篇》）

礼乐之间有一个合一的关系，除此以外，它们分别有一个天人合一的关系：人间的礼与天地的礼合一，人间的乐与天地的乐合一。由此，又导出人间的礼乐合一与天地的礼乐合一再合一的关系。如此众多层次、众多方面的合一，达到天人合一的极致。儒家的天理与人欲关系最终都要纳入这种礼乐关系之中，因此，不管它们之间有多么厉害的冲突，最终都要在天人合一之中实现圆融。

宋代的理学家虽然是那样地反对人欲，然而却是极为推崇天人合一的圆融境界，其实，在宋儒的心目中，人欲与天理并没有那样大的距离，用朱熹的话来说就是"几微之间"。而在实际的生活中，只要树立起天人合一的精神，那欲就因切合理而上升为天理，而理也因为切合欲而落实为人欲。一切是那样的自然，一切又是那样的合理。既是人工，又是天成。天人合一的精神从根本上来说，是人与宇宙相通且相共的大生命精神，正是这种

---

① 《荀子·乐论》。

② 《荀子·乐论》。

精神从根本上造就了天理与人欲的统一、伦理与审美的统一。

三、事功与快乐

儒家知识分子功名心是很强的，他们一般总是将做官看作人生的第一要义。科举制在相当程度上投合了儒家知识分子的这一人生理想，不少读书人一辈子都在求取功名。《儒林外史》中的范进中举的故事可以看作对儒家这一人生哲学的尖锐批判。在不少人的心目中，儒家知识分子整日忧心忡忡，为国为民，完全没有快乐可言。其实不是这样。儒家其实也还有对快乐的追求。且看孔子如何说：

> 子曰：学而时习之，不亦说乎？有朋自远方来，不亦乐乎？人不知而不愠，不亦君子乎？①

这是《论语》打头的一段话，可以看作是孔子人生观的宣言。注意，孔子谈人生观的立足点既不是"忧患"，也不是利禄，而是"快乐"。人生快乐很多，孔子在此只谈了三种快乐：

首先是学习乐，其次是交友乐。学习，属于内在地开拓自己，交友，属于外在地开拓自己。当这个天地在向你展开之时，你自然会感到快乐。学习、交友对于人生的确很重要，但就人格修炼来说，最重要的是"人不知而不愠"。什么叫"人不知而不愠"？从字面上看，是说人家不了解你，也不埋怨人家。这里隐含着许多重要的思想：

第一，人活着，重要的是做实事，外在的荣誉之类并不很重要。做了好事，别人不知道，其实不要紧。

第二，人活着，其实也不只在事功。在孔子看来，事功固然是人生的价值所在，但人生的价值不能只以事功计，人的自我修养也是在创造价值，并实现价值。后世儒家谈人生价值有"内圣"和"外王"二种，"内圣"是自我修养，"外王"是事功，二者相比，"内圣"更重要。这也许是"人不知而不愠"的另一层意义。

---

① 《论语·学而》。

孔子当然不反对为社会作贡献，不反对事功，事实上，他也很看重为社会作贡献，他周游列国，就是在寻找服务社会的机会。但是，事功不是他人生的全部。儒家尚入世，尚事功。但能不能以事功论圣贤？恐怕不能。孔子最看重的学生颜回，事功根本谈不上，他没有做过一天官，也谈不上为当地作出了什么贡献，但是，他是贤人。孔子认为，在他的学生中，颜回是最优秀的。

第三，人的价值并不都在别人的认同，而在自我的认同。人不是为别人而活着的，而是为自己而活着的。这里就隐含有一个重要的美学思想。善与美的根本区别就是善是为他（社会）的，而美是为己的。善重在别人的评价，而美重在自我的感受。

第四，人生际遇，难免起起伏伏，与之相应，人的情感也会有喜怒哀乐。喜怒哀乐之情皆是生活所致，与各种功利相联系。即使是快乐，如果局限于具体功利，也算不得大境界。只有超越了具体的得失，与天地共同着生命，才是最高境界。孔子讲的"人不知而不愠"，就涉及这种精神境界。人不知，按说应是愠，却"不愠"，这不是很高的境界吗？

上面说到孔子的三种快乐，第三种"人不知而不愠"，其实无所谓快乐与不快乐，其实这无所谓快乐与不快乐才是最高的快乐。

孔子还有一种快乐，那就是山水之乐。《论语》记载有孔子与子路、曾皙、冉有、公西华的一次聊天。聊天开始，孔子说，你们不要因为我年龄比你们大一点，就不敢说话，现在你们说，如果有人赏识你们，你们能做些什么？子路第一个发言，说他的志向是三年内将一个千乘之国治理得军队强大且懂得礼乐。孔子没有说话，只是"哂之"。第二个发言的是冉求，冉求比较有经济头脑，也很务实，他说他只能管理一个"方六七十"或者"五六十"的小国，通过三年的努力，让人民富足起来，至于礼乐这类大事，他可不懂，只能让给别的人去做。第三个发言的是公西华，公西华很谦虚，他说，他干不了管理国家的大事，只能在祭祀、庆典、盟约等活动中做司仪类的工作。最后，孔子问到曾皙，曾皙正在鼓瑟，听到孔子发问，将瑟放下来，说他的理想不同于以上三位。他的理想是暮春时节，春服穿上了，邀上五六位成年人、六七个小孩子,一起去沂水洗洗澡,在舞雩台上吹吹风,然后,一路唱着歌回家。孔子听了后,大加赞赏,《论语》中记载:"夫子喟然叹曰:吾与点也!"①

孔子是个政治家、思想家,应该说是重视事功的,但是,在这里,他对于专意于建功立业、为国为民的前三位弟子的人生理想不怎么推崇,而对曾点游山玩水的生活方式十分欣赏。这说明什么呢?

首先,孔子对子路的理想"哂之",是因为"为国以礼",而子路之言表现出对礼的忽视,所以"哂之"。对于冉求和公西华的人生志向,他只是觉得他们过于谦虚了。显然,他不否定事功,但是,他的确没有将事功看作是人生的最高境界。

那么,孔子是不是将游山玩水看作人生的最高境界呢? 话也不能这样说。游山玩水只是一种生活方式,孔子推崇的不是这种生活方式本身,而是这种生活方式背后的精神,就曾点所说的游春来说,孔子推崇的是与大自然共同着生命的精神,用另一种说法,就是天人合一的精神。

中华民族的天人合一精神多是通过游山玩水来体现或者说是代表的,但背后的精神却不只是在审美,也还在伦理。是伦理与审美的统一,如果将自然理解成道——宇宙本体,那么,这种生活方式所体现的精神是真善美三者的统一。

正是在自然之乐上,中国知识分子心理上的不平衡摆平了。对于有功名的知识分子,他在"事功"上获得了社会认同,对于没有功名的知识分子来说,他有较多的时间与机会隐居山林,得山水之乐,因此,他在审美上获得自我的认同。宋代大儒欧阳修说人有两种快乐,一种为富贵者之乐,一种为山林者之乐:

> 夫穷天下之物,无不得其欲者,富贵者之乐也;至于荫长松,籍丰草,听山溜之潺湲,饮石泉之滴沥,此山林者之乐也。②

---

① 《论语·先进》。
② 欧阳修:《浮槎山水记》。

真是各有各的好处，做官的就有做官的乐处，做隐士的也有做隐士的乐处。知识分子心理上的不平衡就这样得到了消融。对于山水之乐的特别推崇是中国文化的一大特色。其他民族也有欣赏自然山水的传统，山水文化实是人类的普适文化。但各个民族的山水文化是不一样的。对于西方民族来说，也许他们更多地将游山玩水看作科学考察，或者休闲，而中华民族更多地将它看成道德精神的修炼，看成人生境界。换句话说，西方民族更多地将自然看成对象、工具，而中华民族更多地将自然看成本体、总括宇宙奥妙的道。

四、早熟与圆融

中国文化内部其实是充满着各种对立与矛盾的，几乎没有一个方面是不存在冲突的，但是，它们在"中和之道"的指导下均实现了圆融，这种圆融，可以看成是早熟。熟不是不好，但早熟就难说了，好像孩子，还没有成年，就在说大人的话，做大人的事了。

中国哲学是圆融的哲学，它不会走极端，总在两端中求取平衡。正是在这种圆满中，中国传统文化实现伦理与审美的统一，当然，这不可能是健康的统一，而只能是多少带有病态的畸形的统一。就伦理来说，这种中和之道指导下的伦理是存在缺陷的。中国传统文化是喜欢谈人，尤喜欢谈人与人之间的关系，也就是说关注的是社会意义的人。社会意义的人应该重视，但是，人作为单个生命体的人，也值得重视。

显然，中国传统文化对于单个人是大大地忽视了。人在中国传统文化中总是作为社会中的一员来论述的。汉字"仁"，由人与二组成，意思是，只有在二人以上的人群中，仁才有意义，也可以说，只有在"仁"之中，人才是真正的人。伦理重群体利益，审美重个体体验。由于中国传统文化对人的论述，总是看重作为群体的人而忽视作为个人的人，自然，审美就被忽视了。

说审美在中国传统文化中完全被忽视其实是不准确的。全面地考察中国传统文化，可以发现它也没有少谈个人，但是，多以负面否定的意义在谈，诸如"毋意""毋固"之类。既然没有个人的"意"可执,也没有个体的观点可"固",岂不意味着这种伦理文化是一种个人向群体臣服的文化? 其实,还不只是个体向群体臣服。中国文化中的群体并不是一个整体,它可以分出等级来,下等级须向上等级臣服。君臣之间是臣对君的臣服,父子之间是子对父的臣服,夫妻之间是妻对夫的臣服。这样一种文化显然是奴性的文化。奴性的文化,是很难谈得上审美的。

中国文化谈艺术甚多,但从总体来看,看重的是艺术为伦理政治服务。孔子论诗,说"诗可以兴,可以观,可以群,可以怨,迩之事父,远之事君,多识于鸟兽草木之名"①。汉代《毛诗序》亮出儒家诗学的纲领:"诗言志"。这显然是审美服务于伦理。

值得说明的是,中国文化关于艺术服务于政治的言论虽然很多,但是如果认为中国的艺术理论就只有这些东西,那是极片面的。事实上,中国传统文化中关于艺术自身的规律尤其是艺术思维的规律,有非常深刻的见解,早在公元五百年左右,就有像《文心雕龙》这样成体系的艺术巨著。其后,南宋严羽的《沧浪诗话》、清初王夫之的《姜斋诗话》、清末王国维的《人间词话》于艺术审美均有卓越建树。问题是,所有这些探讨离不开"原道"这一理论前提。也就是说均是在为伦理服务的总前提下进行的。

中国传统文化中谈"心"多,谈"身"少,因为在儒家看来,"身"容易与"欲"挂上钩来,而"欲"容易害"道"。整个的儒家文化是以"克身扬心"的方式来实现身心平衡的。好在中国文化中还有与儒家文化构成互补的道家—道教文化存在。道家—道教文化是比较重视身的,他们既重视炼内丹,又重视炼外丹,神仙思想成为他们的主要思想,而神仙不仅在思想上是超人,而且在身体上也是超人。比较儒家文化,道家—道教文化中倒是有着较为丰富的审美因素,中国文化正是因为有了儒道互补,中国传统文化中的伦理与审美才实现了某种意义上的平衡。

---

① 《论语·阳货》。

中和之道一方面消融了中国文化中诸多的冲突，让中国的社会趋于稳定；另一方面也减弱了中国文化的进取力度，让中国社会趋向于保守。

中和之道也许不只是中华民族文化具有，别的民族文化也有，但中华民族的中和之道，有其突出特点，那就是讲圆融，不是一方对另一方的主宰、统治，而是双方的相互作用，最后达到化合的地步，这就是中国历史上津津乐道的"和如羹也"。治国毕竟不同于烹调，"和如羹也"对治国来说只是一种理想状态。现实生活中，人与天的对立、人与人的对立以及与之相关的欲与理、礼与乐的对立是不可能通过一种具有审美意义的精神方式实现真正的统一的。

中华民族的中和之道一方面使得中华民族的文化趋向于早熟，但另一方面由于对立双方的矛盾未充分展开，因而又显得不够成熟。对于这种文化的评价存在诸多分歧，这一点也不出奇。

新的时代，新的人类，需要新的伦理，也需要新的审美。也许伦理与审美关系的总体格局仍然是冲突与和谐，不过，它们的关系应该是新的，伦理与审美的统一，不是回复到古代的美善统一，善即美，而是在更高层次上将善美统一起来，美即善。表面上看，美与善的位置只是互换了一下，但意义非同小可。如果说，在古代善即美，最高境界是善，美的事物是因善而美，那么，在未来，是美即善，最高境界是美，善的事物是因美而善。席勒说"只有美才使全世界人都快乐"①。也许正是如此！

第三节　国家意识

中华民族建国很早，按现在史学界认可的看法，公元前 2070 年建立的夏朝是中国第一个国家形态，而据史前考古，距今 8000 年至 5000 年的仰韶文化，中国大地出现了诸多的部落联盟，炎帝与黄帝联盟就出现在这一

---

① 　北京大学哲学系美学教研室：《西方美学家论美和美感》，商务印书馆 1980 年版，第 180 页。

时期，就地下考古所发现的属于仰韶文化的宫殿遗址与祭坛来看，已经存在类似国家的行为。最早的文字——甲骨文有"国"字。自夏以后，中华大地出现了大一统的国家政权，历商、周、秦，至汉、唐，国家最为强大，唐以后，出现过两个少数民族统治的大一统国家政权，最高统治者非汉族，但治国的理念仍然为秦汉奠定的儒家正统观念，儒家的正统观念源自夏商周。正是因为如此，中华民族的国家意识并没有实质性的改变，中国历史也从没有中断过，朝代更替只是政权更替，不是国家更替。正是因为中国至少有长达4000多年的国家史，所以，中华民族的国家意识一直非常强烈，成为社会的主流意识，"普天之下莫非王土，率地之滨莫非王臣"，成为这一意识的最高概括。中华民族的国家意识对审美意识产生了重大影响，在某种意义上它支配着、操纵着审美意识。自夏朝以来，中华审美一直昂扬着伟大的爱国主义精神。

一、民为邦本——"国风"传统

在国家意识问题上，中华民族有着一种优良的传统，那就是"民为邦本"。此语出自《尚书·五子之歌》，其文曰：

> 皇祖有训，民可近，不可下，民惟邦本，本固邦宁……予临兆民，懔乎若朽索之驭六马，为人上者，奈何不敬？

这是见诸文献的最早的"民本"说。文中记的是中华民族第一个国家形态——夏朝的事。夏朝的开国之君夏启的儿子太康耽于畋猎，荒于政事，不理民情，百姓不堪忍受。太康的五个弟弟在洛水之北等候了100多天，不见太康归来，于是，作了五首诗歌，表示对太康的指责与怨恨。实际上，这五首诗主要是申述大禹之诫，上引文字列在第一，应为首诫。意思是：伟大的祖先大禹训示我们，应该亲近人民，不应该卑视人民。人民是国家唯一的基础，基础稳固了，国家才会安宁。面对亿万人民，好比用腐朽的绳索驾着六匹马一样，应始终存有畏惧之心。位于众人之上的人（国君），为什么对百姓不敬呢？《尚书·大禹谟》还有大禹另一段重要的话——"德惟善政，政在养民"，这更为明确地将国政的要旨定在"养民"上。

民本思想，如果要追溯，还可以追溯至尧、舜。《尚书·尧典》云："帝尧曰放勋，钦明文思安安，允恭克让，光被四表，格于上下。克明俊德，以亲九族。九族既睦，平章百姓。百姓昭明，协和万邦。黎民于变时雍。"舜，同样是爱民的仁君，《尚书·舜典》亦有不少这方面的记载。

尧舜禹在中国历史上通常被归于传说，但这种传说的实际影响根本不弱于真实的历史记载。尧舜禹建构的"民为邦本"思想一直没有动摇过，且不断得以彰明。在先秦，最突出的是《礼记·礼运》中所记孔子的话："大道之行也，天下为公。"二是孟子所说："民为贵，社稷次之，君为轻。"[1] 三是荀子所云："传曰：'君者，舟也；庶人者，水也；水则载舟，水则覆舟。'此之谓也。"[2] 此话，后来魏徵用来敬献给李世民。

虽然历代的统治者并没有真正做到视民为邦本，但是它仍然在一定程度上发挥过积极的作用，更重要的是，这一思想成为中华民族国家思想中的重要组成部分。国以君为尊，君以民为本。国家意识的两极为君与民，君民关系成为中国古代国家的基本关系，尊君爱民成为国家意识的核心，君民同心构成国家意识的理想层面。这一思想对中华美学有着重大的影响，其最为显著的影响则是中国第一部诗歌集——《诗经》的诞生以及《诗经》文化精神的传播。

关于《诗经》的产生，权威的说法是周天子采诗。《礼记·王制》云："天子五年一巡守，岁二月，东巡守，至于岱宗，柴而望祀山川，觐诸侯，问百年者就见之。命大师陈诗，以观民风；命市纳贾，以观民之所好恶，志淫好辟。"周天子的巡守，不是游山玩水，而是观民风、访民情，在这个过程，就有让大师陈献民歌的事。以后，形成一个制度，让地方官陈献民歌，这就是采诗。关于周朝的采诗，《国语·周语上》载邵公的话：

　　防民之口，甚于防川。川壅而溃，伤人必多，民亦如之。是故为川者决之使导，为民者宣之使言。故天子听政，使公卿至于列士献诗，瞽

---

① 《孟子·尽心章句下》。

② 《荀子·王制》。

献曲，史献书，师箴，瞍赋，矇诵，百工谏，庶人传语，近臣尽规，亲戚补察，瞽、史教诲，耇、艾修之，而后王斟酌焉，是以事行而不悖。

这里说的是献诗，《汉书》记载不仅有献诗，还有采诗："孟春之月，群居者将散。行人振木铎徇于路，以采诗，献之大师，比其音律，以闻于天子。"①"古有采诗之官，王者所以观风俗，知得失，自考正也。"②诗成为一种沟通君王与百姓的渠道。君王通过诗了解民情，民通过诗呼吁心声。经过民间采集来的民歌，经过整理，形成共305篇的《诗经》。孔子对《诗经》的功能做了如下论述：

> 诗，可以兴，可以观，可以群，可以怨。迩之事父，远之事君；多识于鸟兽草木之名。③

"兴""观""群""怨"为《诗》的四大功能，前二者侧重于对个体的价值；后二者侧重于对社会的价值。"群"沟通人群的情感与思想，这其中包括君王与百姓的沟通；"怨"是对社会不平现象的抱怨，其中有对君王的抱怨。应该说"群"与"怨"都是沟通，只是前者的沟通不具斗争性，后者的沟通具斗争性。这样的诗是要给君王看的，君王看了会怎样呢？没有具体的记载，但这一制度得以延续，至少在周朝，正面的、积极的作用是主要的。

在汉代，《诗经》的"群""怨"功能拓展为教化功能。汉儒认为，《诗经》的教化功能主要是通过《诗经》中的"国风"这一部分诗来实现的，因此又称之为"风教"。《毛诗序》说："《关雎》，后妃之德也，风之始也。所以风天下而正夫妇也。故用之乡人焉，用之邦国焉。风，风也，教也；风以动之，教以化之。"④《关雎》本是一首表现男女恋情的民歌，被儒生解释为"后妃之德"的赞歌，这样，这首民歌就成为"风天下而正夫妇"的道德教材，不只是被用于"乡人"，还被用于"邦国"。这样，"风教"成为

---

① 《汉书·食货志第四》。
② 《汉书·艺文志第十》。
③ 《论语·阳货》。
④ 《十三经注疏·毛诗正义》。

"国教"。

作为"国教"，不只是"上以风化下"——君教化百姓，还有"下以风刺上"——百姓怨刺君主。怨刺即批评，这种批评也是一种教育，表现为百姓教育君王。这种上下双向进行的风教是具有一定的民主性的。

这样，文学创作就被纳入了国家意识形态。从《诗经》开始，文学创作的基调就给定了，具体来说，主要有三：

第一，将百姓的事提到"天下之事"的高度，所谓"一国之事，系一人之本，谓之风；言天下之事，形四方之风，谓之雅。雅者，正也，言王政之所由废兴也。"

第二，将维护国家根本利益作为创作的主旨。儒生重新解释了《诗经》，将《诗经》视为创作的典范。如《毛诗序》所云："《周南》《召南》，正始之道，王化之基。是以《关雎》乐得淑女，以配君子，爱在进贤，不淫其色；哀窈窕，思贤才，而无伤善之心焉。是《关雎》之义也。"

第三，将"思无邪""温柔敦厚"这些利于社会和谐的道德风范作为诗歌基本的美学品格。虽然《诗经》的实际情况未必如此，但汉儒对《诗经》做了这样的解释之后，《诗经》就不仅成为治国安邦的教科书，也成为后代文学艺术的样板。秦设立"乐府"，这是一个专门管理乐舞演唱教习的机构。汉初，乐府没有保留下来，汉武帝时重建乐府，职责是采集民间歌谣或文人的诗来配乐，以备朝廷祭祀或宴会时演奏之用。乐府搜集整理的诗歌，后世叫"乐府诗"或简称"乐府"。乐府诗中的相当一部分反映民间的疾苦，如《战城南》《饮马长城窟行》《东门行》《妇病行》《孤儿行》《白头吟》《上山采蘼芜》。虽然汉代的皇帝未必像周朝的天子那样，企图通过采诗来观民风，但乐府诗以歌词入选，最终均要谱成乐曲，通过演唱，在一定的礼仪场合展现在最高统治阶级面前，因此，仍然有让统治阶级了解社会、了解民情的作用。

汉以后，虽然采诗制度以及乐府诗式微，但仍然有一部分知识分子对采诗制度情有独钟，中唐诗人白居易是其中最为突出的一位。他以"采诗"为题专写了一则《策林》，肯定这一制度的合理性，认为它可以"补察时政"。

同时,他自己也以"新乐府"为总题,写了五十篇乐府诗,他在《新乐府序》中明言,他写这些诗,继承的就是《诗经》的传统。他坦言,他是"为君、为臣、为民、为物、为事而作,不为文而作也"。五"为"中"为君""为民"是最主要的,这种写诗目的,正是希望其诗像《诗经》那样,担当起维护国家安全的重要使命。主要从《诗经》中提炼出来的美学理论构成一个理论群落,主要有"教化"说、"诗言志"说、"比兴"说、"兴观群怨"说、"谲谏"说、"变风变雅"说、"思无邪"说、"温柔敦厚"说等,总括为"风教"说。

关于由《诗经》导出的美学传统,《文心雕龙》有个归纳:"民生而志,咏歌所含。兴发皇世,风流二南。神理共契,政序相参。英华弥缛,万代永耽。"①这个归纳的主旨是君民相应,国家至上。

二、君国意识——楚骚传统

战国时期,诗人屈原在中华民族爱国主义美学传统的缔造上具有开创之功,他的诗歌被公认为中国爱国主义诗歌之祖。《汉书卷二十八·地理志》云:"始楚贤臣屈原被谗放流,作《离骚》诸赋以自伤悼。后有宋玉、唐勒之属慕而述之,皆以显名。……而吴有严助、朱买臣,贵显汉朝,文辞并发,故世传《楚辞》。"虽然《楚辞》并非都是屈原的作品,但屈原的作品是《楚辞》的主体或者说代表。

屈原的代表作是《离骚》。据陆侃如、冯沅君考证,此诗写于公元前314年,为屈原第一次遭谗去国的时候。作品的情感极为强烈,极为沉郁,回环往复,缠绵不休,其情感调质为"怨"。怨谁?——楚怀王;怨什么?——怨他听不进正确的意见,为小人子兰等的谗言、谎言所绑架。怨的实质是忧——忧国,忧君。忧的根子是爱——爱国。这种爱的特质是忠君。在屈原,对楚国的爱与对楚王的忠是不可分离、不可解析的。这是屈原爱国的特点,也是中国传统文化中的爱国主义的特点。

学术界将屈原的精神概括为"楚骚精神",楚骚精神的实质是爱国精

---

① 刘勰:《文心雕龙·明诗》。

神。东汉学者王逸对楚骚精神做了最好的阐发。

> 屈原履忠被谮，忧悲愁思，独依诗人之义而作《离骚》，上以讽谏，下以自慰。……且人臣之义，以忠正为高，以伏节为贤，故有危言以存国，杀身以成仁。是以伍子胥不恨于浮江，比干不悔于剖心，然后忠立而行成，荣显而名著。若夫怀道以迷国，详愚而不言（详与佯同，诈也），颠则不能扶，危则不能安，婉婉以顺上，逡巡以避患，虽保黄耇，终寿百年，盖志士之所耻，愚夫之所贱也。今若屈原，膺忠贞之质，体清洁之性，直若砥矢，言若丹青，进不隐其谋，退不顾其命，此诚绝世之行，俊彦之英也。……屈原之词，优游婉顺，宁以其君不智之故，欲提携其耳乎！……屈原之词，诚博远矣。终没以来，名儒博达之士著造词赋，莫不拟则其仪表，祖式其模范，取其要妙，窃其华藻，所谓金相玉质，百世无匹，名垂罔极，永不刊灭者矣。①

按王逸的阐释由《离骚》体现出来的爱国主义美学最重要的是三点：

一是君、国合一。爱国的国一般有三义：其一，祖国；其二，家国；其三，君国。在中国传统文化中，三者相联系，而以君国为突出特质。这样一种爱国主义贯穿于整个中国古代文化进程。

这不是时代的局限，而是文化的使然。中国古代历史存在着诸多朝代更替的事实，更有分裂时期诸多小国兴灭的悲喜剧，爱国主义一直是中国文学中响遏行云的最强音。春秋战国之后中国文学中的爱国主义均是屈原爱国主义精神的继承和发扬。岳飞的《满江红》是著名的爱国主义的代表作。其词云："怒发冲冠，凭阑处、潇潇雨歇。抬望眼、仰天长啸，壮怀激烈。三十功名尘与土，八千里路云和月。莫等闲，白了少年头，空悲切。靖康耻，犹未雪；臣子恨，何时灭。驾长车，踏破贺兰山缺。壮志饥餐胡虏肉，笑谈渴饮匈奴血。待从头、收拾旧山河，朝天阙。"这中间，可以明显地看到，岳飞的爱国思想是融合了祖国、家国、君国等多重国家含义的。词作最后，说"待从头、收拾旧山河，朝天阙"，"天阙"即朝廷即君，君是国家的象征。辛

---

① 王逸注：《楚辞章句·离骚经章句第一》。

弃疾是中国历史上著名的爱国词人，他在词作中也明确表示"了却君王天下事，赢得身前身后名"。

中国封建社会的爱国主义诗文几乎都是将君与国统一起来而以君为国之象征的。这是中国爱国主义美学的突出特点。

二是质性与言行的统一。王逸认为，屈原"膺忠贞之质，体清洁之性，直若砥矢，言若丹青，进不隐其谋，退不顾其命"。王逸强调这点，是为了说明屈原的爱国出自本性，出自至诚，不是邀功，不是图名，光明磊落。

三是忧悲与英锐的统一。王逸在为屈原作品做的"注评"中用了这样的词："忧悲愁思""不胜愤懑""大义粲然""后世雄俊"等。这些词语或突出忧悲或突出英锐，而就屈原爱国精神的总体来说，是两者的结合。

"忧"含义丰富，有忧愁，忧怨，忧患，忧愤，忧悲，忧伤等。之所以爱国主义的美学中，"忧"这种情感很突出，是因为大凡张扬爱国主义精神的艺术作品多产生于国家安危难之际。屈原的《离骚》是这样，著名的爱国主义诗人陆游、辛弃疾、文天祥、黄遵宪、丘逢甲的作品也是这样。"忧"这种情感张力饱满，一方面表现为收敛、压抑，另一方面又表现为反收敛、反压抑，当两种力均达到一定时候，它就突然爆发，产生巨大力量，向外进击。按情感调质来说，"忧"作为内向收敛的情感是负面的，然当其反转为外向奔放的情感时，就可能转变为正面的情感，并且有可能与崇高这种审美形态合一。当"忧"成为崇高的因子，"忧"就透显出一种冲天的英雄气概，不仅悲而壮，而且悲而锐。楚国首都江陵被破消息传来，屈原毅然投江自尽，以誓不屈："安能以浩浩之白，而蒙世俗之尘埃乎？"中华民族传统文化很看重节操。孔子说："志士仁人，无求生以害仁，有杀身以成仁。"[1]王夫之说："生以载义，生可贵；义以立生，生可舍。"[2]"节操"的核心是忠君爱国。不管这人在别的方面如何优秀，只要在涉及国家根本利益的问题上有亏，径直说，有卖国的行为，那就是严重的失节，这严重的失节是不可

---

① 《论语·卫灵公》。

② 王夫之：《尚书引义》。

原谅的。

在中国古代文化中,关于爱国主义精神,并没有提炼出一个总括性的美学概念,但是,诸多概念透示出这方面的内涵,如"风骨"说,其"骨"刘勰定为"端直",陈子昂形容为"端翔""光英朗练",其重节操的思想非常明显。又如"沧桑"说,清代学者赵翼有句:"国家不幸诗人幸,赋到沧桑句便工。"也许,最为接近爱国主义美学内涵的应属明末遗民黄宗羲的"风雷之文"说。关于这种美学观点,黄宗羲有两段重要文字:

> 夫文章,天地之元气也。元气之在平时,昆仑旁薄,和气顺气,发自廊庙,而彯洸于幽遐,无所见奇;逮夫厄运危时,天地闭塞,元气鼓荡而出,拥勇郁遏,垒愤激讦,而后至文生焉。故文章之盛,莫盛于亡宋之日,而皋羽为尤也。①

> 其文盖天地之阳气也。阳气在下,重阴锢之,则击而为雷;阴气在下,重阳包之,则抟而为风。……宋之亡也,谢皋羽、方韶卿、龚圣予之文,阳气也,其时遁于黄钟之管,微不能吹纩转鸡羽,未百年而发为迅雷。②

黄宗羲用《周易》的理论阐说文章与时代的关系,他以南宋谢皋羽等人的文章为例,说明国家危亡之际,正是"风雷之文"产生之时,这"风雷之文"的美学品格正是"忧"与"英"相结合的崇高。

从历史长河来看,与屈原同时或者说早于屈原,中国大地就存在着爱国主义精神与行为,但影响均无法与屈原相比,因此,可以说中华古典美学的爱国精神主要是对楚骚精神的继承与发扬。

三、"尊王攘夷"——华夏正声

中华民族的正统观念中,一直存在着"华夷之辨"。"华",又称"华夏""诸夏",指生活在中国中部地区的人群。春秋战国之后,"华夏"成为这个地区人群的总称。"夷",指生活在中国中原地区以外的一些民族。

---

① 黄宗羲:《缩斋文集序》。
② 黄宗羲:《缩斋文集序》。

关于华夷的来历,历史学家徐旭生认为源自史前三个集团:华夏集团、东夷集团、苗蛮集团。华夏集团尊炎帝、黄帝为始祖,它们发祥于今陕西的黄土高原;东夷集团为太昊、少昊氏族,其中有蚩尤氏,主要生活在中国的东部直至海边;苗蛮集团主要为祝融氏的后代,生活中心为湖北、湖南两省。诸多史料证明这三个集团有着血缘联系,而且均追溯到炎帝、黄帝,只是因居住地方不同而区分为不同的族群,中部人群自认为文化最高,称为"夏""华夏"。"夏",雅也;"华",花也,均为赞词。周边的人群,被华夏人称之为东夷、北狄、南蛮、西戎,统称为夷。

西周晚期,随着周王室的衰落,"四夷"纷纷进入中原,骚扰劫掠。于是,生活在中原地区的夏深恨夷。《左传·闵公元年》记载:"狄人伐邢。管敬仲言于齐侯曰:'戎狄豺狼,不可厌也。诸夏亲昵,不可弃也。'"又,"冬,十二月,狄人伐卫。"受到戎狄侵害的不只是周边的诸侯国,还有周王室。《左传·僖公十六年》载:"王以戎难告于齐。齐征诸侯而戍周。"正是因为这样,春秋时代,北方的三个诸侯国——齐、晋、秦都举起"尊王攘夷"的旗号,以尊崇周王室为名,号召天下,驱除戎狄。

西周时代,华夏已经进入农耕社会,有了文字;"四夷"尚处于游猎社会,没有文字。正是因为这样,夏与"四夷"的冲突从本质上来说,是先进的生产方式与落后的生产方式的冲突。在评价齐国宰相管仲的问题上,孔子基于管仲在"攘夷"上的重要贡献,说"微管仲,吾其被发左衽矣"[1]。

秦以后,华夏族与周边的少数民族(不再统称为"四夷")冲突不断。冲突集中在两个方面:一是军事冲突。中央政权与周边少数民族政权互有胜败。二是文化冲突。这种冲突的胜利者则主要是华夏族。

两种冲突中的前一种冲突比较为人注重,爱国主义多产生于这种冲突之中。后一种冲突不太为人注重,而其实它的意义一点也不弱于前者。生活在中国大地上的诸民族真正的融合不是实现于军事镇压之中,而是实现于文化冲突之中。军事冲突的胜败决定于军事实力,与文化上的先进落后

---

[1] 《论语·宪问》。

没有太大关系。金灭北宋，元灭南宋，清灭明，都是文化落后的民族战胜文化先进的民族。文化冲突则与军事实力强弱无关，它总是表现为落后对先进的臣服，先进对落后的同化。

春秋时期，先进文化对落后文化的胜利，表现为野蛮文化对儒家礼乐文化的臣服。这种臣服，不是通过军事征伐来实现的，而是通过礼乐文化自身的魅力去实现的。《左传·襄公二十九年》记载吴国公子季札来鲁国观礼的事，面对着鲁国乐工为他演奏的《周南》《召南》等乐曲，季札不断地称赞"美哉"。这样的乐之所以美，不仅在其形式华丽，而且在其内容传达了礼。吴国在当时偏处中国的东部，文化是落后的。吴国公子季札对鲁乐（实为周乐）的礼赞实质是野蛮文化对先进文化的臣服。

"华夷之辨"在中国历史上的作用有两种表现：一是进步的华夏文化对落后的夷狄文化的同化；另一是华夏文化对夷狄文化的吸收，这方面始于春秋战国，继于汉代，在唐朝取得重要突破，在清朝宣告完成。

唐代在我国历史上的开放程度是最高的，周边的国家几乎都与唐代有交往，这其中，陆上与海上两条丝绸之路起了很大的作用，通过这两条通道，唐帝国与世界上诸多有较高文明的国家诸如罗马、印度联系在一起。不仅物质文化得以交易，而且精神文化也得以交流。各种源自世界上他民族的宗教如佛教、祆教、摩尼教、景教进来了，各种他民族创造的艺术也进来了，这其中，乐舞以及相连带的乐器的进入最为突出。就《旧唐书·音乐志》的介绍来看，立部伎音乐有八部。八部乐中，《太平乐》来自天竺（印度）、师子国（斯里南卡）等国，不仅如此，还有诸多来自西域的曲调和乐器。《旧唐书·音乐志》将它们概括成《四夷之乐》："作先王乐者，贵能包而用之。纳四夷之乐者，美德广之所及也。东夷之乐曰《靺离》，南蛮之乐曰《任》，西戎之乐曰《禁》，北狄之乐曰《昧》。"著名的《霓裳羽衣舞》就是吸收婆罗门乐曲而创作成功的，《霓裳羽衣舞》这个名字，也是婆罗门曲的原名。《霓裳羽衣舞》作为唐帝国文化的一面旗帜，充分体现出夷夏合体、多元统一的品格。

隋朝建国之初，隋文帝拟建立体现中华气概的雅乐体系即所谓"华夏

正声"。隋文帝曾派人四处寻找这种正声。从北方带回的音乐,他认为不
纯粹,杂有胡音,不是正声。最后他找到的是以南朝陈国为代表的雅乐体
系,这种音乐体系,他认为纯粹。然而,唐就不这样了,虽然,唐也坚持着
自西周以来的中华审美文化传统,但是它不故步自封,它以主体的姿态,根
据自身的需要,吸取一切外来审美文化——包括为历代正统文人看不起的
蛮夷的审美文化,在这个基础上建立起华夏正声。也许它不那么纯粹,但
是,这种审美文化其实才是真正的"华夏正声",不仅因为主调是华夏的,
而且因为吸收他民族的优秀文化,就更为博大雄壮,丰富多彩,具有旺盛的
生命力。

唐帝国在文化上的开放,源于文化上的自信,而这种自信,不仅使得中
华民族的审美意识得到了空前的丰富,而且缔造了中华民族审美观念的开
放性、包容性的品格,这一品格,直到今天也还在发挥着重要的作用。唐之
后,统名为"胡"的少数民族文化即所谓的"夷"进入中原,基本上没有太
大的障碍。中华文化的主体没有因之受到损害,反而因为"胡文化"的参与、
融入,显得更为丰富,更为强大。

中原先进文化对于周边落后文化的同化虽然因时代原因有强有弱,但
贯穿于中华民族自产生到现今的全过程,坚韧、持久。钱穆说:"清人入关,
遭遇到明代士大夫激昂的反抗,尤其是在江南一带。他们反抗异族的力量
是微弱的,然而他们反抗异族的意识,则极普遍而深刻。中国人的民族观念,
其内里常包有极深厚的文化意义,能接受中国文化的,中国人常愿一视同
仁,胞与为怀。两汉的对待匈奴、西羌诸族,招抚怀柔,引之入塞。南北朝
时北方士族与诸胡合作,大多抱有此种思想。辽、金的割据,虽则他们亦都
慕向汉化,然而那时中国北方社会的文化基础,本已削弱,所以同化异族的
能力,不够深强。元人以武力自傲而鄙视汉化。清人则并无真可恃的武力,
一进入中国,即开科取士,公开政权,依照着中国传统文化政体的惯例作实
际的让步。"①

---

① 钱穆:《国史大纲》下册,商务印书馆 1996 年版,第 848—849 页。

"中国"实际上有"汉人政权"与"中华文化"两义。作为政权，中国曾有过汉人丧失中央政权的事实，但作为中华文化，中国则从来没有沦丧过。元代统治者是鄙视汉人的，可就是在元代，孔子加封为"大成至圣文宣王"，元代的书院还较宋代为盛。清代统治者倾心于汉文化，尊奉理学，组织纂修《明史》《佩文韵府》《古今图书集成》《四库全书》等重要图书。所以，虽然元、清两朝不是汉人主持中央政权，但国家的意识形态主体仍然是汉文化，只是情况不一地吸收了少数民族文化。夷夏文化的合体在清代完成。本为少数民族的清统治者对汉文化的高度认同、努力学习和积极参与，为以汉文化为主体的大一统的中华文化构建作出了重要贡献。

"华夏正声"的"正"这一意义似乎没有那么重要了，"中国"这一概念的政治意义与文化意义既分又合，足以表达人们对中国思想上和情感上的认同。

四、江山壮丽——国权与国美

中国人对自己生活的这块土地充满着情感，大量的地理著作如《禹贡》《山海经》《水经注》等，还有无数的文学艺术作品，描绘了中国山河的壮美，透现出中华民族环境美学的重要特质——家国情怀。

中华民族环境意识的产生是很早的，从文字记载来看，也许产生于战国的《禹贡》，这可能算是中国最早的环境专著。此文记述了大禹治水的过程，歌颂大禹整理大地、再造河山的丰功伟绩。其中体现出中华民族上古时代的一些重要的环境意识。其中突出的有二：一是尊重自然。文章说："禹别九州，随山浚川，任土作贡。禹敷土，随山刊木，奠高山大川。"这里，两处说到"随山"，一处说到"任土"，显示出对自然的尊重，对自然规律的遵循。二是"五服"治理。文章说，大禹将天下山川整治好了以后，根据它们与国都的远近，将其划分为"五服"："甸服""侯服""绥服""要服""荒服"。"服"，服从、服侍义，意思是这远近不一的地区均要服从天子的统治，均要向天子纳贡。虽然因为距国都远近不同，各地交纳的贡物不一样，但忠于王室是一样的。"五服"的说法,不只是出现在《禹贡》中,还出现在《国语》《周礼》《史记》等著作中,说明早在上古,中华民族的环境概念中就含有国土意识。

《周易·易传》产生的时间也可能是战国,它的环境意识主要体现在"天地"这一概念中。天地是一个有关环境的总体性概念。这一概念,主要包含三个重要内涵:

一是崇天法地。《周易·系辞上传》云"崇效天,卑法地"。又说"广大配天地,变通配四时,阴阳之义配日月"。这一思想与《禹贡》的"随山浚水"实质是一致的,只是具有形而上的性质,成为哲学命题。

二是天地为生命之本。《周易·系辞下传》云:"天地之大德曰生。"生即生命,生命何以产生? 《周易·系辞下传》云:"天地絪缊,万物化醇。男女构精,万物化生。"

三是天地是家国之本。《序卦传》云:"有天地,然后有万物;有万物,然后有男女;有男女,然后有夫妇;有夫妇,然后有父子;有父子,然后有君臣;有君臣,然后有上下;有上下,然后礼义有所错。"这里就明确说到,因为有天地才有夫妇,才产生家;不仅如此,而且因为有天地,才有君臣,有上下,才产生国。《易传》的"天地"概念较《禹贡》更为明显地具有家国情怀。

春秋时期,还没有明确的"山水"概念,但"山"概念、"水"概念已经有了。孔子有"智者乐水,仁者乐山"的话,但没有将"山""水"组成一个概念。"山水"作为概念最早出现在刘勰的《文心雕龙·明诗》中。刘勰云:"宋初文咏,体有因革。庄老告退,而山水方滋。"这里的"山水"不是"山"与"水"的组合,而是关于自然物的观念。刘勰认为,庄老著作中说的"自然"不是指物质的自然界,而是指事物的本性,取"自然而然"的意义,他们赞美自然,不是赞美物质的自然界,而是赞美事物的本性。到南北朝刘宋时期,人们对自然物的审美已经有所觉醒,出现了一些赞美自然物的诗。刘勰将这种成为人们审美对象的自然物表述为"山水",自此后,"山水"就成为一个美学概念。

　　宋朝画家郭熙的专著《林泉高致》有"山水训"一章,专论如何描绘自然美。他说:"世之笃论,谓山水有可行者,有可望者,有可游者,有可居者,画凡至此,皆入妙品。但可行可望,不如可居可游之为得。"这段文字具有重要的意义。既然山水中有人,人在其中"行""望""游""居",而且主要为"居"与"游",此山水不就是人的家园吗?

　　西晋亡后,中国进入南北分裂期,在这个时候,人们的自然环境观念出现了新的内涵,出现了两个重要的环境概念:

　　一是"山河"或"河山"。《世说新语》载:"过江诸人,每至美日,辄相邀新亭,藉卉饮宴,周侯中坐而叹曰:'风景不殊,正自有山河之异!'皆相视流泪。"这里的"山河"既指自然风景,更指国家的版图。"山河之异"异的不是自然,而是主权。

　　另一是"江山"。《世说新语》首用"江山"概念:"袁彦伯为谢安南司马,都下诸人送至濑乡。将别,既自凄惘,叹曰:江山辽落,居然有万里之势!"这里"江山"虽然也指自然环境,但这自然环境显然具有国家疆土的含义。"江山辽落"既是对自然风景的赞美,更是对已经灭亡的故国的赞美。

　　自此之后,这两个概念在文学作品中屡见不鲜。大凡涉及国家主权时,山水这一概念就不太用,而多用"山河""江山"这样的概念。如"山河风景元无异,城郭人民半已非。"(文天祥:《金陵驿》)"高原水出山河改,战地风来草木腥。"(元好问:《壬辰十二月车驾东狩后即事》)"万里江山知何处?回首对床夜语。"(张元干:《前调》)"布被秋宵梦觉,眼前万里江山。"(辛弃疾:《清平乐》)"千古江山,英雄无觅孙仲谋处。"(辛弃疾:《永遇乐》)

　　自然山水审美导向家国情怀,具有必然性。道理很简单,人民总是生活在一定的自然环境里,将这自然环境看作是自己的家园,这家园总会归属于一定的国家,而国家对它一定会拥有主权。在平常的情况下,人们对于自然山水的审美不一定会导向家国意识,然而,在特殊的情势下,比如像上面引文中谈到的西晋亡后逃到江南的文人,他们眺望北方河山,其审美就必然会导向对故国、故土的思念。

　　"山河""江山"概念的使用,当然也不都用在思念故国、故土,它也常用来正面歌颂自然山水的壮丽,然不管是哪种情况,"山河""江山"概念较之"山水"概念,都具有深厚得多的伦理内涵。

　　国家意识当然不独中华民族有,世界上其他民族也有,如果要说中华民族在这方面有什么特点的话,那就是相对而言,中华民族的国家意识更为强烈,更为突出。之所以这样,原因可能有四:一是中华民族认祖归宗的意识很强烈。关于祖,最能为中华民族接受的莫过于"三皇五帝","三皇"有些虚无缥缈,而"五帝"则更为人认为是真历史。虽然由于所居的地区不同,还有生产方式有异,生活在中国这块土地上的人们分别成诸多民族,但诸民族的神话传说均不同程度地与"五帝"存在着关系。在五帝的认同上,诸民族有共同的意识。二是在中国的版图上,华夏族无可争议地居于长兄的地位,她所创造的文化对于其他民族具有极大的吸引力,中华文化并不是凭借武力而是凭借自身的魅力而获得其他民族的认同,而居于长兄地位的华夏文化具有博大的胸怀与强健的脾胃,能够吸纳、融化外民族的文化。三是在中国这块土地上虽然政权有更替,但国家制度基本上维持下来,而且均为后一朝继承前一朝,在继承中有所发展,因此,中华民族的国家观念一直很强。四是儒家的家国理念的巨大影响与作用。儒家将"家"与"国"联系起来,认为"治国必先齐其家",国是放大版的家,家是微缩版的国。在中华民族,爱国与爱家经常统一起来,人,谁不爱其家?既然爱其家,就必然爱其国。"国家"概念虽然指的是"国",但要附上"家",实际上,是以家释国。

　　中国自夏朝进入大一统的国家之后,国家意识一直非常强烈,成为社会主流意识。秦、汉、唐,国家最为强大,虽然唐以后,汉族政权不再强大,还出现外族政权,但创建于炎黄联盟、奠基于周秦的国家意识,其主流地位没有任何动摇。此意识严重影响着中华民族的审美意识。实际上,国家意识已经成为中华美学的核心因子,在不同的时代展现着不同的风采。

第四节　家国情怀（上）

家国情怀是中华民族传统文化的内核。在长达五千多年的中华民族的行进历程中，它一直作为积极的精神力量，在凝聚中华儿女的思想与情感、保卫中华民族的家园、维系中国国家领土主权等诸多方面发挥着重大作用。在当今中华民族的伟大复兴事业中，弘扬中国传统文化中的家国情怀思想，有着重要的意义。

一、"家国情怀" 概念辨析

"家"，在《说文》中的解释是："家，居也" [1]。《孟子》曰："丈夫生而愿为之有室，女子生而愿为之有家。" [2] 朱熹注曰："男以女为室，女以男为家。" [3]

这里，"居" 的解释具有诸多深层的含义，居，才是家的基础，居，必有定所，有定所是农业文明的产物。中国农业的产生，可以远推到一万年以前，也就是说，一万年前，中华民族的主体——华夏族就有了自己居住的村落。正是因为有了定所，才可能拥有生养自己的土地，这土地即是经济基础，是民族的命根；因为有自己的土地，才有可能拥有葬埋祖先的墓园。而正是因为有墓园，才有了祖先概念，有了对祖先的缅怀与追念，有了对祖先祭祀。这对于祖先的缅怀、追念、祭祀就成了文化之本。中国文化非常看重祖宗的经验与教训，非常重视记录这种经验与教训的历史。怀古、思古、复古均以祖先崇拜为本质。

家以夫妻为本位，只有稳定的配偶关系才称得上有家。也只有稳定的夫妻关系，才有稳定的族群，才有子孙后代的繁衍与教育，才有族群的发展与强大。而族群正是国的基础，中国早期的国就是族群的联姻与组合。

---

[1]　许慎：《说文解字》，中华书局 1963 年版，第 150 页。

[2]　杨伯峻译注：《孟子译注》上册，中华书局 1985 年版，第 143 页。

[3]　朱熹：《四书集注》，岳麓书社 1985 年版，第 332 页。

"国"，《说文》曰："国，邦也。"① 西周时，诸侯称国，大夫称家，反映出国的概念与家的概念的对应性与相关性。"家"，强调"居"；"国"亦强调居。中华民族的国土基本上没有变过，尤其是核心区，这也是中华民族的家国情怀特别具有指向性、地域性的重要原因所在。

谈及国，中国的文化，具体所指会有所不同，大体上，有国民、国君、国权、国土、国礼、国制、国都等诸多说法，而这些统合起来，也就构成了国。

关于国，通常有两种意义：一是祖籍之国，即祖国。祖籍之国即祖宗之国，这祖宗一般要尽量往前推，对于中华民族而言，一般推到炎帝和黄帝。二是在籍之国，即现今户口或护照上填的国籍。在中国人这里，两种意义的国是统一的；而对于海外华人而言，二者是不统一的，他有两个国：一是祖籍之国，这就是认祖于炎黄的祖国；二是如今落籍之国。

"家国"这个概念，最早出现在《史记·周本纪》中："今殷王纣维妇人言是用，自弃其先祖肆祀不答，昏弃其家国，遗其王父母弟不用，乃维四方之多罪逋逃是崇是长，是信是使，俾暴虐于百姓，以奸轨于商国。"② 近代以来主要有：钱穆先生说："有家而有国，次亦是人文化成。中国俗语连称国家，因是化家成国，家国一体，故得连称。"③ 梁启超先生言："吾中国社会之组织，以家族为单位，不以个人为单位，所谓家齐而后国治是也。"④

"家国"有两种用法：家和国，家国一体。后一种用法可能更为本质。当说到家国时，突出的是国，以国为家。之所以要说家国，而不说国家，是因为当说到家国时，凸显的是一种情怀，一种对于家的情怀，爱国如爱家。这种情怀既具有道德的意义，更具有美学的意义。而说国家，就是理性的了。其实，国家一词也是合成词，有国，也有家。然而，在汉语的习惯用法中，国家更多的是一种政治性的概念。因此，汉语中，有"家国情怀"一语，

① 许慎：《说文解字》，中华书局1963年版，第129页。
② 司马迁：《史记》，岳麓书社1988年版，第23页。
③ 钱穆：《晚年盲学》，广西师范大学出版社2004年版，第112页。
④ 梁启超：《饮冰室合集》第7册，中华书局1989年版，第156页。

而没有"国家情怀"一语。

两种国,于国民,意义是不同的:于祖国,国民是子民,他与祖国有着亲缘关系,或自然血缘或文化血缘。他对于祖国的情感,是一种儿女对待父母一样的情感,深爱而依恋,他对祖国要尽的是义务。义务是绝对的,不讲条件的,也不讲回报的。对于义务,没有具体的规定,质的或量的,只要自己觉得心安就行了。于籍国,国民是公民,他与国的关系是一种契约关系,他对国的尽忠与尽力是法律上的责任。这种责任,于宪法有根据,于民法有规定。

对于这两种意义的国的认同是家国情怀的思想基础。具体来说,主要体现在三个方面:

第一,祖源意识:人较之动物,根本之不同,在于人有自我意识。自我意识是人对自身的意识,其中既包括对于当下之我的认识,也包括对于历史之我即我之祖先的认识。认祖归宗,是人的自我意识的突出体现之一。这种认祖归宗可以用"乡愁"来表达。乡愁可以是抽象的、精神上的、想象的,也可以是具象的、实指的、现存的。它可以小到对故乡村前一棵树、一口井的思念,也可以大到对祖国数千年历史的反省和对祖国广袤大地的想象。祖源意识的直接产物是认祖归宗。人的自我意识延伸出回归意识,回归到本根上去。回归可以是实际的,也可以只是精神上的。

第二,力源意识:人的一切作为,均有动能,动能或来自目的,或来自本能;或来自物质上的需要,或来自精神上的追求。在人的动能中,对祖国和籍国的认同,极为重要。人是社会性的动物,是一切社会关系的总和。于人来说,高层次的社会有三:天下(世界)、民族、国。三者中,民族与国往往是统一的,民族的利益须通过国家的权力来认定并得到切实的保护;而天下,虽然是最高的社会,却只能在认同民族和国的前提下才能得到实质性的认同。为国尽忠,一直是中华儿女的责任与义务,是中华儿女最大的动力之源。

第三,家园意识:据《说文》,家有居的意义,因此,家意识总是离不开家园意识。家园落实在土地上,这土地既是生我养我之地,也是我生命包括肉体生命与精神生命的归宿之地。对于家园的深情是人性的光辉显现。当国也作为家来看待之时，家园意识就是国家意识，它突出显现为国土意识和国家对国土的主权意识。基于家园意识的爱国主义总是鲜明体现出对国土的无比热爱以及为保卫国土而无畏赴死的英勇精神。

家国情怀作为情怀它是理性与情感的统一，既是一种伦理心理，又是审美心理，在人格的构成中，处于社会本性的地位。

家国情怀是中国传统文化中的核心价值理念。中华文明之所以源远流长，有着顽强的生命力，主要原因在于中华民族有着重要精神支柱，这就是家国情怀。千千万万中华儿女无论生存在哪里，都能凭着这种精神，认同我们的国家，热爱我们的国家，保卫我们的国家，建设我们的国家。也因为此中国历遭巨劫而不复，屡遇顽敌而不屈，一往无前，辉煌万代，勇创未来。

家国情怀究其本是一种哲学意识，是人对其本——家与国的意识。与别的哲学意识不同的是家国意识的突出特点是情理合一。在生活中，家国情怀与其说更多地体现为一种理念，还不如说更多地体现为一种情感——一种既厚重又绵长的家国浓情。正是因为如此，家国情怀也被视为一种美学情怀。

二、中国"家国情怀"的特殊性

家国情怀是一种人类的共通的意识，但中国人的家国情怀有它的特殊性。

第一，家与国的统一性。

中华民族的"家—国"意识的建构，可以追溯到史前新石器时代的仰韶文化，仰韶文化距今约7000—5000年，中华民族的主体——华族就形成于仰韶文化的中晚期。地下考古已发现多处属仰韶文化后期的城市遗址。主要有两处，一处位于郑州市西北方的西山遗址。此城面积达34500平方米，城内有房屋200多座，有城墙，城壕、城门、祭奠坑。另一处为河南灵宝西坡遗址，此处距传说中黄帝铸鼎的地方——铸鼎原不远。在西坡遗址发现有大量的玉器，其中有玉钺，这是礼器，说明那个时代已经有礼制雏形。最重要的发现是这处遗址有一座面积达 516 平方米的超大型房子，此屋有回廊，有四阿式屋顶，学者们认为它可能是举行重大礼仪活动和祭祀的明堂。两处遗址，学者认为都有可能是黄帝的都城。黄帝有都城，诸多古籍有记载，如《史记·封禅书》说，黄帝建五城十二楼。《白虎通》云："黄帝作宫室以避寒暑，此宫室之始也。"

中国古代的家庭概念产生于何时，尚是悬而未决的问题。据地下考古，西安半坡仰韶文化遗址发现了大量的房屋基址，这些房子分方形、圆形两类，面积不等，绝大多数屋子面积在 12—20 平方米左右。这正是对偶家庭所居住的屋子。

家是这个部落的基本单位。由家到家族再到胞族，由胞族到胞族联盟，在此基础上，扩大到非血缘关系的社会联盟，由此出现了中国最早的准国家性质的社会。尽管此后，在国家层面上，血缘关系的实际意义有所淡化，但它一直是中国社会结构的精神纽带。

家国一体实践始于史前，理论建构之功则当归于先秦儒家。先秦儒家首先是伦理学家，他们首先建立的是家庭伦理，以此为基础，再建立国家伦理，国家伦理实际上是家庭伦理的扩大版。国就是放大的家，君就是最高的家长。家庭伦理用于治国就成为政治原则。治家与治国具有内通性，《大学》说"治国在其齐家"，"一家仁，一国兴仁"。

第二，国与族的统一性。

中国，作为国，它的突出特点是族与国的一体性。

首先是单一民族的国：生活在中国大地的人民史前有三大集团：华夏集团、东夷集团和苗蛮集团，均为部族集团，也就是说具有血缘关系的部族的联合体。[①] 三大集团中，华夏集团为如今的汉族，他们尊奉的始祖是炎帝和黄帝，主要活动的地区为中国西北部一带。东夷集团的首领有太昊、少昊、蚩尤，主要活动地为中国东部一带；苗蛮集团的首领主要有祝融氏、驩

---

① 　参见徐旭生：《中国古史的传说时代》第二章，文物出版社 1985 年版，第 37—66 页。

兜等,主要活动地为中国南部一带。三大部族各自建立自己的"国"("准"级的国)。

徐旭生先生认为,"华夏、夷、蛮实为秦汉间所称的中国人的三个主要来源。"① 三大部族共同生活在中国的大地上,他们并不是隔绝的,而是有交往的。为了争夺地盘与人口,也常发生战争,战争的积极成果之一是促进民族的融合。徐旭生先生说,"到春秋时期,三族的同化已经快完全成功,原来的差别已经快完全忘掉"②。三大部族集团中,炎黄部族集团居于绝对的优势,三大部族中,华夏部族最为强大,他们所建立的"国"陆续纳入了诸多的其他民族,形成多民族的联盟,这就是尧舜所建立的联盟。尧舜所建立的联盟同样具有准国家的性质,只是这个时期诸民族的联盟,更多地具有文化的血缘性。这种文化统称华夏文化。

现在学界认为,真正的国家为由大禹创建的夏朝,禹的儿子启为开国之君,时间为公元前22世纪。

三大部族集团在史前及延续到夏商及周朝早期的融合,突出表现为向炎黄部族的融合,炎黄部族也因此变得越来越大了,炎黄部族在中国建立的国家政权被奉为中央政权,称为"夏",而没有融合进华夏部族的国家政权就被称为"夷"。

夏与夷的关系既对立又融合,总体方向是融合,而且是融夷入夏,于是作为中央政权的中国就成为以华夏族为中心的多民族团结并逐渐融合的国家,国与族就这样融为一个整体。

中华民族在国家意义上的融合,体现为两条路径:

一是自然血缘的融合。生活在中国大地上的三大部族集团通过婚姻,实现了自然血缘上的同缘性。

《山海经》中说犬戎是黄帝之后③,又说"炎帝之孙名曰灵恝,灵恝生氐

---

① 徐旭生:《中国古史的传说时代》,文物出版社1985年版,第39页。
② 徐旭生:《中国古史的传说时代》,文物出版社1985年版,第39页。
③ 《山海经·大荒北经》。

人"①,还说黄帝之孙"颛顼生驩头,驩头生苗民"②。按《汉书·匈奴传》的说法,给汉朝造成极大威胁的游牧民族匈奴"其先夏后氏之苗裔"③。宋朝,在中国北方建立政权的契丹为匈奴一支,如此说来,也是"夏后氏"即禹之苗裔了。这种说法,为《辽史》所接受,并且上推至炎帝与黄帝:"辽本炎帝之后,而耶律俨称辽为轩辕后。"④

当然,这些说法,有推崇炎黄正统之嫌。史前诸部落之间大量存在着婚姻关系,血缘关系不可能纯正,其实,既可以说戎夷等少数民族为炎黄之后,其实也可以说炎黄是戎夷之后。

《国语·晋语四》说:"昔少典取于有蟜氏,生黄帝、炎帝。"⑤炎帝为姜姓,黄帝为姬姓。"姬姜两姓的族系渊源,是不是就上溯到生出炎、黄的少典、有蟜两族为止了呢?其实还不是。少典、有蟜两姓的族系渊源还可追溯得更远,那就是古代的氐、羌族。"⑥中国古代文献中,有一单称"氐羌"的氏族,刘起釪先生说,那是羌族中的一支专名。"羌"则是各种羌族的总名。后来,"氐羌"发展成一大部族,则就单称"氐"。⑦这样说来,炎帝族、黄帝族有氐、羌族的血统。

夏朝实际的开国之君大禹,史说他为黄帝之后,但他有羌人血统。《史记·六国年表》云:"禹兴于西羌。"⑧故《潜夫论·五德志》称禹为"戎禹"⑨。

二是文化血缘的融合。文化血缘的融合,主要体现为生产方式比较先进的炎黄部族对于少数民族的影响,这一影响史前就开始了,但大规模进

---

① 《山海经·大荒西经》。

② 《山海经·大荒北经》。

③ 班固:《汉书》卷六十四。

④ 脱脱等:《辽史》卷七十一。

⑤ 《国语·晋语》。

⑥ 刘起釪:《古史续辩》,中国社会科学出版社1991年版,第172页。

⑦ 参见刘起釪:《古史续辩》,中国社会科学出版社1991年版,第172页。

⑧ 司马迁:《史记·六国年表》。

⑨ 王符:《潜夫论·五德志》。

行是在周朝。周文王的儿子周公辅佐周武王执政，为了在意识形态上统一国人的思想，他创立礼制。礼制是一种先进的政治文化，它建立在伦理文化主要是家庭伦理文化的基础上。在理论上，对于家庭伦理与国家礼制的统一作出精彩阐释的是以孔子为创始人的儒家学派。儒家移孝为忠，移悌为义，将家庭伦理延展到国家政治。家庭伦理中，筑基于自然血缘上的等级制与公平制延展成政治意义上的等级制及公平制。

至此，一套完善的治国制度已经建就。这套治国制度一直延续到清王朝结束，而在新的时代仍然有着它的影响。

在中国封建社会，家与国的两种血缘关系，文化血缘关系重于自然血缘关系。儒家讲"夷夏之别"。这个别，就不在自然的血缘上，而在文化的血缘上。凡是认同周礼的，就是夏，反之就是夷。春秋时期，一些诸侯国的夏夷性质是不确定的。楚原本为夷，接受周礼后就成了夏。吴也如此。吴本为夏，但吴在攻入楚国之后，吴王住进了楚王的宫殿里，吴国大夫住进楚国大夫的府第里，这就属于荒淫无道，非礼了，因此，《春秋》一度称它为夷。

"夷夏之别"发展到这个层次，文化意义上的中国概念由然而出。生活在中国大地上的中国人，不管是汉人，还是非汉人，都认同并服膺以儒家为代表的中国文化。汉化工程在没有政治和军事的干预下自然地进行着。南北朝时期，北方的国家政权本为少数民族的政权，但国家制度几乎与南朝的汉人政权没有太大的差别。《旧五代史》载"天祐末，阿保机乃自称皇帝，署中国官号"[1]。这种情况到唐宋，作为汉人政权的唐帝国、宋帝国与北方的西夏、辽、金政权的对立，不是文化上的，而是在应由谁来掌控中国、代表中国的问题上。唐帝国、宋帝国自认为是中国的代表，而辽、金、西夏也均以中国正统自居。

在中国文化中，中国正统的概念集中体现为对于炎、黄先祖的认同。炎帝与黄帝是中华民族最高的自然血缘之祖，也是中华民族最高的文化血

---

[1]　薛居正等：《旧五代史·卷一百三十七外国列传第一》。

缘之祖。基于在中华民族和中国,自然血缘与文化的缘是统一的,因此,爱中华民族与爱中国是统一的。

第三,国与国民、国土(国域)的统一性。

中国的国土其核心地区是相当稳定的。谈到中国,人们会自然地联系中国这一疆域。这疆域既是国之域,也是民之家。《逸周书》云:"国有本,有干,有权,有伦质,有枢体。土地,本也;人民,干也;敌(他)国侔交,权也;政教顺成,伦质也;君臣和(悦),枢体也。"这是说,国土即疆土是国家之本;国民是国家主干;国权是国家的基础,与他国交往尊重,国权是首位的原则;国学即"伦质",是国家意识形态;君臣和睦是国家稳固的枢机即关键。在中华民族的意识中,国家、国土、国民、国君、国权、国学、国枢是一体的。

三、家和国的互本性

家国情怀中的家和国有两种理解。当理解为两个概念时,它们除了存在自然血缘与文化血缘的一体性外,还具有利益上的互本性。

互本性包括两个方面:

一是国以家为本。

中国儒家的第一经典《尚书》,其主题就是国以及国的代表——君如何对待民,如何看待民,也就是如何看待家。关于这,《尚书·五子之歌》有一句极为经典的话:"民惟邦本,本固邦宁。"[①] 这里明确指出,民是国家之本,只有得民心了,人民稳定了,国家才能安宁。

善待人民,实质是看重国家政权,同时也是尊奉天命。《尚书·泰誓中》云:"惟天惠民,惟辟奉天"[②]。

善政主要体现为养民。《尚书·大禹谟》:

> 禹曰:"於,帝念哉!德惟善政,政在养民。水火金木土谷惟修,正

---

① 《尚书·虞夏书》。

② 《尚书·虞夏书》。

德利用厚生惟和。"①

养民之养，不是说国家承担百姓的全部生活费用，而是说要给百姓提供良好的生产条件与生活条件，让百姓安居乐业。"养民"之养，虽然本质上应做如上的理解，但它的确体现出中国古代社会视国为家的立场。国既然是家，那么，君就是家长。家长的根本职责就是"养家"。将养家扩大并提升为"养民"，这是国的核心职责。国诚然要治民，治民为政，而治民的目的是什么？是养民。

养民之养，包括物质之养和精神之养，物质之养为富民，精神之养为"德民"。《尚书·大禹谟》将两者统一起来，表述为"正德、利用、厚生、惟和"。"正德"，侧重于德民；"利用、厚生"，侧重于富民；"和"既是指善政与养民中诸多措施协调妥当后的最佳关系，又是善政和养民所要达到的百姓生活的最高质量。而"正德、利用、厚生，惟和"之上说的"水、火、金、木、土、谷、惟修"，指工作。"水、火、金、木、土"为五行，代表规律，"谷"指农业生产。两者都要"修"，"修"，指努力，前者强调合乎规律的努力，后者强调务实的努力。

儒家经典《大学》说"欲治其国者，先齐其家"②，这"先"不能只理解为时间之先，而应理解成理论之本。也就是说，治家与治国在根本道理上是相通的，基于家在社会结构中处于基础的地位，因此说："一家仁，一国兴仁；一家让，一国兴让；一个贪戾，一国作乱，其机如此……故治国在齐其家。"③

二是家以国为本。对于国来说，要以民为本，而对于家来说，要以国为本。人类由史前社会进入文明社会，社会组织的最大变化，就是国的出现。中国国家形态出现于何时，尚在研究之中，现在公认的国家形态为夏朝。其实，国家形态的出现，还可往前推。2000 年，考古学家在河南灵宝市阳平镇西坡发掘了一座仰韶文化遗址。其中 17 号墓有玉钺和象牙镢。玉钺

① 《尚书·周书》。

② 朱熹注：《四书集注·大学章句》。

③ 朱熹注：《四书集注·大学章句》。

不是一般的礼器,它是王权的信物。就是说,谁握有玉钺,就意味着谁是王。在仰韶韶文化西坡遗址,考古学家还发现有宫殿遗址,这是一座面积达516平方米的大房子。宫殿中,一座为屋顶为四阿式的建筑。四阿式又名四阿顶即庑殿顶。庑殿顶是中国宫殿建筑中的最高规格。大房子前面还有一个广场,学者们认为这座建筑很可能为明堂,明堂是上古君主所居之处,又用于颁布政令、举行各种重大的活动与典礼的场所。仰韶文化后期为黄帝活动的时期,人们猜测,这座明堂的主人可能是黄帝(黄帝不是一个人,而是当时国家政权最高统治者的专称)。黄帝之后的时代为尧舜时代。考古也发现有相当于宫殿的建筑遗址,还有城墙,学界认为,尧舜时代有国家的存在。

国家的出现,对于家来说,具有极其重要的意义,它意味着社会组织的最高首长,不是家长,也不是族长,而是君王了。在中国文化传统中,家及族的组合以伦理关系为基础,国的组合以政治关系为基础,两者本来是不相干的,然而在中国传统文化中,伦理居于主导性的地位,它会将政治关系伦理化,于是,这本来以政治关系为基础的国会理解为伦理关系的家,于是,国就成了家,国君就成了家长。

在家庭中,人员的利益主要有两种:一是家庭中的个人的利益,二是家庭整体的利益。一方面,家要考虑重视家庭中所有个体的利益,但另一方面家庭中的所有人员要充分重视家庭的整体利益。既然国被理解为最大的家,那么,一方面,国作为诸多家的整体,要充分考虑并尊重家的利益,要以家为本;但另一方面,作为国的有机组成的家,要充分考虑并尊重最高且最大的家——国的利益,要以国为本。

在文明时代,社会组织的最高形式为国。这个时代,人们为生存与发展的争战远较史前更为激烈,更为残酷。家、族均无力真正保卫个人的利益,也无法保卫家庭的利益。唯有国才具有这种资格与能力。国家的强大,不仅是家和个人财富增长、事业发展、自我实现的重要前提与条件,而且是家和个人安全、尊严的保障。正是因为如此,人们对于国具有最大的依赖感。这种依赖感,关涉的不只是肉体生命及物质财产的保全与发展,还有精神生命及精神财产的保全与发展。

无数的事实证明，国强民安，国强民尊，国强民富。

四、国家利益的绝对性

中国传统文化中的"家国"概念当理解为一个概念时，国的内涵强化，它被理解为以国为家、家国一体。

这种家国理念突出的是国家利益的绝对性。国家利益的绝对性主要有三点：

一是国重于家。爱国主义是人类共有的一种精神，但中华民族的爱国主义有着突出的特点，那就是国重于家，这一观念的形成，主要得力于儒家文化。儒家文化固然以家为本位，以孝为人之本，但她将家扩大到国，于是，国成为最大的家。对于被儒家视为人伦楷模的君子来说，最重要的品格是忠——对国家的忠诚以及无条件的付出。在忠孝不能两全的情况下，取忠而不取孝，或者说移孝为忠。基于儒家文化已经内化为中华民族的文化血液，成为中华民族的文化基因，国家利益的绝对性被视为天经地义，不容丝毫动摇，也不容少许变通。

汉代著名的将领霍去病出征匈奴，取得了赫赫战功，汉武帝要替他修建一座宅第，他婉言谢绝，言："匈奴不灭，无以为家也。"[①] 杜甫《石壕吏》中写了一位安史之乱中被官家拉夫上前线的贫家老妇女。这位老妇一家为国已经作出了伟大贡献：三个儿子上前线当兵，其中两位已经战死。现在"室中更无人，惟有乳下孙"，而且正是因为"有孙母未去"。现在国家需要役夫，那就只能由这位老妇人顶替了，她言道："老妪力虽衰，请从吏夜归。急应河阳役，犹得备晨炊。"何等高尚的家国情怀！

二是爱国无前提。在中国传统文化中，爱国不存在前提，个人与祖国的关系不是契约关系，它是一种自然关系。祖国是根本：根不可以断，种不可以变，祖不可以换。只要你是炎黄子孙，炎黄的国就是你的祖国。对祖

---

① 《汉书·卫青霍去病传第二十五》。

国尽忠，既是责任，更是义务。责任，为道义所在；义务，为做人本分。正是因为忠于国家具有绝对性这一缘故，汉朝名将李陵投降了匈奴，即使责任全在汉武帝，也没能获得后世一致的谅解，而李陵也自感负罪一生。其千古悲剧，让人扼腕浩叹。

三是爱国人人有责任。中华古训："天下兴亡，匹夫有责。"自古以来，爱国是所有中华儿女共同的责任，与身份无关，与地位无关，也与所处的地域无关。中国近代高僧弘一法师是著名的爱国者，早在晚清及民国初年他就积极投身反帝反封的革命活动，写了《大中华》《我的国》等洋溢着爱国主义精神的诗篇。他在诗中高唱："我的国，我的国，我的国万岁，万岁，万万岁！"① 这些作品至今读来，仍让人热血沸腾，壮志凌云。

四是精神性的国不可摧毁。国，有实体性的国，也有精神性的国。实体性的国可亡，而精神性的国永远不会亡。南宋亡后，兵败被俘的文天祥仍坚持不降元，哪怕是已降元的小皇帝来劝降，也不成，因为他心中的宋国永远存在，坚不可摧。最终他以死殉国，将"人生自古谁无死，留取丹心照汗青"的绝唱唱彻中华民族的万古长天。

五、家国关系中诸多问题的处理

在处理家与国关系的问题上，虽然总体原则上为家国互本，国家至上，但在实际运作中，会遇到许多具体的问题，这些具体问题如何对待，《春秋》"三传"有许多重要的论述，基于《春秋》为儒家重要经典，这些论述成为中国传统文化中处理家国问题的范例和理论依据，其中主要有：

（一）国家以土地为本

中国的国家概念古代用社稷来表示，社为祭地神之礼。《礼记》云："社，所以神地之道也。地载万物，天垂象，取财于地，取法于天，是以尊天而亲地也，故教民美报焉。家主中霤而国主社，示本也。"② 稷是谷神。《白虎通》

---

① 李叔同：《李叔同诗全篇》，浙江文艺出版社1995年版，第124页。
② 《礼记·郊特牲》。

云:"稷,五谷之长,故立稷而祭之也。"① 谷是人民的主要食物。谷是土地上长出来的。社稷本来指两种祭礼,但此后,它引申出国家的意义,成为国家的另一称呼。《礼记·檀弓》云:"能执干戈以卫社稷,虽欲勿殇也,不亦可乎?"② 这里的"社稷"就不是祭礼,而是国家了。

社、稷二祭中,社祭较之稷祭,更为重要,这是因为土地是根本,谷只有种在土地上才能生长。与之相关,在国家诸多的构成因素,国土是本。有国土,才有国民的立足之地;有国土,才能种植,放牧;有国土,民生才能得以维系,民族才能得以发展,国家才能得以强盛。

《白虎通》引《孝经》云:"保其社稷,而和其民人,盖诸侯之孝也。"③ 孝之至高为忠。国与家在保社稷上实现了高度的统一。

(二) 国家与天下相联系

中国传统文化中,"社稷"概念与"天地"概念相联系。《周易·序卦传》说:"有天地,然后万物生焉。盈天地之间唯万物。"④《周易·系辞下传》又云"天地之大德为曰生。"⑤ "天地"不只有地,还有天,这天既可以理解成天空,还可以理解成比地更大更高的自然本体。

于是,中国人的"社"概念当由"地"扩大到"天"并且"地""天"共同构成"天地"一个概念之时,中国人的家国情怀就提升到天地情怀了,《礼记》云:"圣人作则,必以天地为本。"⑥ 这"以天地为本"即是胸怀天地的意思。

在中国传统文化中,天地情怀与天下情怀相联系。天地,主要指宇宙、自然;而天下主要指家国、社会。《礼记·礼运》说:"大道之行,天下为公。"⑦ "天下为公",按《礼记》的阐述,核心是"人不独亲其亲,不独子其

---

① 陈立:《白虎通·社稷》。
② 《礼记·檀弓》。
③ 陈立:《白虎通·社稷》。
④ 《周易·序卦传》。
⑤ 《周易·系辞下传》。
⑥ 《礼记·礼运》。
⑦ 《礼记·礼运》。

子"①,要将别人的老人看成自己的长辈,将别人的儿女看成自己的儿女,实质也就是以天下为家。

"天下"概念在中国传统文化中是一个开放性的概念,它与天地相联系,将万物看成一个有机整体,这就体现出生态一体的观念;它与社会相联系,由家到国到世界,将世界看成命运共同体,这就体现世界和平的观念,而这均见出"人与自然命运共同体""人类命运共同体"的理念。

(三) 国家、国民重于国君

中国传统文化中,国家有三种意义:一是君,作为国家的最高统治者,它是国的象征或代表;二是民,民虽然是被统治者,却是国家的主体;三是社稷,社稷本义是土地神与谷神的合称,实质是指整个国家。按中国传统文化,这三种意义的国,人民是最高的。孟子说:"民为贵,社稷次之,君为轻。"②社稷虽然次之,但高于君。《左传·襄公二十五年》说了一段晏子的故事。晏子所效力的齐庄公被贼臣崔武子杀死,晏子悲痛不已,然而,当他手下人问他是不是也去死,晏子明确表示不去死。他的道理是:

> 君民者,岂以陵民? 社稷是主。臣君者,岂为其为口实,社稷是养。故君为社稷死,则死之;为社稷亡,则亡之。若为己死,而为己亡,非其私昵,谁敢任之? ③

晏子强调的是社稷即国家而不是国君。下面他说到死与逃亡:如果国君为国家而死,那么,我可以跟着去死;如果国君为国家而逃亡,我可以跟着逃亡。但如果国君是为自己而死为自己而亡,我怎能为他而死为他而逃亡呢? 显然,晏子认为,国家与国君两者比较,国家为上。

(四) 中央政权高于地方诸侯国

在周朝,中央政权为周王室,诸侯国是周王室分封的小国。周王室虽然直接控制的国土不多,但整个诸侯国的国土与人民均属于周国。《诗

---

① 《礼记·礼运》。

② 《孟子·尽心章句下》。

③ 《春秋左传注·襄公二十五年》。

经·小雅·北山》云："溥天之下，莫非王土。率土之滨，莫非王臣。"这里的王是周王，王土是周朝的国土包括诸侯国的所治的区域；王臣是周王的臣，诸侯国的国君对于周王来说，也是臣。

周朝诸侯国纷争，都希望获得霸主的地位，而要获得霸主的地位，唯一能打出去且有效果的旗号则是"尊王攘夷"，"尊王"，尊的是周王室的天子地位、全国共主的地位；"攘夷"主要是保卫周王室，保卫周朝的国土和人民，保卫以周王室为代表的华夏文化。

（五）国家礼制高于家庭伦理

春秋时期，诸侯王郑庄公在位时发生了一件大事：郑庄公的弟弟公叔段在母亲的策划下，发动了一场叛乱。叛乱被郑庄公坚决地镇压了。公叔段出逃，母亲姜氏关押在城颍，庄公痛恨母亲的作为，发誓曰："不及黄泉，无相见也。"应该说，郑庄公的这些处理，合乎国家礼制。按国家礼制，君王至尊，国权至上。即使是母亲，在关涉国权的问题上，只能尊重国家礼制，绝不可违背礼制。但是，家庭伦理，也不是可以完全舍弃的。这位郑庄公发完誓后，又后悔了。因为"不及黄泉无相见也"，意谓母子情分就此终结，而这，伤害了庄公的伦理情感，不合乎当时的家庭伦理。怎么办？在这个时刻，大臣颍考叔给出了一个主意："若阙地及泉，隧而相见，其谁曰不然？"庄公欣喜地接受了这一建议。进入地道，庄公赋诗："大隧之中，其乐也融融。"其母出了地道，高兴地回赋："大隧之外，其乐也洩洩。"于是，"母子如初"①。关于这件事，《左传》的立场是赞成的。《左传》引用《诗经》"孝子不匮，永锡尔类"，说"其是之谓乎"。中国传统文化在忠、孝的问题上，将忠摆在第一位，但并不忽视孝，只有在忠孝不能两全的情况下才放弃孝，而在不影响忠的情况下，主张以合适的方式兼顾孝。

中华文化中的家国情怀是中华民族的民族心、民族魂，是中国传统文化中的核心，是中华民族凝聚力、向心力的根源。中国文化中的家国情怀

① 以上引文参见杨伯峻：《春秋左传注·隐公元年》一，中华书局2009年版，第14、15页。

的核心是家国一体。基于中华民族与中国存在着自然的血缘与文化的血缘，故爱民族与爱中国是统一的。

第五节　家国情怀（下）

家是国之本，"家"在中华民族意识的建构上的作用较之"国"更具本原性。《周易·序卦传》云："有天地，然后有万物，有万物，然后有男女；有男女，然后有夫妇，有夫妇，然后有父子；有父子，然后有君臣；有君臣，然后有上下；有上下，然后礼义有所措。夫妇之道，不可以不久也，故受之以恒。恒者，久也。"这样一个生成系列中，男女、夫妇、父子是摆在君臣、上下、礼义之前的。男女、夫妇、父子都属于家庭系列，家庭系列中，男女摆在最前面。由此可以看出，至少早在《周易·序卦传》产生的年代，中国人就已认识到家庭在人类社会结构及意识形态系统生成中的重要地位了。事实也是如此，就伦理意识来说，中华民族最早的伦理意识，是家庭伦理，然后由家庭伦理扩展到社会伦理。审美意识也一样，最早的审美意识也源于家庭，随后影响到社会。

家庭构成的二元为男女，男女二元中，女性处于特殊重要的地位，这种特殊地位不仅表现在漫长的史前社会中母系氏族社会时间最长，因而女性在部落中居于领导者的地位，而且表现在女性一直是社会最为重要的审美对象，因而中华民族最早的审美意识就产生于对女性的审美之中，于是，形成了中华民族的特有的审美范畴系统。这就是"美"—"妙"系统。关于美，其来源有种种说法。其中有一种说法是"色好为美"。马叙伦先生持此说。马先生认为"美"本写作"媄"。"色好为美"，强调了审美起源于性爱。

关于"美"的概念产生的源头问题，我们一方面认为源头是多元的，另一方面又认为，生殖崇拜是主要的。在阐释"美"之源时，也许，"色好为美（媄）"应位于首要地位。"妙"是一个正面的审美范畴，它之所以得以成为审美品评中的重要范畴，甚至比"美"品位更高，主要得之于《老子》用"妙"言"道"。先秦,用"妙"这一概念的,不只是《老子》,《韩非子》也用过。汉代用"妙"就比较多了。魏晋南北朝大量地用"妙"来品评人物、艺术。

在中华民族的审美品评中,美一般可以分为两个层次:低层次侧重于外在形象的美就称之为"美"或"丽";高层次侧重于内在意味特别是道意味的美就称之为"妙"。因此,"妙"实际上是中华美学审美品评系统中的核心范畴,也是最高范畴。

"妙"为会意字,意谓女子年少。女少正是青春时期。这时期的女子正是男子求爱的对象,所以,不只是美,还妙①。"美"(媄)、"妙"二字均与男女恋情有关。在汉语中,有诸多以女字为偏旁的字具有美的含义,如"好""姣""妧""媚""嫵""娧""嫿""姝"等等。

"美"—"妙"系统主要产生于对女性的审美。

虽然家国情怀以家为本,体现在审美上,引导出"美—妙"概念系统,但家国情怀的实际运用,突出的不是家,而是国。国家责任感、社会责任感才是家国情怀的核心。对于审美的影响则是导致儒家"教化"理念在中华美学中的主导地位。

儒家教化理论内涵非常丰富,其中最为重要的是两个理论:

一、"诗言志"

"诗言志"是中国美学的重要传统。最早提出"诗言志"的是《尚书·尧典》。此后,诸多典籍如《左传》《庄子》也提出这一命题。汉代《毛诗序》不仅再次申说"诗言志",还提出"教化"说。"教化"又称"风教"。"风"多义,一指《诗经》中的"国风",即民歌;二指情感。《毛诗序》强调教育的普遍性,受教育者不仅有下层百姓,还有上层统治者。"教"的目的是"化"。具体来说,就是"正得失,动天地""经夫妇,成孝敬,厚人伦,美教化,移风

---

① 据《义府·幼眇》卷下:"妙本字当作眇。自汉以来,又借为美好之称,因改其字从女作妙。其实古无此字。"见《古训汇纂》,中华书局 2003 年版,第 509 页。

俗"。"言志"与"教化"的统一,其关键是将"教"转化为"志"。经此转化,"言志"的"志"就不只属于个人,还具有深刻的社会意义。"私志"成为"公志"——家国之志。

言志与教化的统一必须落实在审美上,具体来说,最重要的是在情上。而情贵在真,贵在自然——自然而然。刘勰说:"人禀七情,应物斯感,物感吟志,莫非自然"。言志贵在至诚,只有至诚,它与教化才能实现真正的统一,也才能产生巨大的艺术感染力、艺术审美力。

1945 年,毛泽东在重庆。诗人徐迟请毛泽东题字,并向毛泽东请教怎样作诗。毛泽东题写了"诗言志"三字。这"志"即家国之志。

二、"兴寄"论

"兴"最早来自《诗经》的"六艺"说,它是《诗经》的一种重要的表现手法,后来发展成为一个重要的美学范畴。初唐诗人陈子昂将"兴"与"寄"结合起来,创造了一个新概念——"兴寄"。"兴"重情,重美;"寄"重理,重善。"兴"与"寄"的统一即是情与理的统一,美与善的统一。兴寄的核心为家国情怀。

陈子昂之所以标举"兴寄",是因为他所处的时代泛滥着一股唯美主义之风,具体来说,六朝的绮靡之风。这股绮靡之风,有"兴"而无"寄"。陈子昂对之极为不满,他尖锐地指出"齐、梁间诗,彩丽竞繁,而兴寄都绝"。明确表示"常恐逶迤颓靡,风雅不作,以耿耿也"。陈子昂援引刘勰《文心雕龙》的"风骨"理论,认为优秀的作品应该"骨气端翔,音情顿挫,光英朗练,有金石声",既善,又美!

兴寄论在生活中的实际作用往往是破"过娱论"。唐朝初年,励精图治的唐太宗提出"以尧、舜之风,荡秦、汉之弊,用咸英之曲,变烂熳之音",认为"释实求华,以人从欲,乱于大道,君子耻之"。所谓"释实求华,以人从欲",就是放纵声色之欲,追求奢华,也就是"过娱"。审美不能没有娱乐作用,但过娱,就不是在欣赏美而是在享受丑了。

三、"家国情怀"于审美实践的影响

中华民族以家为本位的家国情怀,不仅创造了中华美学基本的概念体系,而且在中华民族的审美实践中产生着深刻的影响。

（一）交感和谐

和谐是中华民族非常重视的一种美。广义的和谐,为美的本质,不管哪种美究其本质都是和谐;狭义的谐,相当于西方美学中的"优美"①。

什么是中国人所认可的和谐?——交感和谐。这种和谐的理论最早来自《周易》的咸卦。《周易》咸卦下卦为艮,上卦为兑。下卦的三爻与上卦的三爻构成三对关系,这三对关系不仅为阴阳相应,而且为阴阳相交。这是一种典型的交感和谐:你中有我,我中有你。在《周易》的卦象系统中,艮为少男,兑为少女,因此,这阴阳相交可以理解为少男少女相爱。朱熹对此卦的意义做了准确的论述,他说:"咸,交感也。兑柔在上,艮刚在下,而交相感应;又艮止则感之专,兑说则应之至;又艮以少男下于兑之少女,男先于女,得男女之正,婚姻之时;故其卦为咸。"②

《周易》中,具有交感和谐意义的卦不只是咸卦,还有泰卦、恒卦等。但咸卦是交感和谐的极致,原因是这是少男与少女相爱的卦,最具生命活力的卦,它们的相爱不仅意味着家的诞生,而且意味着新生命的产生。

先秦古籍有诸多关于"和"的论述,这些论述都强调"和"不是"同"。"同"是同物相加,"和"是多元统一。"同"只有量的增加,而"和"则有质的创造。这种论述,实质是阴阳交感论的发挥。在先秦,"和"的功能突出地显现在人们的审美生活上。荀子说:"乐也者,和之不可变者也;礼也者,理之不可易者也。乐合同,礼别异。礼乐之统管乎人心矣。"③ 礼与乐是儒家治国的两大利器,"和"作为乐的专有功能,与礼的功能构成互补,对社会

---

① 关于和谐与美的关系,学术界是存在分歧的,大多数美学家认为美的表现形态不一定为和谐或者审美的全部过程不一定都和谐,但美的本质、审美的最高境界为和谐。

② 朱熹:《周易本义·下经》。

③ 《荀子·乐论》。

治理发挥着重要的作用。"和"不仅是重要的美学概念，还是重要的伦理原则。孔子说："君子和而不同，小人同而不和。"①不仅如此，它还是政治智慧。《左传·昭公二十年》载晏子与齐景公关于"和"与"同"的对话。他们不是在讨论家庭关系，也不是在讨论艺术，而是在讨论如何处理君臣关系。按晏子的观点，"和"与"同"不是一回事。"同"是一味屈从君主的意见，放弃了臣子的责任。而"和如羹焉"，臣子要敢于向君主提出不同的意见。"君所谓可而否焉，臣献其否以成其可。君所谓否而有可焉，臣献其可以去其否。"这样就可以获得正确的意见。《国语》也有以"和"喻政的言论，如《周语》云："夫政象乐，乐从和，和从平，声以和乐，律以平声。"《郑语》云："和实生物，同则不继。""和"在中华文化中，早已上升至哲学概念，不独用于审美。作为一种哲学观念，它被广泛地运用在生活各个方面。让我们回味不已的是，这样一种充满生机的和谐观，它的萌生，竟然是源于自然界现象的启迪，而是男女的情爱。正是因为有这样一种源头，它总是透着生命的意味、人生的幸福和人伦的温馨。

(二) 尊阳亲阴

阴阳是中国哲学的基本范畴，中国哲学的精髓其实就在阴阳，同样，中国美学的精髓也在阴阳。阴阳的源头，如我们上面所说，主要出自男女之分，男为阳，女为阴。说是主要，而不是唯一，是因为它的源头是多元的，自然界中的天与地之分、日与月之分等均可能是阴阳产生的源头之一。虽然阴阳两者的地位与价值应该是完全一致的，但中国人对待阴、阳的态度存在着重要的不同。这种不同来自两个不同的传统：

其一，是源自史前的母系氏族社会传统。

中国史前母系氏族社会历时很长，郭沫若说："殷代犹保存其先世舜、象亚血族群婚之遗习，故卜辞中颇多母权中心之痕迹……母权时代宗长为王母，故以母之最高属德之生育以尊称之。"②母权制之所以宗长为女子，

---

① 《论语·子路》。

② 刘梦溪主编：《中国现代学术经典·郭沫若卷》，河北教育出版社1996年版，第198、199页。

乃是因为那个时代婚姻制为亚血族群婚制，儿女们多只知其母不知其父。新石器时代晚期中国已进入父系氏族社会，一夫一妻制初步确定，然而母系氏族社会的遗习并没有消失，影响深远。家庭中的女主人、朝廷上太后、皇后在特殊情况下仍然达到至尊的地位。也许是受到始于史前的母系氏族社会的影响，在将"阴阳"作为统一的概念时，都将阴放在阳的前面，称"阴阳"不称"阳阴"。这不仅在先秦已成为通则，此后也一直没有改变。

其二，是先秦儒家观念的影响。

这首先体现在《易传》中，《易传》为战国时儒家知识分子所作。对于阴阳，《易传》有两种不同的提法：一是"阴阳"，仍然是阴在前阳在后。二是"刚柔"，"刚"在前"柔"在后，与之相关，谈及"天"与"地"时，将"天"放在前面，"地"放在后面。《系辞上传》云："天尊地卑，乾坤定矣。卑高以陈，贵贱位矣，动静有常，刚柔断矣。"这就明显见出"尊阳卑阴"意识。

受着多种因素特别是中国源自史前的家庭文化的影响，中国人对于阳与阴的态度明显地见出 崇阳恋阴"的倾向。① "崇阳"的"崇"主要见出理性的意味，而"恋阴"的"恋"主要见出情性的意味。这方面的事例可以举出许多，就审美对象来说，大体上归属于阳刚类的人物、事物、性质如男性、父、夫、太阳，高山、豪放、雄壮，进击等，人们更多的是崇拜，对象与人存在着敬奉的距离感；而大体上归属于阴柔类的人物、事物、性质，如女性、母、妻、月亮，溪流、婉约、秀雅、含蓄等，人们更多的是喜爱，对象与人有着温馨的亲和感。

值得我们注意的是，儒家对阳与阴的内容做了诸多的规定，它一方面将"仁""朴""典"这样一些有利于国家民族发展的正面内容充实进"阳刚"概念中去，另一方面将"淫""华""浮"这样影响国家民族发展的负面内容放入"阴柔"概念中去，于是，中国人的"崇阳恋阴"情结又见出意识形态的意味。

孔子论诗，肯定子夏的"礼后"说，意思是诗以礼为本，也就是汉代《毛

---

① 　参见陈望衡：《中国文化的崇阳恋阴情结及其美学开显》，《求索》1998 年第 5 期。

诗序》说的"诗言志"。志，主要为家国之志。孔子批评过"郑声"，说"郑声淫"。郑声是表现男女情爱的民歌，只是表达情感直露了一点。这里，没有用上阴阳的概念，如果要用阴阳归类，"礼""志"属于阳，情之"淫"属于阴。

这种于诗的褒贬立场影响深远。产生于南北朝的齐梁文学在中国美学史、文学史上备受诟病，其原因是家国之志少了一点，而男女之情多了一点，质朴少了一点，浮华多了一点。一句话，阳刚不够，阴柔过分。南北朝一结束，隋文帝建立统一的国家，就着手批判齐梁之风，唐代仍继续着这种批判，显然，这种批判是政治性的，而不是美学性的，因为目的很明确，为的是巩固国家政权。但这种批判从来没有能够彻底过。原因其实很简单，齐梁文风是人们情感之爱。人们可以崇阳，但不能只崇阳，还要恋阴。齐梁文风充分满足了人们这方面的情感需求，因此，其种子绵延不绝。唐朝的李世民及其臣属长孙无忌、李百药和杨师道等，一方面大谈"观文教于六经，阅武功于七德"，标举"崇阳"的审美风尚；另一方面又私下爱好着宫廷诗、艳情诗，享受着"恋阴"的审美情趣。

宋代诗、词分流，诗言志，词尚情，诗多阳刚之气，词多阴柔之美。此后，又出现了曲，曲承继词的尚情传统。诗词本色虽然得以确定，但它们又互相影响，诗也就不只有阳刚之气，也有阴柔之美。同样，词的境界也大加拓展，不仅家国之志成为词的重要主题，而且一破词尚婉约的家规，出现了境界阔大的豪放词派。于是，中国人崇阳恋阴情结终于摆脱了政治的约束，回复到它的审美本位，为社会所普遍接受。

（三）天下情怀

中华民族的家国情怀指向"天下情怀"。

虽然中国古代，于中国之外的世界知之甚少，但是，并不是没有世界意识。早在周代，中国就有"大九州"观念。此观念明确地说，中国这个名之为"赤县神州"的"小九州"只是"大九州"的一部分。

最早从理论上阐述家国一体性的是《尚书》。《尚书》作为中华民族最早的大政宪典，强调中华民族的国具有家的亲缘性与亲和性。《尧典》篇云：

"曰若稽古,帝尧曰放勋,钦明文思安安,允恭克让,光被四表,格乎上下。克明俊德,以亲九族。九族既睦,平章百姓。百姓昭明,协和万邦,黎民于变时雍。"这里描绘的"九族亲睦"的情景,当然具有理想性,但也在一定程度上透露出当时的现实状况,反映出中华民族的国是家族同盟的性质。作为同盟最高首长的君应该是整个国的家长,他理应爱民若子,而民也理应尊君如父,至于百姓之间应该亲若同胞。

《尚书》的这一观念既成为后世帝王的治国之道,也成为后世儒家的成才之道。《大学》云:"古之欲明明德于天下者,先治其国,欲治其国者,先齐其家,欲齐其家者,先修其身,欲修其身者,先正其心,欲正其心者,先诚其意,欲诚其意者,先致其知。致知在格物,物格而后知者,知至而后意诚,意诚而后心正,心正而后身修,家齐而后国治,国治而后天下平。"

在谈到"天下"的时候,中国古代总是将它与"公"与"太平"联系在一起,表现出非常可贵的平等、友爱、和平理念。《老子》说:"修之于天下,其德乃普。"认为只有以天下为怀,其德才能称得上"普"。《管子》云:"以家为家,以乡为乡,以国为国,以天下为天下。"他的意思是,处理不同的事,要有不同的胸怀,处理天下事,要有天下胸怀。《礼记》引录孔子的话——"天下为公"。"公"可以理解为公正、公平、合理,强调人与人之间、诸侯国与诸侯国之间、诸侯国与中央政权之间的相处,要友爱,要互利,在公平。

宋代大儒张载则提出"为万世开太平"。天下太平是在天下公平基础上的提升。太平有两义,一是人与自然之间和谐,这中间含有生态平衡义;二是人与人之间和谐。由于"太平"概念视界阔大,这人与人之间的和谐主要指国与国之间的友好相处,这种友好相处就是没有战争,

张载提出的"为万世开太平"的理念,最重要的意义不在于提出了"太平"的理念,而在于这一理念认为,这种太平不能只是一时的,而应是"万世"的。换句话说,张载要的是永久的太平。这万世的太平——永久的太平如何来?张载提出"开"这一重要理念。既在是"开"就不能靠等,靠恩赐,事实是太平等不来,也没有谁能恩赐。"开",就是开拓,开发,开创。它需要最大的努力、最高的智慧,必要时也会有最大的牺牲。

四、"家国情怀"于文学创作的影响

家国情怀成为中华民族重要的伦理传统和审美传统。体现在文学中，产生诸多文学母题，其中主要有四类：

(一) 兴亡母题

其中影响力最大的是"黍离之悲"。"黍离之悲"典出《诗经·王风·黍离》。周平王东迁洛阳，周朝的原都镐京一片荒凉。诗人来到镐京，见宫殿成为废墟，黍离麦秀，无限感慨。以后，国破家亡遂成为文学中重要主题。代表作有南宋姜夔的《扬州慢》。姜夔在此词的序中说："淳熙丙申至日，予过维扬。夜雪初霁，荠麦弥望。入其城则四顾萧条，寒水自碧。暮色渐起，戍角悲吟。予怀怆然，感慨今昔，因自度此曲。千岩老人以为有《黍离》之悲也。"又有刘禹锡的《金陵五首》，寄慨遥深。此组诗中的《石头城》《乌衣巷》两首，尤为经典，千古传唱。与"黍离之悲"同类主题，表述不同的，还有"山河之异""皋羽之恸"等，此类母题的名作很多，不少成为中华文学的经典。

(二) 气节母题

中华民族讲气节。孔子曰："士不可不弘毅，任重而道远。"气节中，最重要的是国家民族的气节，这种气节不仅与忠相联系，也与孝相联系。文天祥抗元失败，坚决不降，他说："吾不能扞父母，乃教人叛父母，可乎？"[1]文天祥《正气歌》是气节母题的代表作，可以归入这一母题的命题还有"风雷之文"。此是明末清初黄宗羲提出来的，黄宗羲也是气节之士，明亡，清以高官重金招募他，他坚决拒绝。在为《谢皋羽年谱游录注》写的序中，他说："厄运危时，天地闭塞，元气鼓荡而出，拥勇郁遏，而后至文生焉。故文章之盛，莫盛于亡宋之日，而皋羽其尤也。"[2]这里，他提出的"厄运危时……至文生焉"也成为此类母题的重要命题。

---

[1]　朱轼：《历代名臣传》，转引自罗国杰主编：《中国传统道德》，中国人民大学出版社 1995年版，第 157 页。

[2]　黄宗羲：《缩斋文集序》。

（三）羁旅母题

这一母题发轫于屈原。屈原因为家国主张不能为楚王采纳，被迫流放，他漂泊一路，诗歌一路。屈原的弟子宋玉在《九辩》中向着苍天慨叹："廓落兮，羁旅而无友生。惆怅兮，而私自怜。……去乡离乡兮徕远客，超逍遥兮今焉薄。专思君兮不可化，君不知兮可奈何？"屈原羁旅诗的精神是爱国。他的思乡与思国是合二为一的，他的故园情结实质是故国情结。这种精神在后代的诗歌创作中得到发扬。唐代的杜甫就写过诸多这样的主题的羁旅诗，诗中的名句"露从今夜白，月是故乡明"（《月夜忆舍弟》）传颂不衰。

（四）江山母题

江山母题就题材来说，主要是讴歌自然，就其中的思想内涵来说，这包括三种情怀：山水情怀、田园情怀、家国情怀。山水情怀侧重于人与自然的关系，自然既是人的居住场所，也是人的游览对象，同时还是人的精神食粮。宋代画家郭熙说："世之笃论，谓山水有可行者，有可望者，有可游者，有可居者。画至此，皆入妙品。但可行可望不如可居可游之为得。"[①] 田园情怀侧重于农人与乡村风景的关系，这里同样突出的是家园情感，只是这家园特指农村家园。家国情怀侧重于国民与国土的关系，突出的是爱国情感。这三种情感多有交叉重合，在这交叉重合之中，见出"家—国"情怀。这种情怀在南宋的诗词中非常突出，最具代表性的是辛弃疾。辛弃疾无比热爱祖国壮丽山水，由衷费叹："待细把，江山图画。千顷光中堆滟滪，似扁舟欲下瞿塘马。中有句，浩难写。"（《贺新郎·三山雨中游西湖有怀赵丞相经始》）然而，这样壮丽的山河已有一半沦落于敌手，且恢复无望。对于统治者的偏安苟且，辛弃疾借喻山水予以批判："剩水残山无态度，被疏梅，料理成风月"（《贺新郎·把酒长亭说》）。

中国人的家国情怀由家扩展到国，由国扩展到天地。《淮南子》云："民者，国之本也；国者，君之本也。是故人君者，上因天时，下尽地财，中用人力，是以群生遂长，五谷蕃植。……昆虫未蛰，不得以火烧田，孕育不得杀，

---

① 郭熙：《林泉高致》。

毂卵不得探，鱼不长尺不得取，彘不期年不得食，是故草木之发若蒸气，禽兽之归若流泉，飞鸟之归若烟云，有所以之致也。"① 这情怀不仅扩展到天地，而且深入到自然生态了。宋代学者张载将中国人这种天地情怀升华到哲学高度，他说："天地之塞，吾其体；天地之帅，吾其性。民，吾同胞，物，吾与也。"② 如果说"民吾同胞"体现的是天下一家的重要理念，那么，"物吾与也"体现的则是物人一家、生态和谐的理念。这些理念不是抽象的，它就具体展现在中国人的生活实践、艺术实践之中，因而，它不独是哲学的，也还是美学的。中华民族的天下情怀发展到今天则成为全球意识、生态文明意识、人类命运共同体意识。

---

① 刘安：《淮南子·主术训》。
② 张载：《正蒙·乾称篇》。

第 四 章
中华美学主要传统

中华民族在有文字记载的长达 3000 年的文明史中，创造了本民族的审美传统，这种传统概括来说，主要有七：乐天忧世、崇阳恋阴、尚贵羡仙、自然至美、中和之美、寓教于美和积极浪漫。我们知道，中国古代的哲学体系内部分化是不够的，宇宙观与人生观是统一的，认识论、伦理观、审美观也是统一的，故而中华民族的这些传统，并不是单独地以审美方式存在，而是以整体的人生观面貌出现的，因而也可以说，中华民族的哲学观整个地具有美学意味。

第一节 乐天忧世

中华民族对于人生的态度，在乐与忧之间。乐的是天，忧的是世。关于乐天，《周易·系辞上传》说得很清楚："乐天知命，故不忧。"这里，讲的"天"，为天道即自然规律，或可表达为天然；"命"，指命数，命数是天道于生命的决定性，用"数"，强调这种决定的精准性。《易传》这里表达的思想，与道家的"道法自然"是相一致的。按照这种理论，天地万物包括人在内，都有其自身的不以人的意志为转移的运动规律，人如果能从宏观的角度理解这种伟大的天然，将自己的全部活动纳入宇宙的天然之中去，就"吉"，

"无不利"，即使有困难，有危险，也能"厉，无咎"。

人生事业，不外乎进退、动静、健顺两大维度，《周易》打头的两个卦，乾卦与坤卦分别表达这两种人生态度，乾为进、动、健，坤为退、静、顺，虽然具体态度迥异，但都符合事物本性。《乾卦·象传》云："乾道变化，各正性命。"坤也如此，《坤卦·文言》云："坤至柔而动也刚，至静而德方。后得主而有常，含万物而化光。坤道其顺乎！承天而时行。"乾道"御天"而行；坤道承天而动，都以天命为正。

"天命"在《周易》中也用"时"来表示，《周易·系辞上传》提出"时行则行，时止则止，与时偕行"的观念。"与时偕行"即与"天"同行。与天同行，那就是"得正"。"正"，用今天的话来说，就是规律，得正，就是按规律办事。能按规律办事，事情就能办成，事情办成，其效为善，也为美。《坤卦·文言》说："君子黄中通理，正位居体，美在其中，畅于四支，发于事业，美之至也。"这里说的"通理"，通的是宇宙的根本规律，所谓"正位"，即选取与自己的本性相适合的位置。

按中国哲学，天既然被理解成天然，也就可以理解成本性。天即性。宇宙万物各有其性，也各有其天。天、性决定了每一物在宇宙的大世界中所应做的，所能做的，这就是命。命由性出，性由天定。

《庄子·马蹄篇》提出"天放"的概念。天放，放的是天，也是天使之放。庄子反对伯乐相马的做法，认为那种给马套上笼头、钉上马掌、配上鞍辔的种种做法，都是对马的伤害。而让马没有任何羁绊，自由驰骋，才是天放，那才是美。

合乎本性的生存，似是最低的生存方式，却也是最高的生存方式。说是最低，因为从逻辑上讲，这要求并不高，难道鸟不应该在天空飞翔，鱼不应该在水里遨游，马不应该在大地奔驰？当然，应该这样，但是，在实际上要做到这一点，有时并不容易。一国之君的鲁王不就将海鸟当作神供在庙堂上，并按照人的方式养它吗？最后，竟然让海鸟被那种只有在人看来是美妙的音乐给吓死了。

人理所当然应按照人性的方式生存，但是，只要深入地考察人的现实生存方式，又有多少人真正做到了按照人的本性生活？源律禅师问大珠慧海禅师"如何用功"，慧海的回答竟然是"饥来吃饭，困来即眠"。源律说，一切人都是这样的，且与和尚用功有什么区别？慧海说：一般人该吃饭时，不肯吃饭，百种思索；该睡觉时，不肯睡觉，千般计较。所以不同。[①]吃饭、睡觉这样的小事，都难以做到随顺自然，依乎天性，其他的事就更难说了。

《易传》《庄子》说的"天"指自然之天，人能以合乎人的自然天性的方式生活着，怎么能不快乐呢？这当然是一种美的享受了。

先秦儒家也讲"天"，不过，这种"天"更多的是神性，孔子说："获罪于天，无所祷也。"孔子的学生子夏说："死生由命，富贵在天。"这两处说的"天"都有神的意味。虽然，孔子承认有一种体现为神的意旨的"天"在，但是他并不把主要的精力放在如何体会神的意图上，他更重视的是如何在实际生活中体现"仁"与"礼"。在他看来，仁与礼其实是合乎天意的。他在遭到宋国司马桓魋围困时说"天生德于予，桓魋其如予何？"孔子说的德，当然是指他身体力行的仁与礼。这种品德，在他看来，是上天赐予的。

什么是孔子的快乐？孔子的快乐较庄子复杂，他说："饭疏食，饮水，曲肱而枕之，乐亦在其中矣。不义而富且贵，于我如浮云。"这里说的乐，内涵丰富。"饭疏食，饮水"这种贫寒的生活本身当然不值得乐，所谓"乐在其中"不是指这种生活本身，而是指在这种生活中仍然坚持体仁践礼。也就是说，乐，不在贫，而是在安贫；安的也不在贫，而是在贫中坚守的仁与礼。这样，孔子说的"天"实际是人意，当然不是一般的人意，而是圣人之意，亦即道。

中国先秦的儒道文化后来的发展是两者的合流，这样，中国传统文化说的"天"就以自然之天为本，而又融会了神明之天、人伦之天；天意就这样成为自然之意、神明之意、圣人之意的统一体。中国哲学所推崇的"天人合一"就是这样的统一。当然，这种统一，只是精神上的，不是实践上的。

① 参见《五灯会元·卷第三·大珠慧海禅师》。

在中国人看来，只要精神上做到"上下与天地同流"，就是天人合一。天人合一的快乐是最高的快乐。《乐记》云："大乐与天地同和。""与天和者谓之天乐。"

先秦以后的中国知识分子，在探讨人生快乐时，不同情况地将最高的快乐归属于"天人合一"。陶渊明自称"乐乎天命复奚疑"，以物我两忘的态度，尽情欣赏自然山水：或采菊于东篱，或凝眸于南山，或对话于飞鸟。至于死，他以达观的态度看待之，说是"死去何足道，托体同山阿"。苏轼在《赤壁赋》中也深入地探讨了"天人合一"的快乐，他认为，像水与月这样的自然物是无穷无尽的，"盖将自其变者而观之，则天地曾不能一瞬；自其不变者而观之，则物与我皆无尽也。而又何羡乎？"既然如此，因人生短暂而悲哀其实是不必的。他对他的朋友说，"且夫天地之间，物各有主，苟非吾之所有，虽一毫而莫取。惟江上之清风与山间之明月，耳得之而为声，目遇之而成色，取之无禁，用之不竭，是造物者之无尽藏也，而吾与子所共适。"这就是说，只有徜徉于大自然之间，与天地共享生命才是最大的快乐。

虽然中国传统文化强调以"乐天知命"的态度对待生活，但并不是一味讲"乐"，不讲"忧"的。实际上，中国传统文化中讲"忧"多于讲"乐"。拿中国最古老的哲学著作《周易》来说，虽然《系辞上传》说"乐天知命故不忧"，但《系辞下传》又说："作易者其有忧患乎？"只要稍许深入地阅读《周易》六十四卦，则不难发现，这本占筮之作，自始至终谈得最多的是如何避凶趋吉，居安思危。我们读《周易》感到耳旁有两种声音，一是号角，二是警钟。两种声音相较，警钟之声更是惊心动魄。

《周易》理念的核心是"变"。一切皆变，物极必反。事物坏到极点，有可能转向好的方面；事物好到极点，也有可能转向坏的方面！否极可以泰来，泰极也可以否来。故处困当发愤，居安必思危。六十四卦排在最后的一卦不是表示成功的"既济"卦，而是表示没有成功的"未济"卦。这种排列，绝非出于形式上的考虑，而是有着极为深刻的哲理。也许正是因为这个世界没有完善的"既济"，而只有不完善的"未济"，我们才更应该努力，永不懈怠地努力。而且正是因为一切都在变动着，既没有永久的成功，也没有永久的失败。正是因为一切都有可能，我们更应警惕！《系辞下传》说："子曰：危者，安其位者也，亡者，保其存者也，乱者，有其治者也。是故君子安不忘危，存不忘亡，治不忘乱，是以身安而国家可保也。"《易》曰："其亡其亡，系于苞桑。"从总体上讲，《周易》的主题是警惧存忧。

《老子》强调"反者道之动"，祸与福相伏相依，同样包含有警惧存忧的思想。中国传统文化虽然不乏"自强不息"的洪钟大吕之声，但更多的却是谨慎忧患之音。在这点上，中国的儒道文化是一致的，孔子强调"人无远虑，必有近忧"。

在中国传统文化中，从哲学维度强调人要存忧患之心诚然可贵，但中华文化的忧患观念最为重要的不是忧患的态度，而是忧患的内涵。从儒家的最古老的典籍《礼记》提出"大道之行，天下为公"的思想开始，中国儒家一直弘扬的是这种忧国忧民的传统。战国时，孟子接着《礼记》说"老吾老以及人之老，幼吾幼以及人之幼"，响亮地提出"民为贵，社稷次之，君为轻"。将忧民摆在首要地位。张载接着孟子，将忧患的内容扩大到天地万物，提出"民吾同胞，物吾与也"[①]，明确表示，作为知识分子，其人生意义就在于"为天地立心，为生民立命，为往圣继绝学，为万世开太平"[②]。

正是这种忧患意识，使得中华美学的伦理特色获得一种较为浓重的悲剧情调与崇高气概。中国社会长达几千年，动乱的时间多于太平年月，因而，悲凉兼悲愤的精神可以说渗透中华五千年的文化史。由于中国老百姓的命运紧密地关联到国家政权，而中国五千年来的历史又多是改朝换代式的动乱，因而中华美学中的悲剧情调其具体地体现为"国破山河在，城春草木生"的慨叹。实际的悲剧反映在文学艺术之中，成为中国文学艺术史的主旋律之一。中国美学特有"教化"说、"诗史"说、"兴寄"说，都与中华民族的历史与文化传统有密切关系。

中华民族"乐天知命"的传统在美学并没有表现为优美或者喜剧的形

---

① 张载：《正蒙·乾称篇》。

② 张载：《张子语录》。

式,它更多地作为一种精神渗透在中国人的审美境界中,而且它不仅不与中华民族特有的忧患意识构成对立,而且与之相融合,从而形成一种博大的精神情怀。这种情怀在范仲淹的《岳阳楼记》中表现得最为典型,那就是"先天下之忧而忧,后天下之乐而乐"的天下精神。这种精神所体现的审美形态是复合型的,崇高兼有优美,悲剧兼有喜剧。

乐天忧世,概括了中华美学两大精神:一是天地精神,天地即自然、生命、生态;二是天下精神,天下即社会,国家、世界、人民。天地精神的调值主要是乐与壮,天下精神的调值主要是忧与爱。

第二节　崇阳恋阴

中华文化讲阴阳,阴一般表示母性的、柔性的、退让的、宽容的方向;阳一般表示父性的、刚性的、进取的、坚定的方向。从美学角度看阴,阴体现为秀美,阳体现为壮美。按西方美学体系,阴为优美,阳为崇高。

阴阳所代表的两种方向在中华文化中是统一的,这集中体现在《周易》之中。《周易》作为中华哲学的总源头,其基本点是讲阴阳。从总体倾向来说,《周易》崇阳,阳总是作为打破固有格局的刚健力量,是将事物推向新阶段的积极因素。《周易》的第一卦乾卦是阳刚的颂歌。《彖传》赞美乾:"大哉乾元,万物资始,乃统天。"值得我们注意的是,《周易》崇阳,但是并不贬阴。《周易》的第二卦为坤,坤是纯阴的卦,对于坤卦,《彖传》同样取赞美的态度:"至哉坤元,万物资生,乃顺承天。"

这里,《易经》与《易传》有所区别。仅从《易经》来看,阳与阴的地位无所谓尊卑。

《易传》则有所不同,《系辞上传》说:"天尊地卑,乾坤定矣,卑高以陈,贵贱位矣。"多少含有尊阳卑阴的意思,但是这种意思并不是很强,从《易传》的总的思想倾向来看,它更多地强调阴阳两者缺一不可,"一阴一阳之谓道""阴阳不测之谓神"。

当然,也应该看到,中国传统文化在其发展过程中,的确也出现过尊阳卑阴的说法，具体表现为重男轻女的传统观念。另外，在理念上也有阳为生命力向上的力量因而更值得重视的种种说法。但如果不是只看理论性的文字，而是透入整个文化底蕴，则能发现，中华文化更多地体现出崇阳恋阴的特色。

"崇阳"，更多地体现为一种理性的精神，而"恋阴"更多地体现为一种情感的意味。

从总体上来看，中华文化是在推崇一种积极的阳刚的精神，《周易》将乾卦放在第一位，明显地说明了这一点。乾卦的基本精神，是《象传》所说的"天行健，君子以自强不息"。乾在人类社会生活中，象征父、君、男性。中华文化是一种父权崇拜、君权崇拜、男性崇拜的文化，这种文化在封建宗法社会得到强调。在中国美学上它体现为刚健，这种刚健之美，在西方美学体系中称为"崇高"。

而坤卦，它是纯阴之卦，它集中体现中华民族积极的阴柔精神。在人类社会生活中，象征母、后、女性。中国社会与人类其他民族一样，经历过母系氏族社会，虽然后来进入了父系氏族社会，但母系社会的遗存比较多，加上儒家的孝道观念的影响，在一个家庭中，有背景的、娘家有势力的或者特别能干的女性家长往往有很高的威望与实际的权力。坤卦在美学上体现为阴柔。"其静也翕，其动也辟。"比较乾坤两卦，在情感意味上，对乾，更多的是崇，是敬；对坤，更多的是恋，是爱。这从《文言传》看得清楚：

乾：乾始能以美利天下，不言所利，大矣哉！大矣乾乎！刚健中正，纯粹精也。

坤：君子黄中通理，正位居体，美在其中，而畅于四支，发于事业，美之至也！

中华文化崇阳恋阴的精神在许多方面以不同的形式体现出来。就做人来说，中华文化十分重视节操，这节操关系国家、民族的根本利益，也关系个人的人格尊严，在这样的大事上，中国人不容有些许含糊。孔子的学生曾子说："可以托六尺之孤，可以寄百里之命，临大节而不可夺也——君子人与？君子人也。"这种人将"节"看得比生命更重要。与"节"处于同样地位的是"志"。孔子说："三军可夺帅也，匹夫不可夺志也。""志士仁人，无求生以害仁，有杀生以成仁。"在孔子看来，"志"比"帅"位重要，"仁"比"生"重要。《礼记·檀弓》中那位"不食嗟来之食"的饿者，千古之下让人感叹唏嘘。这方面的事例极多，最著名的有文天祥，抗元失败被俘，忽必烈劝降长达两年，他决计不从，留下"人生自古谁无死，留取丹心照汗青"的名句，从容就义。

重视守志、持节，可以归属于"中道"，"中道"讲"正"。"正"指正确的道德立场。这些都属于大是大非的问题，在这些问题上，中华文化的立场是坚定的，这可以说是"崇阳"。

但是，我们也要看到，中华文化又是最讲"和道"的，孔子的学生有子说："礼之用，和为贵，先王之道斯为美。"以"和"为美，是中华民族美学最为重要的传统。《周易》"中孚"生动地描绘"和道"之美："鸣鹤在阴，其子和之。我有好爵，吾与尔靡之。""和"的核心是"爱人"，仁的核心也是"爱人"。"樊迟问仁，子曰：爱人。""爱"是善的基础，也是美的灵魂。没有爱谈不上善，也谈不上美。

讲"和"必然讲"恕"。"曾子曰：'夫子之道，忠恕而已矣。'""忠"重在诚信，主要用于自己人；"恕"重在宽厚，主要用于自己的对手。"恕"道最为看重的是"己所不欲，勿施于人"。在"德""怨"的问题上，儒家既讲德怨分明，主张以德报德，以怨报怨，同时又主张"以直报怨""以德报怨"。"忠"也好，"恕"也好，共同目的是实现"和"。

对人讲"和"，讲"忠"，讲"恕"；对自己，则要讲"谦"。谦虚是中华民族非常看重的美德，《周易》中专设谦卦，讨论谦虚的问题。"和""忠""恕""谦"都含有浓郁的人情味，都体现出让、退、柔这方面的意思，因此，这方面的思想可以说是"恋阴"。

中国的韵文学中，往往诗与词对举，在功能上，诗言志，重视"兴寄"；词道情，"兴寄"有否无关紧要。所以向来有"诗庄词媚"之说。套用阴阳，则诗为阳，词为阴。唐宋诗人，往往是既写诗又写词，他们的诗词往往是两种不同的风格，以欧阳修最为明显。欧阳修的诗刚健朴实，风劲骨健；而其词则一副女孩情态,极尽柔媚。

中国的文化往往是两两结成对子,其中之一更多地体现为阳,另一则体现为阴。阳阴不是固定的,比如,男女相对,男为阳,女为阴,但如果女为主人,男为仆人,则主人为阳,仆人为阴。儒家文化与道家文化结成对子,一般来说,儒家为阳,道家为阴。先秦战国时期,治国有王道、霸道之分,王道尚礼,霸道尚武,这样,王道为阴,霸道为阳。

中华文化总的倾向是崇阳恋阴,但由于多种原因,这种崇阳恋阴是不均衡的,其中,崇阳的一面不及恋阴的一面,因而中华文化在总体上又偏于阴柔。这是一种更多地偏向阴性的文化。

说中华文化更多的是偏向阴性的文化,主要从中华文化的两大主流学派儒家与道家的倾向体现出来。儒,作为中国最早的知识分子,其主要工作——一是祭祀,另是卜筮。从孔子开始,则又从事教育、国家行政管理等工作。儒家,作为一个学派,是由孔子创立的,孔子创立的儒家学派,其基本纲领是以爱待人,以德治国。这种思想后来发展为王道,与霸道相对立。王道尚文,霸道尚武。这是两种不同的治国方略,在先秦,两者的斗争十分激烈,最后还是霸道取得胜利,秦就是凭借武力统一了中国的,但是,暴秦将夺取天下的手段用来统治天下,以至于很快失去天下。汉代统治者吸取了暴秦的教训,与民休息,开初采用黄老之术治国,后来独尊儒术,此后的中国社会基本上都以儒家为正统,重伦理道德,不主张动辄诉诸武力。

中国文化偏向阴性,与儒家文化以伦理为本位有重要关系,伦理,从总体上来讲,关注社会的和谐发展远超过关注个人的自由发展。既然将社会和谐放在首要地位,必然要强调友爱,谦让、宽厚。孔子概括自己的学说,认为"恕道"最为重要。中国的另一主流文化——道家,更是偏于阴性的文化。道家崇尚自然的思想,没有能够向着征服自然的方向发展,而是向着顺应自然的方向发展,它不是引导人们去与自然抗争,而是以效法自然,与自然合一的模式求得精神上的自由与舒畅。道家主柔,主让,主退,在人生哲学上,主张超越功利,同于大通,在治国问题上,则主张无为而治。道家认为兵者为凶器,与儒家一样,也反对用战争解决社会问题。

这种文化对中华美学有着深层次的全局性的影响。在中华审美文化中，体现阴柔品格的审美理想占据主流的地位。首先，在美学理论上，由老子提出的作为宇宙本体的"道"是美之本，而这"道"，它的最基本的性质是什么呢？是阴。老子将它比作"玄牝"。审美，就其本质来说，是味"道"。"道"虽然由"有"与"无"两个不同的层面构成，但"无"比"有"更为根本。"有"通向"无"，"无"生出"有"。"有"是实，"无"是虚，"有"是秀，"无"是隐。既然审美意象应是"道"的形式，那么审美也就是从"有"体会出"无"，从"实"体会出"虚"，从"秀"体会出"隐"。无、虚、隐，作为"道"的更为基础的层面，它就显得比有、实、秀更为重要，于是中华美学特别重视含蓄，象外之象、味外之旨就成了中华美学最高范畴——境界的最为重要的品格。

与之相关，中华文化在审美理想上，体现出尚力恋韵的特色。力，在中华美学中含义很丰富，它与"气""骨"这样一些概念互训，基本意义指刚健质朴的生命活力，所涉及作品内容则多指儒家的积极入世的人生态度。中国人对文学艺术的要求无疑是尚"力"的。但是，在实际上的审美品赏中，中国人对于"韵"似是更为重视。"韵"与"力"不是完全对立的概念，也就是说它们可以互相包容，但是，相比较而言，韵似是更多地偏向人的情感意味，指生命力中的那种内敛的柔韧。宋代范温论韵说是"有余意之谓韵。尝闻之撞钟，大声已去，余音复来，悠扬宛转，声外之声，其是之谓矣。"并认为"韵者，美之极"①。这种观点比较有代表性。

除了在美学理论上体现出偏于阴柔外，在审美现象上，从总体来看，阴柔美也更受到中国人的欢迎。日与月、山与水、男与女，这一对对审美对象，大体上说来，前者的审美品格为阳，后者的审美品格为阴。中华文化对这三组审美的对象的态度明显地见出崇阳恋阴的区别。而且在实际的审美生活中，更偏爱于后者。

中国人对待诗词的态度也能说明问题。中国向来有诗庄词媚一说，诗

---

① 范温:《潜溪诗眼》。

按照儒家的传统，是崇言志的，要求有寄托，诗如果一味地风花雪月，就比较成问题，特别是当那种绮丽柔靡之风成为时尚就成大问题了。初唐的陈子昂，不就是感于六朝的诗"彩丽竞繁，而兴寄都绝"才振臂高呼的吗？他称赞东方左史虬的诗"骨气端翔，音情顿挫，光英朗练，有金石声"①，认为这样的诗才是好诗，是真正的诗。词号称"诗余"，对于它，则从来没有强调过言志、兴寄，它的主要功能是"曲尽人情""聊佐清欢"，实际上，词的题材多为风花雪月，儿女情怀。北宋的苏轼一改词的传统做法，以诗入词，创豪放词派，陈师道批评他"要非本色"②，李清照坚持词"别是一家"，与诗不同。那么，词的本色是什么呢？是婉约。这点，明代的张綖说："词体大略有二：一体婉约，一体豪放。婉约者欲其词调蕴藉，豪放者欲其气象恢宏，然亦存乎其人，如秦少游之作多是婉约，苏子瞻之作多是豪放。大约词体以婉约为宗"。③

中华美学的崇阳恋阴情结，充分体现中华民敬天亦尊地、重理亦尚情、重进取亦贵守成的阴阳和谐观念，它在美学上的突出体现则是刚柔相济。

第三节　尚贵羡仙

尚贵羡仙是中华文化的又一传统。贵，意味着入世，升官，发财；仙，意味着出世，退隐，自由。显然，前一种思想更多地与儒家思想相联系，后一种思想则更多地与道家思想相联系。这种文化传统之所以具有美学的意义，也可以看作一种美学传统，是因为它是两种不同的快乐，体现出两种不同的审美理想。

按照儒家的人生观，人生在世，应该为国家、为社会作出贡献，具体说来就是做官。因为只有做官才有可能借助君主的力量，实现造福天下兼光宗耀祖的人生理想，儒家知识分子无不是这样做的，他们通过各种方式，包

---

① 陈子昂：《与东方左史虬咏修竹篇序》。
② 陈师道：《后山诗话》。
③ 张綖：《诗余图谱》。

括权臣举荐、国家科举,特别是科举,以获得最高统治者的青睐,以挤进为官者的行列。在中国封建社会,做上官,就意味着富贵。这种在为国为民的事业中同时也实现了自己的快乐虽然并不等同审美的愉快,却可以转化为审美的快乐。为周公所初创,又经历代统治者及其御用知识分子完善的礼制,逐渐内化为人的审美心理,进入审美理想。那些能体现高贵地位的形式都被看成美的体现,成为人们崇敬进而爱慕的对象。由于统治阶级的思想即是统治的思想,统治阶级的这种审美观也就影响到普通百姓。在中国封建社会最能见出以富贵为美的审美现象则是对红、黄等颜色的尊重,因为这些颜色代表着富贵。到清代,统治者以繁复为美,宫殿的画栋雕梁不消说,即使日常生活用的家具,也无不雕刻上各种吉祥图案,且越烦琐、越精细越好。这种审美观影响着整个社会的审美风尚。

在先秦,与儒家的治国思想相对的是道家思想,道家主出世的人生观,这种出世不是无奈的被动,而是一种自主的选择。在道家看来,儒家讲仁,讲爱,虽然也不错,但不是人性的最高的追求。"泉涸,鱼相与处于陆,相响以湿,相濡以沫,不如相忘于江湖",同样,"与其誉尧而非桀也,不如两忘而化其道。"那要怎样才能救得了天下?按老子的理论是"法自然",即每个人都回归自然本性。怎样回归自然本性?庄子提出"坐忘""堕肢体,黜聪明。离形去知,同于大通。"即由社会人回归到自然人。当然,人不可能真正回归自然,但是,可以在两种意义上实现这种回归,一是在精神上实现对社会的超越,不再以功名利禄为念;二是走向自然山水,与最能体现自然精神的自然界为伍,徜徉于山水之间,啸傲云烟,即所谓的"出世",欧阳修说的山水之乐就来自于此。

在先秦,儒家其实也不是一味地入世,孔子说:"道不行,乘桴浮于海。"也就是出世,不过,在儒家,只是在"道不行"时才这样做的,这是一种被动的撤退。孔子在与学生言志时,赞赏曾点的"浴乎沂,风乎舞雩,咏而归"的人生理想,说明他也重视山水之乐,不过,儒家的山水之乐,更多地体现为对不仁义的富贵生活的对抗。孔子说:"饭疏食,饮水,曲肱而枕之,乐亦在其中矣。不义而富且贵,于我如浮云。"

中国的知识分子，自先秦以后，纯粹的儒家与道家不多，即使是出家做了道士的知识分子，也多少有着儒家的思想，因此，欧阳修说的两种乐通常是兼着的。通常的情况是：达则兼济天下，穷则独善其身。兼济天下时，享受着富贵者之乐；独善其身时，享受着山林者之乐。

山林者之乐的享受者主要为隐士，中国周代伯夷、叔齐、秦朝商山四皓，他们都是隐士。先秦著作《论语》《孟子》《庄子》中都有关于隐士的记载。隐士寄身于山林，他们是不是快乐，倒不一定，但至少避开了社会的凶险，在动乱的时代仍然不失为士人的一种人生理想。隐士中的人物，有两类：一类是假隐士，身在山林，"心存魏阙"，如孔稚珪《北山移文》中所痛斥的周颙，他们大概不太可能真正感受山林之乐的。另一类则是真隐士，最有名的是东汉的严子陵。他是坚决不去做官的，范仲淹称颂他品德是"云山苍苍，江水泱泱"。应该说，他们才是山水的真知音。还有一类则是出入于隐与非隐之间的，如李白。他的人生宗旨是："人生在世不称意，明朝散发弄扁舟。"称意则是富贵者之乐，不称意则是山林者之乐。

汉代道教兴起，人们逐渐将隐士与道术联系起来，那就是说，做隐士不仅可以躲避社会凶险，而且可以兼治道术。汉代著名道士葛洪视山林隐逸为修仙的必经之路，他说："故山林养性之家，遗俗得意之徒。"在山林中，"遐栖幽遁，韬鳞掩藻，遏欲视之目，遣损明之色，杜思音之耳，远乱听之声，涤除玄览，守雌抱一，专气致柔，镇以恬素，遣欢戚之邪情，外得失之荣辱，割厚生之腊毒，谧多言于枢机，反听而后闻彻，内视而后见无朕，养灵根于冥钧，除诱慕于接物，削斥浅务，御以愉慢，为乎无为，以全天理尔。"① 隐士好仙，修的是方术和长寿术，当然，真正的仙是没有的，但确有经过修炼而长寿的人，当然，他们被神化、美化了。道教初创时，融进了一些神仙方术，神仙方术借宗教成为信仰的对象，它的真实性就不容置疑了。各种神仙的故事在中国社会广泛传播，绘形绘色，极大地影响了中国人的审美观。

---

① 葛洪：《抱朴子·至理》。

　　流传在人们生活中的仙，其特点是：他们是人，又不是人。他们仍然生活在人世间，虽然他不是官，没有为官的那份荣耀与尊严，但法力无边，因而也受到世人的尊敬甚至畏惧。也就是说，他享受着类似"富贵者之乐"的那份快乐，但是，他没有任何人世间的烦恼，因为他超越了人世间所有束缚，甚至所有的凡人都不可能打破的生死大劫。仙人的生活场所，不是在彼岸世界，而就在此岸世界，他们主要的生活场所在自然界，在天空，在水底，在山林……但可以自由地出入人类社会的各种场所。

　　中国民间盛传的"八仙"的故事，寄托着中华民族的人生理想，这是极为美丽的人生理想。八仙全出身于人间，有的出身官宦人家，且贵为国舅；有的出身草莽，为极普通的樵夫，甚至乞丐。他们成仙后，仍然活动在人间，与凡人杂处。只是有时突然显现出惊人的本领。所以，在中国，几乎所有的人都渴求成仙。中国的神仙没有严密的谱系，几乎任何东西都可以成仙。神仙世界全面的人间化和神仙生活的全面世俗化，让成仙变得极难又极易，极难是因为即使用尽一生心血，历经千辛万苦，也未必能遇仙，成仙；极易，因为有时凭一个偶然的机缘，就得道成仙了。

　　所以，仙人实是超人，这种超人式的仙界，是一种让人可慕、可近、可亲甚至在幻觉中可触然而实际上又不可及的彼岸世界，一种无比美妙的审美境界。

　　佛教传入中国后，经历了一个漫长的中国化的过程，至禅宗的出现，佛教的中国化始告完成，禅宗是一种融合佛学与庄学的宗教理论，或者说，是庄学化的佛教理论，正如上面所说到的，中国的知识分子都具有儒道的两重性，因此，一般来说，对于庄学都有着浓厚的兴趣。庄学是中国神仙学的重要源头之一，从羡庄到羡仙，这是十分自然的过程，从某种意义上说，庄就是仙。由于禅宗的理论实是佛学的庄学化，因此，中国人很自然地将佛教的菩萨都看成是神仙。成仙与成佛被看成是一回事。所不同的是，在中国固有的神仙理论中，神仙的生活只是中国人的一种理想，而在禅宗理论中，这种类似于神仙的生活则现实地化为禅僧的生活。

　　禅僧们的生活是怎样的一种生活呢？临济慧照禅师说："道流佛法无用

功处，只是平常无事，屙屎送尿，着衣吃饭，困来即眠。"① 且禅寺多建在风景极佳处，所以禅僧们得以更为充分地欣赏自然山水之美，这种生活，他们自称为"林下风流"。对于禅宗来说，唯一与世俗生活不同的是心态，就是不能将功名利禄挂在心头，也无须为生活中的种种杂事苦恼，所谓"春有百花秋有月，夏有凉风冬有雪，若无闲事挂心头，便是人间好时节"②。

当然，在禅僧，他们不需劳动，禅寺一般有固定的收入，足可以供应禅僧的日常生活，再者，禅僧也可以四处化缘。禅僧的生活与八仙的生活实在是太相似了。在流传于民间的各种仙佛故事中，禅僧也被仙道化了，他们同样具有类似仙人那样的非凡的本领，创造出许多奇迹。

值得我们重视的是，禅僧这种生活方式对于贵族、知识分子有着极大的吸引力。魏晋南北朝时就有不少王公贵族、士大夫向往佛徒的生活，唐宋明三代，随着佛教中国化的完成到佛教在中国传播达到鼎盛，不少知识分子好读佛经、禅宗语录，热衷于与禅僧交往。尝试过一过禅僧生活竟被视为一种风雅。其中就有苏轼。《东坡志林》载："东坡食肉诵经，或云：'不可诵。'坡取水来漱口，或云：'一碗水如何漱得？'坡云：惭愧，阇黎会得。"③ 按佛教戒律，是不能吃肉的，东坡要诵经，却又要食肉，在他是想兼顾两者。当然，兼顾二者算不上真正的禅宗生活，不过，即使是禅僧也未必全然按照佛教的戒律来生活，那种"手把猪头，口诵净戒，趁出淫房，未还酒债，十字街头，解开布袋"④ 的现象在禅僧中也不时可以见到。其实，禅僧要追求的生活就是"事事无碍，如意自在"，而这，恰好也是神仙生活的宗旨。

"贵"与"仙"体现出中国人审美理想的两个侧面，前一面更多地体现出儒家的人生哲学，后一面则集中地体现了道家、道教与禅宗的人生哲学。它们各自体现出中国入世与出世的审美观。

---

① 《临济慧照禅师语录》，见《古尊宿语录》卷四。
② 《无门关》。
③ 《诵经帖》，见《东坡志林》卷二。
④ 《罗湖野录》。

第四节　自然至美

什么是最高的美？中国人有着自己独特的看法。这种看法，也可以从先秦儒家和道家的哲学谈起。

先秦儒家的创始人孔子没有明确地谈到最高美的问题，但是，他的有关论述，仍然可以用来分析。首先，孔子是强调做人一定要行"仁"守"礼"。"仁"与"礼"可以理解成"善"，完全做到行仁与守礼的人，可以叫作"善人"。孔子说："善人为邦百年，亦可以胜残去杀矣，诚哉是言也。"所谓"胜残去杀"就是行仁守礼。"为邦百年"是说国家长治久安。那么，善人易不易做呢？既难又易，难就难在人们不愿做，孔子说"吾未见好德如好色者也"（《论语·子罕》），但又可以说易做，孔子说"我欲仁，斯仁至矣"。关键是愿不愿成就自己。孔子试图通过仁、礼、乐包括六艺等多种手段造就善人人格。那么，他是不是认为善人人格就是最美的呢？他没有说，但是，孔子在与他的学生们讨论人生理想时透露了一些重要信息。一日，孔子与子路、曾皙、冉有、公西华在一起聊天，孔子让他的学生各自谈谈自己的志愿。子路的志愿是治好一个千乘之国，冉有则说他可以让一个六七十平方公里的小国的人民富足，公西华比较谦虚，说他只能做一个称职的宗庙祭祀中的礼仪官。这三个学生说的人生理想虽然有异，但都属于行仁守礼则无疑。但孔子不是太欣赏。他对子路的志向"哂之"，对冉有、公西华的志向没有表态。曾皙是在座的最后言志者，他的人生理想是"莫春者，春服既成，冠者五六人，童子六七人，浴乎沂，风乎舞雩，咏而归"。这明显的是一种审美生活，而且是对自然的审美生活。按说，一生推崇行仁守礼，志在天下太平的孔子不会太欣赏这种生活，然而孔子却"喟然叹曰：吾与点也！"孔子独赞赏曾皙（曾点）这种对自然的审美生活，将它置于子路、冉有、公西华的人生理想之上，这说明，孔子虽然主张行仁守礼，却不把它当作人生理想，并不把它当作人生的最高快乐。孔子虽然主张善，有时也将善与美等同起来，视善为美，但善不是美。"子谓《韶》：'尽美矣，又尽善也。'谓《武》：'尽美矣，未尽善也。'"美与善有相合之处，但美有它的独立价值。人性向善，人性更向美。孔子说："吾未见好德如好色者也。"

　　美之中，孔子虽然重视社会美，喜爱艺术美，却视自然美为人生最高的快乐。虽然这里说的"自然"不能等同于道家说的自然，但与道家说的自然不相矛盾。道家说的"自然"，我们将它解释成"自然而然"，即天然，它与人工相对，天然最集中地体现在自然界是无可怀疑的，故道家的自然也可以说有二义，一是天然，自然而然，二是自然界。老子说："人法地，地法天，天法道，道法自然。"其实，"道"就是"天"，"天"就是自然。老子没有说美在自然，但他显然是承认这一思想的。庄子则明确说："天地有大美"，天地为何有大美？因为天地最自然。故自然至美，我们可以理解成二义：一是天然至美，二是自然界有最高的美，或者说自然美最美。

　　道家的"天地有大美"思想到魏晋时代，得到进一步的阐发。魏晋玄学崇尚自然。本来，老子在谈自然时，提出"朴"的概念，"朴"相比于自然，是一个比较具有美学意味的概念，朴的本质是自然，是本色。自然与人工相对，本色与修饰相对。通常将"华"看成是"修饰"的产物，王弼将这一思想提炼为"大美配天而华不作"[①]。无华，则本色；无华，则平淡。本来，老子也用"淡而无味"来说明"道"即自然的性质。

　　在魏晋南北朝时代，经玄学家们鼓吹"大美无华"之后，则又生发出"自然英发"与"铺锦列绣"两种不同的审美理想之争。南北朝时钟嵘引用汤惠休的话："谢诗如芙蓉出水，颜诗如错彩镂金。"表示不欣赏"错彩镂金"，独推崇"芙蓉出水"。其原因在于"错彩镂金"这种美人工雕琢味很浓，失去了自然本色；而"芙蓉出水"这种美清新自然。刘勰在《文心雕龙》中提出"雕削取巧，虽美非秀矣，故自然会妙"。与钟嵘的思想一脉相承。由老、庄筑基，又经王弼、钟嵘、刘勰阐发、推崇，"自然会妙"成为中华民族重要的审美传统。"清水出芙蓉"之美在李白的诗歌中得到完美的体现，李白以其天才的创造在中国诗坛上筑就的无可替代的第一提琴手的地位，将"自

---

① 　王弼：《老子道德经注·三十八章》。

然会妙"这一美学主张提到中华民族审美理想的高度。

其后的发展，则又有"平淡"为最高美的观点，这一思想最为重要的提出者是苏轼。苏轼说："发纤秾于简古，寄至味于澹淡。"① 又说："渐老渐熟，乃造平淡。"这平淡"其实不是平淡，绚烂之极也"②。"平淡"作为人工美的极致，相当于"百炼钢化为绕指柔"。它不仅与绚丽不相矛盾，而且正是由绚丽转化而来。由绚丽转化而来的平淡，淡而有味，淡而有致，似淡非淡，它是人工接近天工的标志。在道家看来，平淡是"自然"存在的状态，相对于人工，它应是"天工"。既是天工，也就是自然之工，既是自然之工，也就无工。这无工之工，才是至工。

值得我们高度注意的是，苏轼在强调平淡乃"绚丽之极"之后，又将它与司空图的"美常在咸酸之外"联系起来，他说："唐末司空图崎岖兵乱之间，而诗文高雅，犹有承平之遗风。其论诗曰：'梅止于酸，盐止于咸，饮食不可无盐梅，而其美常在咸酸之处。'盖自列其诗之有得于文字之表者二十四韵，恨当时不识其妙。于三复其言而悲之。"③ 苏轼为什么如此推崇司空图的"美常在咸酸之外"呢？原来，像梅只是一种酸味，盐只是一种咸味，那是谈不上至味的，只有超出酸味、咸味而又涵盖了酸味、咸味的味才是"至味"。这至味，不再是某种具体味的味。那只能说是"淡味"，或者说"无味"。扬雄说"大味必淡"（扬雄：《太玄集》）。这让我们想到了老子，老子说过，道"淡乎其无味"。"淡乎其无味"，自然是"平淡"了。原来，"平淡"之所以是"至味"，根本的，乃因为"平淡"是"道"的品质。司空图说："盖绝句之作，本于诣极，此外千变万状，不知所以神而自神也，岂容易哉？今足下之诗，时辈固有难色，倘复以全美为工，即知味外之旨矣。"④ 这说得很清楚，只有知"味外之旨"，才能得"全美"，这里的"全美"，也就是至美。而"味外之旨"就是大味，就是平淡。

---

① 苏轼：《书黄子思诗集后》。
② 苏轼：《与侄论文书》。
③ 苏轼：《书黄子思诗集后》。
④ 司空图：《与李生论诗书》。

到宋代，关于艺术品评，有黄休复的"逸格"说产生。黄休复将画的审美品格分成"逸""神""妙""能"四格，其中"逸格"最高，所谓逸格，最根本的性质乃是"得之自然，莫可楷模，出于意表"（黄休复：《益州吊画录》）。以前评画，向来以"传神"为最高，"逸格"说一出，将"传神"比下去了。其实，传神中也含"得之自然"的意思，只是不如"逸格"对"自然"如此地强调。

自然至美说对中国的艺术观产生深远而且巨大的影响。这种影响直接导致了中国文人画的产生与发展，中国艺术中强调写意，强调空灵，强调恬淡，全都可以追溯到这里。

虽然"自然至美"说中的"自然"是指一种审美品格，不是指自然界，但是中国哲学中作为哲学范畴的"自然"与作为物质存在的"自然界"实是不可分的，而且，作为道的基本品格的自然，只是在自然界中才得到充分的集中的体现。刘勰说："日月叠壁，以垂丽天之象，山川焕绮，以铺理地之形，此盖道之文也。"① 既如此，"云霞雕色，有逾画工之妙；草木贲华，无待锦匠之奇，夫岂外饰，盖自然耳。"② 所以，自然美也被中华民族看成较艺术美更高的美。通常对艺术美的比喻是"巧夺天工"。李贽说：《拜月》《西厢》，化工也，《琵琶》，画工也。夫所谓画工者，以其能夺天地之化工也，而其孰知天地之无工乎？今夫天之所生，地之所长，百卉具在，人见而爱之矣，至觅其工，了不可得，岂其智固不能得之与！"③ 李贽这里说的"天之所生，地之所长，百卉具在"就是自然界，他认为，不管《拜月》《西厢》所创造的境界如何美，还是美不过自然界。也正因为如此，中国艺术创作，特别强调以自然造化为师，明代画家董其昌云："读万卷书，行万里路，胸中脱去尘浊，自然丘壑内营，立成鄞鄂，随手写出，皆为山水传神矣。"④

在中国，早在魏晋南北朝时期（220—589），自然山水美就得到足够的重视，陶弘景《答谢中书书》云："山川之美，古来共谈。高峰入云，清流见底。

---

① 刘勰：《文心雕龙·原道》。
② 刘勰：《文心雕龙·原道》。
③ 李贽：《焚书·杂述·杂说》。
④ 董其昌：《画禅室随笔·画诀》。

两岸石壁，五色交辉。青林翠竹，四时俱备。晓雾将歇，猿鸟乱鸣。夕日欲颓，沉鳞竞跃。实是欲界之仙都。""山川之美，古来共谈"说明对自然山水美的认同，早就有了。所谓"欲界之仙都"，强调自然山水之美远胜于社会生活中的美，是最高的美。事实上，魏晋南北朝时期，自然山水的旅游已蔚为风气，在此基础上，产生了山水诗与山水画。此后这两种艺术形式发展态势一直很好，分别成为诗与画的主流。

而在西方，情况完全不同。古希腊艺术以人为表现为中心，审美欣赏以人为主要对象。古希腊人不认为自然会比社会给予人更多的知识。柏拉图的《斐德若》中记载有苏格拉底和他的学生斐德若散步的故事。苏格拉底为郊外的风景所迷醉，显得非常兴奋，斐德若问："您从未出过城门吗？"苏格拉底说："确实如此，我亲爱的朋友，我希望你知道了其中的缘故后会谅解我。因为我是一个好学的人，而田园草木不能让我学得什么，能让我学得一些东西的是居住在这个城市的人民。"[1] 这个故事给人的启示是深刻的，它说明在古希腊，自然界并没有很高的认识价值。而孔子在谈《诗经》时说读《诗》可以"多识鸟兽草木之名"，说明在孔子的心目中，自然界的知识还是很重要的。

西方人对自然美的发现比中国人晚得多。1336 年 4 月 26 日，意大利诗人佩脱拉克（Petrarch，1304—1374）登上了芬涛克斯山（Mount Ventoux）。此举在西方艺术史上被认为是一件大事。即便如此，从佩脱拉克写给老师的信中看，他登上此山后，也不是沉醉在自然风光之中，而是打开圣奥古斯丁的《忏悔录》，希望在自然中找回自己的灵魂。所以，此举还谈不上真正的审美。据说在拜伦（1788—1823）的《哈罗德游记》问世之前，从来不曾歌颂过大海的美，也很少有人去游览威尼斯。[2] 至于风景画，据艺术史家丹纳的说法："真正的风景画师是由荷兰画家创始的，在他们手中，风景才不仅为人物画历史画宗教画作背景而独立。"荷兰画产生于 17 世纪，

---

① 转引自恩斯特·卡西尔：《人论》，上海译文出版社 1985 年版，第 5 页。
② 据朱光潜：《西方美学史》下册，人民文学出版社 1979 年版，第 728 页。

距今不过 300 来年，而中国目前存世的山水画为展子虔的《游春图》，它产生于隋代，距今 1000 多年了。直到近代的浪漫主义文化思潮，西方人才真正开始重视自然山水美。

中国与西方在对待自然美问题上的差异，在很大程度上取决于它们不同的哲学体系。西方哲学持主客两分立场，重视人的主体地位。西方美学向来重视的是艺术美，因为艺术美是人工的产物，按黑格尔的看法："艺术美高于自然，因为艺术美是由心灵产生和再生的美，心灵和它的产品比自然和它的现象高多少，艺术美也就比自然美高多少。"① 中国哲学重视天人合一，重视天的主体地位。虽然，天不等于自然，但天主要是自然。天人相副，以人副天，这样，自然的地位就凸显来了。

值得特别指出的是，"自然美"是现代美学的概念，在中国古代，它的概念是"山水美"。山水与自然其实是不同的概念。自然是一个哲学概念，说到自然，总是将它与人相对，自然是自然，人是人。山水是美学概念，说到山水，它总只是指为人所认可所欣赏的那部分自然。山水画所面对的对象，就是这样的自然——山水。所以，郭熙说："世之笃论，谓山水有可行者，有可望者，有可游者，有可居者。画凡至此，皆入妙品。但可行、可望不如可居、可游之为得。"② 这可游可居的自然才是美的山水。当自然成为人居住场所，它就不是一般的自然，它成为人的环境。

西晋亡后，中国进入南北分裂期，在这个时候，人们的自然环境观念出现了新的内涵，出现了两个重要的环境概念：一是"山河"或"河山"；另一是"江山"。《世说新语》首用"江山"概念："袁彦伯为谢安南司马，都下诸人送至濑乡。将别，既自凄惘，叹曰：江山辽落，居然有万里之势！"这里"江山"虽然也指自然环境，但这自然环境显然具有国家疆土的含义。"江山辽落"既是对自然风景的赞美，更是对已经灭亡的故国的赞美。自此之后，这两个概念在文学作品中屡见不鲜。大凡涉及国家主权时，山水这一概念就

---

① 黑格尔：《美学》第一卷，商务印书馆 1979 年版，第 4 页。
② 郭熙：《林泉高致·山水训》。

不太用，而多用"山河""江山"这样的概念。于此，可以见出中华民族的自然环境审美具有深刻的国家主权意识。

概而言之，中华美学的自然至美，包含两重意义：第一，道至美。道为自然，自然为自然而然。自然而然，在艺术风格上的突出表现为清新，为朴素，为平淡。第二，自然物至美，自然物为山水、动植物、云霞风雨等。这两重意义可以统一，在中华哲学看来，最能体现道的其实不是人，而是自然物。因此，按道的真谛而存在的自然物具有至高的美。

第五节　中和为美

"中"的含义很丰富。主要有四义：

其一，为内在。《礼记·中庸》云："喜怒哀乐未发谓之中。"这个"中"就是心中的意思。推而广之，凡内在皆为中。中庸又云："中也者，天下之大本也。"中之所以能成为"大本"，是因为人的心其本为性，性作为人之本又是与宇宙之本道相通的。宇宙之本也可以说为性，性就是本性，天然。作为人，性是人之所以为人的根据；他物也是如此。道作为宇宙之本，就是本然的存在。

其二，为不过。所谓不过，就是不偏。朱熹说"不偏之谓中"。中国哲学讲的"中"，不只是方位上的中间，而是辩证的中，即对立的统一，老子讲"高下相倾，音声相和，前后相随"，又《周易》讲"无平不陂，无往不复"，都是"中"。

其三，合理。在儒家，理即礼，合礼即为合理，也即为中，这个中，又称为正。正为恰当，合适，《周易》讲爻位，有得位一说，所谓得位，为阳爻在阳位，阴爻在阴位。得位为正。按儒家学说，守住礼，立于礼，也就为正，为中。

其四，即为中间，主要是从时空位置上讲的。《周易》讲的中位即为第二爻与第五爻。它们在卦中居中间的位置。尽管字面上是讲中位，但它的含义却通向其他义。如《周易》坤卦，其六五爻，为中位。其爻辞曰："黄裳，元吉。"《象传》解释曰："黄裳，元吉，文在中也。"

以上四说，都具有哲学的含义。它体现了中国哲学心灵本位，辩证观变，道德为根的基本观念。

中在中国美学上的影响是巨大的。主要有两个方面：

一是善为美之魂。这里的善主要指儒家的道德哲学，包括仁、义、礼、诚、忠、孝之类。儒家对此很看重。孔子认为，里仁为美；并认为韶乐之所以高于武乐，就在于它不仅尽美，而且尽善。孟子讲"充实之谓美，充实而有光辉之谓大"。这里的充实，就是道德的充实，也就是善。荀子讲"不全不粹不足为美"。这全与粹，都是讲的善。主善为美之魂，与中的合理义是贴合的。

二是重视含蓄的美。含蓄在中国美学中具有重要的地位。刘勰讲："夫隐之为体，义主文外，秘响旁通，伏采潜发，譬爻象之变互体，川渎之韫珠玉也。"① 此隐即为含蓄。含蓄在中国美学中普遍得到好评，尤其是在宋代，有关言论极多。张表臣说："篇章以含蓄天成为上，破碎雕镂为下。"② 姜夔说："语贵含蓄。……句中有余味，篇中有余意，善之善者也。"③ 含蓄的美首先是一种内在的美，这正与中的内在义相贴合。

最能见出中之美的是《周易》。上面提到《周易》坤卦六五爻。关于此爻的爻辞"黄裳元吉"，朱熹的注解是这样的："黄，中也。裳，下饰。六五以阴居尊，中顺之德，充诸内而见于外，故其象如此。而其占为大善之吉也。……中不忠，不得其色，下不共，不得其饰；事不善，不得其极。"④ 这里，黄为中色，说的是五行中土的颜色，土在五行中为中位，其地位高于其他四行，同样，黄色在色彩也就高于其他色彩。通常黄色只为帝王、佛教所用，也就在于它的尊贵。朱熹重视中的内在义，认为只有充诸内而见于外，才善才美，这种观点来自孟子。另外，朱熹也重视中的合理义，故他又将中训为忠，认为中而不忠，不得其色，并推到善，认为事不善，不得其极。这样，中之美就树起来了。

---

① 刘勰：《文心雕龙·隐秀》。
② 张表臣：《珊瑚钩诗话》卷一。
③ 姜夔：《白石道人诗说》。
④ 朱熹：《周易本义》。

　　和也是中国古代较早出现的一个美学范畴。和是宇宙之根本性质，是宇宙之真、之善、之美的总来源，既然宇宙的真善美都来自和，那么，我们人工的创造，也应效法天地，以和为根本法则。

　　"和"有四义：

　　第一，杂多的统一为和。所谓杂多的统一，强调和不是同一元素的重复。《左传》记晏子与齐侯讨论和，齐侯问和与同是不是一样的，晏子说不是一样的。《国语》也谈到此问题。史伯说："和实生万物，同则不继。以他平他谓之和。故能丰长而物归之。若以同裨同，尽乃弃矣。先王以土与金木水火杂，以成百物。是以和五味以调口，刚四支以卫体，和六律以陪耳，正七体以役心，平八索以成人，建九纪以立纯德，合十数以训百体。"[1] 这里他强调和与同的不同不仅在构成上，而且在功能上，同是没有创生力的，而和则能生万物。宇宙的一切包括人，都是多样的统一，是和而不是同。不仅生命是多种元素的统一，美也是如此，五味作为美味，五声作为美声决不是只一种声音，一种味道，而是多种味道、多种声音的统一。史伯说得很明确："声一无听，物一无文，味一无果，物一不讲。"[2]

　　第二，构成和的多种元素的统一，是诸多对立因素的辩证统一，而不是胡乱的混合。晏子说："先王之济五味，和五声，以平其心，成其政也。声亦如味，一气、二体、三类、四物、五声、六律、七音、八风、九歌，以相成也。清浊、小大、短长、疾除、哀乐、刚柔、迟速、高下、出入、周疏，以相济也。"[3] 这里，晏子强调清浊、小大这样对立因素的关系，对立不仅不能是同一，而且也不能是同类，如深红与浅红。只有对立，才能产生矛盾，激化冲突，才能产生新事物。对立是创造的必须前提，是生命构成的二元基因。

　　第三，和的实现是化合，而不是混合，化合其产物已经不是原来的事物了，而完全是新的事物，因此，这种和是合一。晏子说："和如羹也。"既然如羹，它就不是原物了。在羹中，也许你仍可以品尝出原材料的某种味道，

---

[1] 《国语·郑语》。

[2] 《国语·郑语》。

[3] 《左传·昭公二十年》。

但它绝不是原材料了；也许根本品尝不出原材料的味道，而完全是新的味道。中国哲学与美学很看重"化"。化联缀着很多重要的概念，诸如变化、文化、教化。讲变，要变化，才是真正的变了；讲文，要文化才是真正的文明；讲教，要教化才是真有成效的教育。中国美学最高的范畴为境界，而境界的最高表述为化境。

第四，和要中节。《中庸》说："喜怒哀乐之未发谓之中，发而中节谓之和。"这里虽然谈的是情感之和，但有普遍的意义。人的情感只是抒发出来，还不是和，抒发的情感还要"中节"才是和。这"中节"就是适度。何谓适度，要根据不同的情境去做分析，没有一定的标准。孔子讲《诗经》的品格是"温柔敦厚"，其情感必然中节，所谓"乐而不淫，哀而不伤"。也就是说要在对立的因素之间保持一种弹性的张力。这样，和与中相关了。没有中就没有和。中不仅是和的灵魂、主旨，而且是和实现的前提。

也许因为饮食与音乐在中国最早得到足够重视的缘故，中国古代谈"和"的言论多出于饮食与音乐。上面所引的《左传》谈饮食的和，《尚书·舜典》则谈音乐的和："帝曰：夔，命汝典乐，直而温，宽而栗，刚而无虐，简而无傲，诗言志，歌永言，声依永，律和声。八音克谐，无相夺伦，神人以和。""八音克谐"强调音乐中各种成分的和谐；"无相夺伦"则明确地说此种音乐美之至。

产生于饮食文化与音乐文化中的"和"，后来广泛地用到政治、伦理、哲学上去。和有多种形态。就其最抽象意义上讲，它是阴阳之和。而在实体意义上，以人与物的关系来讲，它主要是天人之和。天人之和体现在美学上则是情景之和。而就人格建构来讲，它主要有情理之和，文质之和，知行之和。而就艺术作品来讲，它又有诸多之和，比如，内容与形式之和，内容中诸多因素之和，形式中诸多因素之和以及艺术风格上诸多对立因素之和。

和在中国美学上的地位极其重要。在中国美学看来，和不仅是宇宙的本体性存在，也是道德的善，还是美学上的美。

和，首先是天人之和。这即是中国哲学所讲的天人合一，它是中国哲学的基本精神，也是中国美学的基本精神。其次是人神之和。虽然中国文化不是十分看重宗教，但中国文化也还是有不少宗教成分。神在中国人的心目中也还是重要的。中国文化讲神，包括祖宗神、去世的圣人，佛教中的菩萨、道教中的神仙，他们是好人的赐福者、保护者，也是坏人的惩罚者。人神的沟通，在中国古代是通过巫术、祭祀实现的，进入文明时代后，巫术衰落，人与神的沟通主要通过心灵上的沟通，祭祀不再是唯一的甚至也不是重要的手段。

天人之和与神人之和常叠合，成为天人合一的两个主要内容，即人与自然的统一、人与神灵的统一。值得指出的是，中国哲学讲的天人合一多是精神上的，而不具实践的意义。

和，体现在人的内在心理结构上，那就是情理相和。和，体现在人的整体修养上，则是内修与外饰相和，即孔子所说的"文质彬彬，然后君子"。

和在美学上的意义更见突出。从审美构成来说，美是和谐。体现在艺术美上，则是情与景、意与象、意与境的和谐。这里，最为基础的是情与景的和谐。刘勰说："登山则情满于山，观海则意溢于海。"① 一方面，情由景而生，另一方面，景因情而美。谢榛说："情景相触而成诗，此作家之常也。""作诗本乎情景，孤不自成，两不相背。""景乃诗之媒，情乃诗之胚，合而为诗"。② 关于情景关系，王夫之说得最透。他说："情景名为二，而实不可离。神于诗者，妙合无垠。巧者则有情中景，景中情。"③ 他提出情语与景语的概念，并指出这二者是不可分的。"不能作景语，又何能作情语邪？"④意与象的和谐，实际就是情与景的和谐。至于意境、境界，其和谐的程度更高。境是意（情与理）所创造的象，此象，虽源自自然，但绝不是自然的映现，而是情意的物化。因此，境较之象更空灵，更生动。不仅是境内中的意与象是统一的、高度和谐的，而且，它通向境外，有限中见出无限。

---

① 　刘勰：《文心雕龙·神思》。
② 　谢榛：《四溟诗话》。
③ 　王夫之：《薑斋诗话》。
④ 　王夫之：《薑斋诗话》。

就审美的过程来说，物我两忘、主客合一是审美的本质性特点。庄子讲的"化蝶""物化""坐忘"都具有审美的意义。

中国美学还将美包括自然美、艺术美、社会美表述成和。"天籁"是自然之和，它是美的。自然的和，是本然之和，不需任何人工的。李贽讲"化工"远胜于"画工"，就在于化工是自然之工，这工虽用"工"来表述，其实是"了无其工"。任何画工哪怕达到了巧夺天工的地步，也不能与化工相比。至于艺术美，必须是和的。

儒家非常重视"和"，孔子的学生有子说："礼之用，和为贵，先王之道，斯为美。"儒家对"和"理论的重要贡献不在于强调和的重要性，而在于它提出"和"必须以"中"来调节。孔子有"中庸"的理论，何为"中庸"？解释很多，一般来说，对于"中"的解释大体差不多，"中"的基本含义是"正"。正，不能只是理解成方位上居中，而要理解为事理上恰到好处。笔者认为，"庸"宜释为"常"，也就是常道，常规。"和"有了"中"与"庸"来调节，这"和"就不一样了。

将和与中合成一个概念是《礼记·中庸》的贡献。《中庸》认为，"中也者，天下之大本也。和也者，天下之大道也。致中和，天地位焉；万物育焉。"位，是秩序的概念，育是生命的概念。正是有了这中和，宇宙才是有序的、和谐的、充满生命的，中和是不可分的，正是因为有中，才能实现对立因素的统一，才能实现和。从宇宙本体来讲，中也可以理解成道，道作为宇宙之本，它是宇宙之和的灵魂，正是以道为本，这宇宙中的万物才是相互关联，相互作用，从而生生不息。《周易》乾卦的《象传》说："大哉乾元，万物资始，乃统天。云行雨施，品物流行。大明终始，六位时成，时乘六龙以御天。乾道变化，各正性命，保合太和，乃利贞。"这既讲了宇宙是动态的和，品物流行，变化万千，又讲了这动态的和是以乾道为本的，尽管万物在变，但它们是"各正性命"，也就是守住中道。

如果说，"和"强调的是和合性，"中"则强调的是原则性。和合性与原则性的统一，则为"中和"。中和就成为中华民族的立身处世的基本哲学。

"中"与"和"构成一个概念，一般重"和"的意义，其实，中是和的灵魂，是向中而和。中华民族的美学观念来自中和哲学。前面,我们从《左传》与《国语》推导出"美在和",而据儒家的中和哲学,则应推出"美在中和"。

汉代大儒董仲舒将中华崇尚"中和"的哲学思想推到了极致。他说:

> 中者,天地之所终始也;而和者,天地之所生成也。夫德莫大于和,而道莫正于中。中者,天地之美达理也。……物之所生也,诚择其和者,以为大得天地之泰也。天地之道,虽有不和者,必归之于和,而所为有功;虽有不中者,必止之于中,而所为不失。……中者天之用也;和者天之功也。举天地之道,而美于和。①

"中"为"天之用",用,即天地运行的规律,即天地之道,这道既然为中,那就是恰当,就是合理,就是平衡,这样,中道,就含有自然平衡、万物平衡、生态平衡的意义,中道成了生态之道。人生活在天地之间,需要与天地打交道,用天地之功,助天地之行,于是就有了一个如何处理人与天地关系的问题。处理的最高原则,也是中道。这样,中道就成为两种意义的道:一是自然之道,这道体现为自然万物之间的动态平衡,生态平衡;二是人文之道,这道体现为人与自然之间的动态平衡、生态平衡。天助人,人助天,天人合一。而"和"为中道的产物,这产物自然既是真的,又是善的,还是美的,于是,就有了"美于和"这样一个重要命题。

在中和的问题上,道教有着独到的贡献。《太平经》强调阴阳和合为"中和"。《太平经·和三气与帝王法》云:"中和者,主调和万物者也。"②《太平经》强调中和的作用。

> 故天地调则万物安,县官平则万民治。故纯行阳,则地不肯尽成;纯行阴,则天不肯尽生,当合三统,阴阳相得,乃和在中也。古者圣人致太平,皆求天地中和之心,一气不通,百事乖错。③

"天地调"属于自然界自身调,它的效应是"万物安";"县官平",属于社会界的调,它的效应是万民治。而归结到哲理上,则是阴阳和合:既然是

---

① 董仲舒:《春秋繁露·循天之道》。
② 王明:《太平经合校·和三气与帝王法》,中华书局 1960 年版,第 18—19 页。
③ 王明:《太平经合校·名为神诀书》,中华书局 1960 年版,第 18 页。

和合，就不能是纯阳，也不能是纯阴。阴阳和合的关键在中，中，就是最恰当。正因为如此，此和才称为"中和"。中和通向太和。《太平经》说："三气合并则为太和也。太和即出太平之气。断绝此三气，一气绝不达，太和不出，阴阳者，要在中和，中和气得，万物滋生，人民和调，王治太平。"① 太和是最终境界，而中和则是实现太和的关键，故"要在中和"。

先秦儒家美学思想，概括起来为"礼乐"。礼，作为典章制度，以伦理、政治为骨干，但它的表现形式却往往是审美的。儒家的思想，以礼为骨髓，体现在成人上，强调"立于礼"。孔子与学生子夏讨论"绘事后素"，当子夏得出"礼"为《诗》之"后"时，他认为可以与子夏讨论《诗》了，这无异于说，礼是诗的基础，或者说骨髓。又，孔子强调"文质彬彬，然后君子"，说"君子义以为质，礼以行之，孙以出之，信以成之"，这些，我们都可以理解成"中和"中的"中"。

儒家的"乐"，指音乐。在儒家的治国方略中，它也处于重要地位。礼乐都具有审美色彩。相比较而言，礼的政治性较显露，而乐的政治性较隐晦，礼的功能是建立合理的秩序，秩序在儒家，主要是指封建等级制度，政治性是非常明显的，但是也具有一定的审美性，美需要有秩序感。

乐的功能主要是和。有多种意义的和，《尚书·舜典》说"神人以和"，这是一种祭祀音乐的功能。第二种和是人与人和。荀子说："乐在宗庙中，群臣上下同听之，则莫不和敬；闺门之内，父子兄弟同听之，则莫不和亲；乡里族长之中，长少同听之，则莫不和顺。"这大概是宗庙音乐的功能。第三种和是人与天和。这就是公孙尼子在《乐记》中所说的"天地之和"。

公孙尼子不仅将乐，也将礼与天地联系起来。他说："乐者，天地之和也；礼者，天地之序也。和，故万物皆化；序者，故群物皆别。"② "大乐与天地同和，大礼与天地同节。"③ 礼与乐的统一，从某种意义上讲，也就是中与和的统一。公孙尼子将礼乐与天地联系起来，也就是将人与天统一起来，他的

① 王明：《太平经合校·和三气与帝王法》，中华书局1960年版，第19—20页。
② 《乐记·乐论篇》。
③ 《乐记·乐论篇》。

礼乐论，也是一种天人合一论。

公孙尼子说"和，故万物皆化"，这是一个非常重要的观点，它提出一个重要的概念——"化"。公孙尼子的意思是，因为"和"，万物才皆"化"，这无异于说，"化"才是"和"的标志或者说最高境界。

"化"在中国美学中是一个被人忽视却十分重要的概念。它是中国哲学独有的概念，西方哲学中找不到与之对应的概念。中国哲学强调天人合一、物我两忘，这合一、两忘意味着主客边界的消融。用庄子梦蝶的故事来解释，则是不知蝶化庄子，还是庄子化蝶。当然，这种合一、两忘，在中国哲学都只是精神上的，不是实际上的。所以老子讲的"无为而无不为"，只能是精神上的自由；而庄子说的"逍遥游"也只能是"心游"。"心游"必以心斋为前提。何谓心斋？庄子借孔子的嘴说："若一志，无听之以耳而听之以心，无听之以心而听之以气。耳止于听，心止于符。气也者，虚而待物者也。惟道集虚。虚者，心斋也。"这里说的"气"听，就是以极虚静的心境去体悟宇宙的精神，是心与物的贴然相合，了无差别。这种心与物贴然相合的境界是最美的境界。庄子说："瞻彼阕者，虚室生白，吉祥止止。""白"，似是最单纯，却也最丰富，更重要的是它光华熠熠，吉祥止止，是真善美的极致。

宋明理学家将"化"用于表述宇宙变化与人生修养中。邵雍说"夫人也者，暑寒昼夜无不变，雨风露雷无不化"①。可见，化是宇宙运行的法则。张载、朱熹说是"气化"。人也是天地气化出来的，从天地气化出来的人亦应"赞天地之化育"，按邵雍的说法，这叫作"心代天意，口代天言，手代天工，身代天事"②。于是，借"化"人与天实现了最高的和谐。

中国哲学中"化"的理论也运用到艺术创作中去，要求将艺术中诸多对立的方面统一起来，达到了然无痕的化境。清代的大学者王夫之论诗，认为诗中的两大要素情与景应化合为一体。他说："景以情合，情以景生，初

---

① 邵雍：《皇极经世·观物内篇》。

② 邵雍：《皇极经世·观物内篇》。

不相离,唯意所适。截分二橛,则情不足兴,而景非其景。"① 王夫之强调情景二者在诗中要"妙合无垠","景者情之景,情者景之情"②。这些思想都可以看作是"化"在艺术美创作中的实践。

将艺术中的诸多对立因素统一起来,构成一个有机的整体,那么它就创造了境界。境界是中国古典美学的最高范畴。境界消融了人与自然、个体与群体、现实与理想、功利与审美、理智与情感、自由与必然的边界,因此,也是一种化境。这种化境将有限的艺术空间引导到无限,将现实的人生引导到未来,将情感的愉悦升华为哲理的启迪。境界永远在生成之中。

境界综合了中华美学诸多的因素,是中华民族审美理想的最高体现,它不独体现在艺术创作之中,也体现在人生修养之中。

第六节 寓 教 于 美

中华美学的核心精神是教化与审美的统一。这一精神的创始者为先秦儒家,汉代得以确立,然总的倾向是教化重于审美。魏晋南北朝刘勰创风骨说,可以说,教化与审美的统一基本上得以完善,然理论上的成功并不等于实践上的成功,由于缺乏重要的优秀的作品,创作实践上则是审美的高扬与教化的缺失,突出表现为广为诟病的六朝文学的出现。唐代是教化与审美统一的成功期,不仅在理论上得到进一步的提升,更重要的是在创作上出现了一大批优秀的作家与作品。唐代以后,教化与审美的冲突基本没有掀起太大波澜。寓教于美遂成为中华美学的重要传统。

孔子倡"诗教"说,说《诗》有多种社会功能:"诗可以兴,可以观,可以群,可以怨,迩之事父,远之事君,多识于鸟兽草木之名。"③ 这里说的《诗》的社会功能是多项的,既有认识功能,又有教育功能,还有审美功能,

---

① 王夫之:《薑斋诗话·夕堂永日绪论内编》。
② 王夫之:《唐诗评选》卷四。
③ 《论语·阳货》。

这几种功能是融合在一起的。到汉代经学蓬起，对于孔子诗教说的阐述，突出强调思想教育作用，这种思想教育，《毛诗序》称之为"风"，说是"上以风化上，下以风化下"，这种教育是全民、全社会的。虽然突出思想教育作用，但并没有忽视审美，它说诗有六义，曰风、赋、比、兴、雅、颂。这六义中，比、兴、赋侧重于情感与形象，应该说就是指审美的手段，正是因为借助于审美的手段，所以，诗具有极强的社会作用，《毛诗序》说"正得失，动天地，感鬼神，莫近于诗"，"先王以是经夫妇，成孝敬，厚人伦，美教化，移风俗。"

《毛诗序》统一教化与审美两种功能是具有重要意义的，它的不足是没有提出审美的独立性来，这就为后世文学艺术的发展种下了麻烦。事实上，后世的文学艺术的发展呈现出三种状况：一是片面强调教化，审美薄弱，为说教式文艺；二是片面突出审美，教化缺失，为唯娱乐式文艺；三是教化与审美统一，为优秀文艺。三种状况到唐代均出现了。

唐代首先对唯娱乐式文艺提出批判的是唐太宗李世民。他在《帝京篇·序》中说：

> 追踪百王之末，驰心千载之下，慷慨怀古，想彼哲人。庶以尧、舜之风，荡秦、汉之弊，用咸英之曲，变烂熳之音，求之人情，不为难矣。故观文教于六经，阅武功于七德，台榭取其避燥湿，金石尚其谐神人，皆节之于中和，不系之于淫放。故沟洫可悦，何必江海之滨乎！麟阁可玩，何必两陵之间乎！忠良可接，何必海上神仙乎！丰、镐可游，何必瑶池之上乎！释实求华，以人从欲，乱于大道，君子耻之。①

这段文字的关键词是"文教"。文教即文艺的教化作用。文教的由来，在李世民看来，可以追踪到尧、舜。文教的核心是反对"释实求华，以人从欲"，文教的目的是缓和矛盾，求得江山万代。虽然李世民是从政治上来看待文教的，但因为文教的核心是反对"释实求华"，于文学艺术上的重要影响就是对齐梁间形成的浮华文风的批判。南朝齐梁两个朝代形成的文风，

---

① 《全唐诗》上册，上海古籍出版社1986年版，第20—21页。

文学史上称之为浮艳。浮艳的文风，客观来说，具有正反两个方面的意义，就正面来说，它看重文学的娱乐作用，相对地比较注重作品的艺术性、形式美，格调也多比较地轻柔，易于为人所接受，能给人带来快乐；从反面来说，这种文风缺少阳刚气概，忽视从正面提升人的社会责任感，忽视教化作用。历代持儒家人生观的学者认为这种艺术最大的弊病是玩物丧志。

李世民的话主要意思是重实轻华，避免玩物丧志，倒是没有具体指斥齐梁文学，李世民的大臣魏徵就明确批判了这种文风。在《隋书·文学传序》中，他评论梁代文学，说：

> 梁自大同之后，雅道沦缺，渐乖典则，争驰新巧。简文、湘东启其淫放；徐陵、庾信，分路扬镳。其意浅而繁，其文匿而采，词尚轻险，情多哀思。格以延陵之德，盖亦亡国之音乎？①

这就说得再明确不过了，梁代的这种浮艳的文风，其危害非常之大，它与亡国相联系，或导致亡国或为亡国的预兆。魏徵批评陈后主声色犬马的生活，并由此得出普遍性的结论：

> 古人有言，亡国之主，多有才艺，考之梁、陈及隋，信非虚论。然则不崇教义之本，遍尚淫丽之文，徒长浇伪之风，无救乱亡之祸矣。②

教化与审美的统一在初唐四杰就有了可贵的经验，但缺少理论上的总结，陈子昂的突出贡献，就是在理论上标举"兴寄"和"风骨"。虽然陈子昂的"兴寄"说可以溯源至《毛诗序》，但它于《毛诗序》有重要发展。在《毛诗序》，"兴"只是表达内容的手段，而在陈子昂这里，"兴"本身具有极大的审美魅力。

陈子昂的"风骨"说取自刘勰的《文心雕龙·风骨篇》。刘勰说："诗总六义，风冠其首。斯乃化感之本源，志气之符契也。是以怊怅述情，必始乎风。沉吟铺排，莫先于骨。故辞之待骨，如体之体骸。情之含风，犹形之包气。"按此说，风为情，骨为理。风以述情，骨以言（辞）理。值得注意的是，

---

① 《隋书》卷七十六，中华书局 1973 年版，第 1730 页。
② 《陈书·本纪第八后主》卷六，中华书局 1972 年版，第 119—120 页。

刘勰还强调"风"为"化感之本源"，那就是说，风与骨的统一，不仅是情与理的统一，还是审美与教化的统一。陈子昂的风骨说也有突破刘勰风骨说的地方，那就是它强调"汉魏风骨"。什么是"汉魏风骨"呢？陈子昂没有明确地说。然他举东方左史虬的《咏孤桐篇》为例，说这篇作品"骨气端翔，音情顿挫，光英朗练，有金石声"，这大概可以作为汉魏风骨的说明了。"骨气端翔，音情顿挫，光英朗练，有金石声"是一种形象的比喻，它要说的应该是三点：其一，作品具有正面的引人向上的精神价值；其二，作品具有刚健质朴的艺术品格；其三，作品应具有优质的审美品质，能给人美的享受。概括起来，也就是教化与审美的统一，善与美的统一。

关于教化与审美统一的理论认识，在唐代，到殷璠、皎然这里就算是达到顶峰了，此后，值得一说的主要有白居易（772—846）的"乐府"说。在《新乐府序》中，白居易将自己的创作思想从写作目的、写作方式上进行概括：《序》曰：

> 凡九千五百二十言，断为五十篇。篇无定句，句无定字；系于意，不系于文。首句标其目，卒章显其志。《诗三百》之义也。其辞质而径，欲见之者易谕也；其言直而切，欲闻之者深诫也；其事核而实，使采之者传信也；其体顺而肆，可以播于乐章歌曲也。总而言之，为君、为臣、为民、为物、为事而作，不为文而作也。①

这里，值得特别注意的是"五为"——为君、为臣、为民、为物、为事。概括起来即为社会。按传统的乐府诗，主要还是为君、为臣所作，白居易将它拓展到为民。这就充分体现出《毛诗序》所说"上以风化下，下以风化下"的原则。在实现艺术社会功能上，白居易兼顾高雅与通俗的统一，高雅而不深奥，通俗而不低俗，也是难能可贵的。

主要由唐代完成的教化与审美相统一理论，对于中国文学艺术的发展影响深远，它向文艺提出一个非常崇高的目标：文艺不只是人们的欣赏物或者说消费品，它还是人民的精神上的导师。不管在什么时候，文艺总是

———————————

① 　白居易：《新乐府序》。

人民心中的一盏温暖的明灯。文艺的社会担当与审美追求随着时代的发展而发展,这两者如何在创作中实现统一,永远没有答案,需要艺术家们不断地去探求。

第七节 积极浪漫

《楚辞》历代评价甚高,大多数的研究结合战国秦楚相争的史实,结合屈原的身世、情操,推崇它的道德价值和历史价值。从艺术上做评价且评价最为恰切的是刘勰。刘勰在《文心雕龙·辨骚》篇中,称《楚辞》为"词赋之宗","金相玉质,百世无匹";对其文风,用"惊彩绝艳"四字概括;对其创作精神,则赞以"酌奇而不失其真,玩华而不坠其实"。

如果将《楚辞》置入中华美学的长河,则可以发现,中华美学有两大源头,源头之一是由《诗经》所开创的现实主义传统,主要从现实找美,强调美与善的结合,在艺术上主张教化与审美的统一,体现在艺术审美上,以《诗经》为旗帜。源头之二是由《楚辞》所开创的浪漫主义传统,主要从理想中找美,想象人与神的统一,体现在艺术审美上,以《楚辞》为旗帜。

从美学史的维度看《楚辞》,《楚辞》于中华美学的重要意义是开创了具有中华美学特色的浪漫传统。

一、人神合一

构建人神互拟、人神合一的形象系统是屈原美学的重要特征,也是屈原对于中华美学浪漫精神的首要贡献。屈原的作品中,既有人的形象,又有神的形象,大体上有两种情况:

第一,人、神共处一境,相互交往,这在《离骚》中最为突出。

如屈原写的"出游":

> 吾令羲和弭节兮,望崦嵫而勿迫。
>
> 前望舒使先驱兮,后飞廉使奔属。鸾凰为余先戒兮,雷师告余以

未具。

吾令凤鸟飞腾兮，继之以日夜。飘风屯其相离兮，帅云霓而来御！

吾令丰隆乘云兮，求宓妃之所在，解佩纕以结言兮，吾令蹇修以为理。

这里，人不仅不是神的奴仆，反而是神的主人。是人在命令神，指挥神。也有神灵降临，与人对话的情景："百神翳其备降兮，九疑缤其并迎。皇剡剡其扬灵兮，告余以吉故。"①

第二，人兼有神性，思想情感是人，但本领超常，只有神才能做到。如《离骚》中的"吾"——屈原。他能驱遣太阳神——羲和，让他为之驾车，这就非凡了；而且他也能命令凤凰飞腾，诗中说："吾令凤鸟飞腾兮，继之以日夜。"看，他出行那个排场："屯余车其千乘兮，齐玉轪而并驰，驾八龙之婉婉兮，载云旗之委蛇。"②

第三，神具有人性，人的身体、人的情感。如《九歌》中的众神：

东皇太一："抚长剑兮玉珥，璆锵鸣兮琳琅。"

云中君："浴兰汤兮沐芳，华采衣兮若英。"

山鬼："若，有人兮山之阿，披薜荔兮带女罗，既含睇兮又宜笑，子慕予兮善窈窕？"

既具人的美丽，又兼有神的神异。如山鬼，"乘赤豹兮从文狸，辛夷车兮结桂旗……"贺贻孙《骚筏》云："《山鬼》篇不作人佞鬼语，奇；作鬼佞人之词，更奇……既含睇兮又宜笑，鬼中安得有此美人？"③

再看《九歌》中人的情感：

湘君："君不行兮夷犹，蹇谁留兮中洲？美要眇兮宜修，……望夫君兮未来，吹参差兮谁思！"

湘夫人："帝子降兮北渚，目眇眇兮愁予。袅袅兮秋风，洞庭波兮木叶下。"

少司命："悲莫悲兮生别离，乐莫乐兮新相知。"

---

① 屈原：《离骚》。

② 屈原：《离骚》。

③ 陈子展：《楚辞直解》，江苏古籍出版社 1988 年版，第 109 页。

这种人神并游，或人与神一体的情景，在《庄子》中也有体现：如《逍遥游》中："藐姑射之山，有神人居焉，肌肤若冰雪，绰约若处子，不食五谷，吸风饮露，乘云气，御飞龙，而游乎四海之外。其神凝，使物不疵疠。"这是神，具人性的神。"之人也，之德也，将旁礴万物以为一，世蕲乎乱，孰弊弊焉以天下为事！之人也，物莫之伤，大浸稽天而不溺，大旱金石流，土山焦而不熟。是其尘垢比糠，将犹陶铸尧舜者也，孰肯分分然以物为事。"这是人，具有神性、神能的人。

这个世界既让人亲切，因为是人；又让人感到神秘，因为又是神！这是一个新的审美理想。

史前时代，人与动物合体，中国古代神话中的女娲氏、伏羲氏、西王母等均如此。进入文明时代后，人与动物分体，但至少在文明时代早期，仍能见到人与动物合体的痕迹。商代青铜器上盛行饕餮纹，饕餮纹面目狰狞，更多地像动物但又有几分像人。西周青铜器上，饕餮纹减少，或抽象为几何图案。西周青铜器代表性纹饰为凤纹。凤纹看不出人的形象，至东周，青铜器上出现人物形象，这人物形象基本上是写实的，没有动物影子。这个变化可以隐约地见出人的觉醒。

楚辞时代，中国已进入文明时代，动物的形象已与人分离，而神的形象则与人融合。人的主体意识不仅觉醒，而且高度张扬。寻求人之外的世界——神的世界，寻求超人——人神合一的人，成为当时人们精神上的最高追求。这虽然是整个时代的文化，然在楚文化中得到最为突出的表现。此后的汉文化，基本上沿袭楚文化。汉帛画中的神人共处的世界源自楚辞，是楚辞的发展。

由楚辞所开创的人神合一美学精神，在中国的道教文化中得到充分的淋漓尽致的展现。道教的核心观念是神仙观念。

神仙的突出特点：既是人又是神。是人，它是超人；是神，它是人神。所谓超人，是能量超出一般人的人，其中最为重要的是长寿甚至不死。所谓人神，是有着人类情感的神，其中最为重要的是能与人沟通且参与人世间的生活。

　　神仙概念最重要的因子不是神性而是人性。不是神性而是人性让神仙与人结成关系，它让遇仙、成仙这类人们视为最美妙的故事不致成为虚幻的空想。仙境是神仙的家。它离红尘远吗？有远的，也有不远的。远的如天宫、月宫，近的如蓬莱、桃花源，它们就在红尘。正是因为在红尘，这仙境引得不少人去探寻，各种误入仙境的故事，本为子虚乌有，因绘声绘色而让人深信不疑。

　　中国美学讲"乐"，《论语》首句即云："学而时习之，不亦说乎？有朋自远方来，不亦乐乎？人不知而不愠，不亦君子乎？"[①] 中国美学说的乐，体现在生存上，则为乐生；体现在居住上，则为乐居。不同学派说的乐生、乐居是不一样的，像道教这样追求大化人生的乐生和生活在仙境中的乐居是极具浪漫色彩的。中华美学的人神合一理念以及由这种理念演绎的人与神相遇、相通以及种种人蜕化为仙的故事是极富浪漫色彩的，中华美学的浪漫精神主要就体现在此。

　　中华美学的人神合一传统当然不能说其他民族没有，但是，其典型形态在中国这是不成问题的。一个突出的特点是，虽然西方美学中的神也可能具有人的形象与情感，但总体来说，于人的感受更多的是恐惧感，而中华美学中的人神合一形象实质是人——超人、理想的人，而神仙生活的环境——仙境，它是中国人理想的生活境界。这种理想的人与理想的生活环境其基本的美学品格是对人的肯定，是温馨，是审美。较之其他民族中华美学更多的是入世的美学、亲世的美学、恋世的美学。在入中有出，出为的是更好地入；亲中有隔，隔为的是更好地亲；恋中有思，思为的是更好地恋。

　　一句话，中华美学是暖色调的美学。

二、象征、比兴

　　首创"象征"的手法，以其绚丽的形象世界自由地抒情言志，是屈原美

---

① 　《论语·学而》。

学第二特点，也是它对中华美学浪漫精神的第二大贡献。

众所周知，"象"的概念首先来自《周易》。《周易》作为一部以占筮为形式的哲学书，它说理的方式主要为八卦，卦由象、数、理三要素构成，象是基础。数与理均立足于象，是对象的阐释。关于这一种思维方式，《周易·系辞上传》云"立象以尽意"。象如何立？《周易》的做法主要是观物取象，之所以如此，因为《周易》认为"象也者，像也"。当然，事实上，取自现实的物象在经过人的制作之后就成为心象，《周易·系辞上传》云"立象以尽意"，这就是中国意象理论的来源。

先秦儒家的美学理论充分吸收了这一思想，在论及诗歌意象的构建时，提出"六义"说。"六义"为"赋、比、颂、风、雅、兴"。"六义"中的"比""兴""赋"处于诗歌意象因素的基础地位，它们均是象：比象，比的是诗之理；兴象，兴的是诗之情。赋是诗的叙事，事不能没有象，因而它也是象——事之象。"六义"中的"风""雅""颂"则主要涉及诗意象的品位。

屈原的意象观也许也来自《周易》，也许受到儒家诗论的影响，但是它有重大发展，这发展就是屈原的意象观主要是象征观。

（元）张渥：云中君

对于屈原的象征观，汉代王逸在《楚辞章句序》做了这样的描述：

离骚之文，依《诗》取兴，引类譬喻，故善鸟香草，以配忠贞；恶禽臭物，以比谗佞；灵修美人，以媲于君；宓妃佚女，以譬贤臣；虬龙鸾凤，以托君子；飘风云霓，以为小人。

在楚辞中，"香草"的用法有多种，主要有二：

一是香草代表美好的精神品德和才具。如《离骚》：

> 余既滋兰之九畹兮，又树蕙之百亩；畦留夷与揭车兮，杂杜衡与芳芷。冀枝叶之峻茂兮，愿俟时乎吾将刈。虽萎绝其亦何伤兮，哀众芳之芜秽。

"香草"也用来代表美好的知识，如："朝饮木兰之坠露兮，夕餐秋菊之落英。""折琼枝以为羞兮，精琼爢以为粮。"① 香草与美好的品德、才具、知识也有某种相似之处，但更多的是作者的指定。

二是以香草烘托人物的高洁华美。如《离骚》：

> 制芰荷以为衣兮，集芙蓉以为裳。
>
> 佩缤纷其繁饰兮，芳菲菲其弥章。
>
> 溘吾游此春宫兮，折琼枝以继佩。
>
> 及荣华之未落兮，相下女之可诒。

《山鬼》也一样："乘赤豹兮从文狸，辛夷车兮结桂旗。被石兰兮带杜衡，折芳馨兮遗所思。"这山鬼身上的花草成为山鬼美丽的象征。

屈原作品中多处出现"美人"，"美人"遂成为屈原作品中的独特的象征。

> 日月忽其不淹兮，春与秋其代序。惟草木之零落兮，恐美人之迟暮，不抚壮而弃秽兮，何不改此度？乘骐骥以驰骋兮，来吾道乎先路。

这"美人"是谁呢？一般认为是指楚怀王。以"美人"来象征心目中的尊敬的人物且不限定女人，这是屈原的首创。对于楚怀王，屈原也不只是用"美人"来象征，也用香草来象征，如《离骚》中有句："荃不察余之中情兮，反信谗而齌怒。"这"荃"就是指楚怀王。

楚辞中的"香草""美人"用法比较宽泛，有比喻义，有象征义，有指代

---

① 屈原：《离骚》。

义,也有烘托义。象征义是主要的,也是最重要的。

屈原诗歌用自然风物表现人物精神世界的手法丰富。一是用的量很大,除草木外,还有禽兽。这禽兽天上的,地上的,现实的,想象的,均有。二是常用不同的喻体,晓喻同一对象,这种手法叫博喻。比如,他用来比喻美好精神品德的,就有"琼枝""兰""蕙""留夷""杜衡""芳芷"等诸多香草。

屈原诗歌中,作为象征物的自然风物与作为被象征物的人物品德,其关系有相对固定的,也有相对不太固定的。相对固定的,一看就明白;不固定的,就要看语境了。兰和椒是香草,多用来比喻美好道德,然而,在下面的诗句中,兰和椒就不是用来象征美好品德了:

> 余以兰为可恃兮,羌无实而容长,委厥美以从容兮,苟得列乎众芳。①

> 椒专佞以谄慢兮,樧又欲充夫佩帏。②

不过,屈原的象征手法经常与比兴相混淆。

(一) 象征与比

"比"即比喻,首先出现在孔子诗论中。比的基础是比者与被比者二者相似,因此,比关系的建立有一定的客观性。象征就不一样了。象征中,象征物与被象征者两者可以相似,也可以不相似。象征关系的建立没有客观性,只有主观性。

象征的主观性决定给予诗人最大的方便,诗人可以一任主观需要,自由地取他认为合用的自然风物,指代他心目中的人物或人物的品德。这是一个相当主观的世界,这个主观世界中的花草禽鸟美人全不是现实中的某某,而是现实中某某的替代物,或者说它就是符号、密码。诗歌中的符号世界,就其本质来说与科学中的符号世界是相同的,它们都是喻体。如果要说有什么不同,那就是艺术中的符号是感性的、情性的,具有极大的感觉与

---

① 屈原:《离骚》。

② 屈原:《离骚》。

情感冲击力；而科学世界中的符号是理性的、抽象的、逻辑的，它具有强大的理性说服力。比喻与象征均有它的功能性，如果说比喻的功能在明理，那么象征的功能则在抒情。显然，两种手法均可以创造美，但无疑，象征手法更为主观，更为自由，更为浪漫。

屈原诗歌中的象征世界就是这样的浪漫世界！

(二) 象征与兴

"兴"同样首先出现在孔子的诗论中。"兴"含义丰富，通常有二义：一有象义，凡兴必有象；二兴有情义，凡兴必有情。"兴"的作用主要有三：第一，起情。第二，兼比，就是说，兴既起情，又兼有比喻的意义。第三，美刺。这一意义，是汉代经学家从《诗经》中挖掘提炼出来的，后来成为儒家"诗教"说的灵魂。诗中含有美刺，也称为"兴寄"。"兴"重要的寓寄，寄的是家国之志。

屈原的象征手法与儒家"诗教"中的"兴"手法有相同的地方：它们都有象，都有情，都有义，也兼有比。所不同的主要是儒家的兴寄，寄的是家国之志，重在教化，所谓"上以风化下，下以风刺上"①。而屈原的象征，虽有家国之志，但主要是抒发个人的情感，并不强调教化的意思。

作为艺术手法，儒家的"兴"与屈原的象征都具有"隐"的特征，但它们的审美效应却是完全不同的。儒家讲"隐"，因为孔子"诗教"强调"温柔敦厚"，如若"刺上"，则一定要"主文而谲谏"，否则就有失诗教。屈原诗中大量运用象征手法，不是为温柔敦厚，而是为了让诗的形象更丰富，更美。对于自己思想情感，屈原不仅一点不掩饰，而且极力渲染，尽情地抒发，他的诗情感极其充沛，如长江大河，波涛汹涌，气势磅礴。

屈原也有清丽的作品，如九歌中的《湘君》《湘夫人》，一咏三叹，明媚动人，虽也有哀怨，但不沉重，虽不无寄托，但与家国不一定有关。屈原首创的"象征"观对中华美学的浪漫精神影响极深：

第一，中华美学中的"象"虽然也来自现实世界，但更重要的是来自人

---

① 《毛诗序》。

的心灵。关于这，《韩非子》说得很透彻，它说："人希见生象也，而得死象之骨，案其图以想其生也，故诸人意想者皆谓之'象'也"①。这由心所创造的象为心象。中国美学的象实质为心象。这一点虽然始自《周易》，也见之于儒家诗论，但真正蔚成大观的，还是屈原的作品中的意象世界。

第二，在心象的创造上，屈原最大贡献是将"创象以抒情"与"创象以写意"统一起来。浓郁的抒情意味是屈原作品的突出特点，在《惜诵》中，屈原明确地说："惜诵以致愍兮，发愤以抒情。"②说屈原作品中的象为心象，其实还不准确，它作品中的象实是情象。关于情象，不少学者论述过，其中最重要的是明末清初的王夫之。王夫之说："情景名为二，而实不可离，神于诗者，妙合无垠，巧者则有情中景，景中情。"③屈原的作品情感充沛，然而，也不只是一堆情感，它有思想。思想不仅是情之骨，而且是情之魂。屈原借他所创造的形象大抒其情，也大阐其意。《天问》一篇，是抒情诗，也是哲理诗、科学诗。《离骚》一篇，是抒情诗，也是政治诗、伦理诗。屈原的作品，象、情、意实现了完美的统一，正是这三者的完美统一，给诗立起了三种品格：哲学品格、伦理品格和美学品格。中华美学非常看重这三种品格。南北朝之际，刘勰著《文心雕龙》，书中有"风骨"一篇。风骨的内核是情与理统一，也是哲学品格、伦理品格和美学品格这三种品格的统一。

第三，屈原开创了艺术创作中"象以征意"的功能。艺术中的象已不再受它原本事物的限制，而可以成为创作主体需要表达某一意思的征象。在屈原的作品中，"香草美人"可以用来指代明君，其实，它与明君没有任何相似之处。这样做，在屈原完全出自抒情的需要，征物与被征物的关系并不固定。这一做法对于中华美学产生巨大影响，在其后的发展中，征物与被征物的关系由不固定到有所固定，其定与变、实与虚、显与隐、内与外、有限与无限之间均构成相应的关系。这诸多关系在动态中呈现出无穷的变数。

① 《韩非子·解老》。
② 屈原：《惜诵》。
③ 王夫之：《姜斋诗话·夕堂永日绪论内编》。

唐代司空图说:"文之难,而诗之尤难。古今之喻多矣,而愚以为辨于味而后可以言诗也。……近而不浮,远而不尽,然后可以言韵外之致耳。……倘复以全美为工,即知味外之旨矣。"[1]"象外之象,景外之景,岂容易可谈哉?"[2]当艺术效应用极主观、极多变、极精微的"味"概念来描述,这艺术之魅力无穷也就可以想见了。

第四,屈原开创了中华美学重写意的浪漫美学传统。观物取象,又据意创象——这是各民族美学共同的规律。屈原将这"据意创象"发展为"创象写意",从而形成中华美学重意的浪漫传统。重意在中华美学中又可分为两翼:一是就表现对象说,重神似;二是就创作主体说,重己意。两者的统一,是创作主体对天地精神的自我理解,用石涛的话来说,就是"一画"。石涛说:"天有是权,能变山川之精灵;地有是衡,能运山川之气脉;我有是一画,能贯山川之形神。"[3]"一画",人们通常理解为道,道在哪里? 在自然,也在创作主体的心中。故石涛说:"山川使予代山川而言也,山川脱胎于予也。予脱胎于山川也。搜尽奇峰打草稿也,山川与予神遇而迹化也,所以终归之于大涤(石涛的名字)。"这就是中国艺术的精神。按西方美学写实与浪漫两分的理论,中国美学这种重主观、重写意、重抒情的精神,就是浪漫精神。这种精神影响极大,不独绘画如此,诗歌、音乐、戏曲均如此。从某种意义上讲,中华美学的就是一种浪漫主义美学。

三、酌奇、玩华

以至奇至幻之象抒至真至善之情是屈原美学的第三个重要特点,同时也是它对中华美学浪漫精神的又一重要贡献。屈原的作品具有强烈的现实精神。屈原写的自己的遭遇、自己的感受,所以,人们总是千方百计地从作品中找作者的生活经历,找与作者相关的人物、事件。这不能说是不

---

[1]　司空图:《与李生论诗书》。
[2]　司空图:《与极浦书》。
[3]　石涛:《石涛画语录》。

对的，但是，千万不要忘记，屈原的世界并不完全是现实的世界。毕竟他是在写诗，不是在写历史。只要稍许深入地去读他的作品，就会发现他的作品除了情感一以贯之外，其场景、其人物，就虚虚实实，恍恍迷离，难以确指了。

屈原的作品不是史诗，它是抒情诗，情是现实的，但情所寄寓的形象就不一定是现实的了，屈原借用诸多的手段抒情。

（一）借助神话

楚辞中的神话很多，最为突出的是日月神话。关于日，中国古代有后羿射日的神话，夸父逐日的神话，也有羲和驾车神话，扶桑、若木的神话。这在楚辞中均有反映，如《离骚》中："吾令羲和弭节兮，望崦嵫而勿迫。""饮余马于咸池兮，总余辔乎扶桑；折若木以拂日兮，聊逍遥以相羊。"又如《九歌》中："暾将出兮东方，照吾槛兮扶桑。"月神话在楚辞中也有体现。如《离骚》："前望舒使先驱兮，后飞廉使奔属。""望舒"，月神。又如《天问》："夜光何德，死则又育？厥利维何，而顾、菟在腹。""顾"是蟾蜍，"菟"，即兔，均是月宫中的神物。

（二）借助民俗

《九歌》是当时当地人民祭神的歌曲。有学者研究，《九歌》是人们以绝色女巫取悦男神的祀神词。《九歌》中的东皇太一是百神之上的最高神，他喜欢美味、歌舞、美色。《韩非子》、宋玉《高唐赋》均有"太一"。《吴越春秋》中有"东皇公"；《神异经》中有"东王公"；沅湘间民俗中有"东山老公"。长沙马王堆汉墓出土一幅帛画上有"太一"二字，疑画的是"太一"神。

《九歌》中的"云中君"是云神。她形象很美："浴兰汤兮沐芳，华采衣兮若英"。"湘君"是湘水男神；"湘夫人"是湘水女神。有人说他们就是娥皇、女英。据《山海经中山经》："洞庭之山……帝之二女居之，是常游于江渊。"王逸注《湘君》道："帝子，谓尧女也……尧二女娥皇、女英，随舜不反，没于湘水之渚，因为湘夫人。"①

———————————

① 王逸:《楚辞章句》。

　　大司命与少司命是掌管人间寿夭的神。大司命管死,少司命管生。两位司命,大司命正直无私,又通情达理;少司命关心妇女,热心助人。司命神在《周礼》《礼记》《管子》《史记·天官书》《史记·封禅书》等均有记载。他的功能,《管子》说得最明白:"有故为其杀生,急于司命也。"江陵出土的楚简中有司命、云君等神名。至于少司命,在沅、湘一带的传说中,是生育神。民间求子常祭少司命。

(元)张渥:大司命

　　《九歌》中最让人感兴趣的是山鬼。这是南方的神,山鬼身披树叶、藤萝、薜荔,切合南方山林中人的打扮。传说中的山鬼凶恶、丑陋,然而屈原诗中的山鬼却是一位俊俏的女子,这做何理解? 莫非这不是真山鬼,而是以美色娱山鬼的女巫? 土家族真有这样的故事。虽然《九歌》中的神鬼故事有民俗作根据,但屈原并不完全按民俗来写,在屈原的笔下,山鬼像是可爱的农家姑娘,这是一位极为纯真的少女,是屈原心目中的美的精灵、生命的精灵。

　　(三) 借助想象

　　这是最为主要的,屈原根据当时的有关天文、地理的知识,充分调动天才的想象,创造出奇诡而又绚丽的艺术形象:如:"青云兮白霓裳,举长矢兮射天狼。操余弧兮沦降,援北斗兮酌桂浆,撰余辔兮高驼翔,青冥冥兮以东行。"[1]《天问》也是想象的产物,不过《天问》的想象不只是艺术的想象,而且是科学的想象。屈原对月的许多发问,现在的科学均已证明是正确的。

所有这些材料,不管来自哪里:历史、现实、神话、民俗、想象,均在诗人的情感逻辑下熔为一炉,被创造出一个超越时空的天地。这个天地属于诗人,执着地要在这个天地中去寻找客观的真实,是不智之举。这个超越时空的天地中许多东西不是真的,只有一点是至真的,那就是情感。情感的真,不仅在于真诚,还在于它有逻辑。情感逻辑是不同于理性逻辑的另一逻辑。

《楚辞》所构造的这种意象世界本质是情感的世界。《楚辞》情感世界的突出特点不在真诚、强烈,因为优秀的浪漫主义作品都如此。如果要说《楚辞》的情感的真诚、强烈有什么特点的话,那就是这种真诚强烈的情感是用极其奇幻的形象来展现的,这就是刘勰在《文心雕龙·辨骚》中说的"酌奇而不失其真,玩华而不坠其实"。正是因为"酌奇""玩华",所以,境界不仅玄妙虚幻,而且色彩绚丽灿烂,这就构成了屈原作品特有的美——

(元)张渥:湘夫人

---

[1]　屈原:《天问》。

"惊彩绝艳"的美。

以至奇至幻之象抒至真至善之情，创造"惊彩绝艳"的美，这是屈原意象的突出特点，它的重要意义在于这种意象为后来诸多的诗人、艺术家所肯定、所效法，从而形成一种具有中国特色的浪漫主义传统。

这种传统，不仅在诗歌之中体现得十分突出，在传奇、戏曲中也体现得非常突出。汤显祖的《牡丹亭》堪为典范。《牡丹亭》似是在讲一个爱情故事，实是在抒发一种至真至善的情感。戏中主人公杜丽娘的爱情故事只是这种情感的意象。汤显祖说："天下女子有情宁有如杜丽娘者乎。梦其人即病，病即弥连，至手画形容传于世而死。死三年后，复能溟莫中求得其所梦者而生。如丽娘者，乃可谓之有情人耳。生而不可与死，死而不可复者，皆非情之至也。"① 正是因为情之至，所以杜丽娘可以因情而死，也可以因情而复生。这故事可以说奇幻之极了！这正是上文所说的以至奇至幻之象抒至真至善之情从而创造"惊彩绝艳"的美。

这里，关键在于情。艺术的构成，按清代学者叶适的说法，不外乎理、事、情，三者缺一不可。虽然如此，按写实主义与浪漫主义两种美学流派，其理、事、情的构成方案是不同的，写实主义重事，其理与情都服从于事，浪漫主义则重情，其理其事均服从于情。汤显祖："世总为情，情生诗歌，而行于神。天下之声音笑貌大小生死，（无）不出乎是。因以憺荡人意，欢乐舞蹈，悲壮哀感鬼神风雨鸟兽，摇动草木，洞裂金石。"② 这种观点实质是浪漫主义美学观。

各民族的浪漫主义美学都尚情，中华民族的浪漫主义不例外，要说有什么特点的话，那就是尚奇情、至情，如屈原那样升天入地跨越时空的情，也如汤显祖《牡丹亭》中那种可以突破生死大限的情。正是因为抒发的是这样的情，这由情构造的意象就不能不奇幻了。汤显祖将这一切归之于创作主体的审美胸怀。他说："天下文章所以有生气者，全在奇士。士奇则心灵，

---

① 汤显祖：《玉茗堂文之六·牡丹亭记题辞》。

② 汤显祖：《玉茗堂文之四·耳伯麻姑游诗序》。

心灵则能飞动，能飞动则上下天地，来去古今。可以屈伸长短生灭如意，如意则可以无所不知。"① 屈原就是这样的奇士，这样的奇士在中国历史上形成一条波涛汹涌的长河。

四、中国式的浪漫主义

屈原美学实际建构了中华美学的一种精神——浪漫主义精神，从而开创了中华文学艺术创作的一种传统——浪漫主义传统。这种传统有五个重要特点：

一是真善美一体。中国美学中有真善美，也可以分别来对真、善、美做一番考察，但在做这种考察时，人们发现它们关系是内在的、不可分割的。艺术创作中，总是将它们合在一起加以表现。在这方面，《楚辞》开了一个很好的头。在《楚辞》中根本没有将真善美作为三种不同价值，而是统一为一种价值。在屈原的作品中，优秀的君王，被称为"美人"。优秀的道德品质，被比喻成美丽的"香草"。《九章》中有《思美人》一篇，读者如了解屈原身世，是可以将此诗理解成政治抒情诗的，诗中的"美人"可以理解成楚怀王。但如果不了解屈原的身世，也不是不可以将此诗理解成爱情诗的。如果是这样，这诗中的"美人"就真的是美人了。

二是现象与本体一体。真善美相统一的美学思想涉及现象与本体的关系。一般来说，本体与现象是可以分开来认识的，现象是本体的存在方式，本体是现象的本质。人们的审美通常是通过感性地接触现象然后深入地探索隐藏在现象之后的那个本体的意义。然而，在屈原的作品中，现象与本体似乎没有做这种区分。本体即现象，现象即本体。

三是现实与理想一体。中国哲学对于现实的理解，从来不拘泥于事实本身，总是着眼于理想。在艺术中，所有的现实均具有一定的理想性，而且这理想性总是向着奇幻的方向发展。这与中国哲学中的神仙观念有着重要的关联。神仙既是神，又是人，它具有人的情感、思想却具有超人的功能。

---

① 汤显祖：《玉茗堂文之五·序丘毛伯稿》。

中国人向往的人生境界就是这种兼具现实与理想的神仙境界。反映在审美中，既真实，又奇幻。

　　四是宇宙襟怀与科学探究合一。屈原的作品中，《天问》一篇最为特殊。屈原面对浩瀚星空，发出 170 多个问题。[①] 从宇宙起源、始祖传说、神话故事、历史事实，直至楚国当代处境。此篇的主题一直耐学者们寻味，不得其解。无疑这是一篇浪漫主义的杰作，它的浪漫主义精神的突出特点在于两点：一是宇宙襟怀。人们总是认为，屈原念念不忘的是楚国的命运，其实，屈原的襟怀比这大得多，自上古开天辟地，有此世界，到他本人"伏匿穴处"思考着楚国的命运，襟怀之大可以说将整个世界装在心中。中国人的浪漫主义就这样，将升天入地的想象与对人类命运的关怀联系在一起，这种襟怀在世界上极为少见。二是科学探究精神。一般来说，想象是不顾及科学的，仅为主观的猜测，然《天问》中的提问，诸多具有科学性。如对于宇宙造成的提问、日夜形成的提问、日月运行的提问等，实际上，它展示了战国时代天文学的学术视野。

　　中华民族对于天的兴趣以及由此所做的思考、研究，一方面表现于诸多的以"天"为题的著作如《庄子》的《天运》《天下》诸篇、荀子的《天论》、柳宗元的《天对》等；另一方面则在中华民族观天星的实践中体现出来。早在五帝之一的颛顼时代，就有了对天的科学性观察。颛顼"命南正重司天以属神"。考古发现，尧都陶寺就有专用来观察星象的天文台 [②]。

　　中华民族的崇"天"精神，可以概括为三：天地精神，此为哲学精神；天下精神，此为伦理精神；天观精神，此为科学精神。屈原的《天问》兼有这三种精神。

　　五是积极的人生哲学。浪漫主义通常分为积极浪漫主义、消极浪漫主义两种。屈原的浪漫主义属于积极浪漫主义，主要体现了对于人生的信心，对于生命的执着，对于未来的向往。

---

① 　今计《天问》，凡 1564 字，158 问，但前人统计为"172 问"。
② 　参见本书史前编。

屈原开创的浪漫主义在中国有着多条发展方向：

第一，与现实相关，向着社会理想的方向发展。其突出代表是陶渊明。他的《桃花源记》所描绘的那个避乱山林的小社会，亦真亦幻，美丽动人。一方面让人对中国长期来的社会动乱感叹唏嘘，另一方面又对桃花源中那个平静、祥和的社会不胜向往。这个社会其实就是人们的理想。

第二，与历史相关，向着寻祖探源的方向发展。先秦、汉代产生了大量中华始祖相关的神话和传说故事。这些故事，亦真亦假，有历史的成分，但更多的是人们的虚构。这种虚构中蕴含非常可贵的中华民族精神，如体现在炎帝身上的发明创造精神，神农身上的艰苦卓绝精神，女娲、后羿、夸父身上的抗争自然、改造自然、美化自然的主体精神……

与历史相关的浪漫主义艺术，还有像《西游记》《封神演义》这样的神魔小说，说是历史，其实，历史只是借助，或者说，只是由头。

第三，与宗教相关，朝着宗教境界方向发展。中国两大宗教：一是道，另一是佛。道的理想境界是成仙；佛的理想境界是成佛。成仙、成佛，既是宗教的教旨，又是人生的理想，于是就有大量这方面的故事。道教有八仙故事、三神山的故事，佛教有济公和尚的故事。

第四，与人生或人性相关，向着理想人生或理想人性方向发展。汤显祖的《牡丹亭记》描写死而复生的故事，与宗教无关，却是理想人生的最为真实的反映。《聊斋志异》，同样与宗教无关，但它所说的诸多狐狸与人恋爱的故事，温馨，浪漫，极具魅力。

所有这些故事，虽然有些为悲剧，有些为喜剧，有些为正剧，但都显示出对于人生的肯定，具有鼓励人向上的积极意义。

中国文化本质上为"乐感"文化，她有忧患意识，有伤感情怀，也有悲观乃至厌绝人生的消极成分，但总体上是积极的、激人奋进的。是善的，也是美的。

乐感有两种形态，一种是现实的形态，一种是浪漫的形态。也许，浪漫形态更为重要，更为突出。道理很简单：现实可能较多苦难，而理想总是美好的。

第 五 章
中华艺术美学体系

美学从其产生之初，就是以艺术美学为主体的。原因也许很简单，相比于生活中的审美，艺术审美更单纯，更集中，更有魅力。值得我们注意的是，生活与艺术从来没有分开过，不仅在现实生活中，处处见出艺术化的倾向，而且在艺术审美中，也总是情况不一地见出生活化的倾向。中国古典艺术美学是中华民族在长达四五千年的历史行程中逐步创立并完善起来的，它有自己的一套理论体系，有自己的一套范畴，而与西方美学大相径庭。值得指出的是，尽管理论体系、范畴与西方不同，但所研究的对象是一致的。美学作为一门人文科学，不只是某一民族具有，各民族都有，因为任何民族都有自己的审美活动，是不是将研究审美活动的理论成果抽出来称之为一门学科那是次要的。中华艺术美学在自己的发展过程中形成了自己的理论体系，简论如下。

第一节 以"意象"为基本范畴的审美本体论系统

西方美学热衷于讨论"美"的问题。自古希腊哲学始，就在争论什么是"美"。毕达哥拉斯侧重于从宇宙和谐找美，最后将美归结为数，实际上认为美是真；苏格拉底、柏拉图侧重于从"理想国"的利益去找美，最后将美归结为善；亚里士多德兼顾此二者。以后西方美学沿着这个传统贯穿下来，可以说，美以及与之对立的丑是西方美学中审美本体论系统的基本范畴。

中国古典美学虽然也谈到美丑问题，但显然不占重要地位，大多是在谈别的问题时顺便涉及，并不多做理论阐述，专门讨论美的文章甚少，零碎的观点也构不成贯串性的历史传统。

在中国古典美学中，处于审美本体地位的是"象""境"以及由它们构成的"意象""意境""境界"等。这才是中华民族的审美对象，如果仿照西方的美学提问：什么是美或美在哪里，那么，中国美学的回答则是：美就在"意象""意境""境界"。事实上，中华民族的美学不这样提问，也无须这样提问，在中华民族的审美观看来，这是题中应有之义。

中华民族对"象"的重视可以追溯到汉字的创造。汉字就是"象"。尽管世界上最早创造的象形文字不只是汉字，但唯有汉字保留下来，这亦可见中华民族对"象"的偏爱，它已经内化为中华民族的一种文化心理。中国最古老的百科全书式的理论著作《易经》，其主体是卦象，卦爻辞只是卦象的解说。《易传·系辞》说："易者，象也，象也者，像也。""彖者，言乎象者也。"关于言、意、象三者的关系，《易传》做了最早的理论概括："观物以取象"，"立象以见意"，并且明确说："书不尽言，言不尽意"，为"象"的重要性奠定基础。此后王弼又予以发挥："夫象者，出意者也；言者，明象者也，尽意莫若象，尽象莫若言。言生于象，故可寻言以观象；象生于意，故可寻象以观意。意以象尽，象以言著。故言者所以明象。得象而忘言；象者所以存意，得意而忘象。"① 这样，"意象"的基础理论已经创立，尽管王弼还没有提出"意象"这一概念，这一概念已经呼之欲出了。

最早在文论中使用"意象"概念的是刘勰，但刘勰对意象的美学特征未加论证。真正对意象的美学特征作深入描述的是唐代的美学家：王昌龄、殷璠、白居易、司空图、张怀瓘、日僧遍照金刚等。殷璠还提出"兴象"这一概念，强调意象中"兴"的作用。明清对意象的论述尤多，也较为深入。意

---

① 王弼：《周易略例·明象》。

象论已不是单一的艺术理论,它成了艺术的中心的理论,跟许多理论相关,并成为它们的基础。论者有的将它与"比兴"说相联系;有的将它与"镜花水月"说相联系;有的将它与"情景合一"说相联系;有的将它与"意境"说相联系……

"境",这个概念产生较迟,但在美学上的意义不在"象"之下。"境"也是"象",但"境"较为空灵虚幻,梁启超说:"境者,心造也。一切物境皆虚幻,惟心所造之境为真实。"① 这话是抓住了"境"的实质的。"境"比"象"心灵成分重得多,美学品格也要高出一筹。唐代时在中国活动的日僧遍照金刚说:"思若不来,即须放情却宽之,令境生。然后以境照之,思则便来,来则作文,其境思不来,不可作也。"② 可见"境生"是创造高品位艺术美的关键。"境"的理论与佛学关系非常密切,佛经如《华严经》《法界体性经》《入楞伽经》《无量寿佛经》《如来庄严智慧光明入一切佛境界经》都出现"境""境界""法境"等概念。佛教对"境"的理解对中华美学中"境""意境""境界"这些美学范畴的形成具有重要的作用。

由"境"派生的美学概念甚多,如:"意境""境界""物境""情境""心境""圣境""神境""化境""常境""异境""佳境""妙境""实境""虚境""幻境""妄境""有我之境""无我之境"等。这些概念中最重要的是"意境"与"境界"。

"意境"是中华艺术美学的最高范畴。意境是建立在意象基础之上的,因而它也可以说是一种意象。它与意象之不同,在于它"空灵"。意象重在实,意境重在虚。司空图说的"象外之象""味外之旨"可以看作是意境的主要特征,因而"境生于象外"③。自唐代王昌龄提出"意境"这一概念以来,历代都有对意境的论述,到清末,王国维对意境说做了很好的总结。

"境界"与"意境"常常互用,但仔细比较还是有所区别的。"意境"一般只用在艺术领域,作为艺术美的存在方式;"境界"除了可以用于艺术领

---

① 　梁启超:《自由书·惟心》。

② 　遍照金刚:《文镜秘府论·南卷·论文意》。

③ 　刘禹锡:《董氏武陵集记》。

域外，还可以用于人生领域，表示个体自我完善所达到的最高精神世界。王国维在《人间词话》中谈到"古今成大事业、大学问者"要经过"三种境界"，这"境界"就不宜用"意境"来取代。宋明理学家好谈"内圣""外王"，这"内圣"就是追求一种最高的精神境界。这种精神境界因为以天人合一为本质，寻求与天地精神相往来，所以又通向审美境界。庄子的"逍遥游"、儒家的"孔颜乐处"都可以看成审美境界。

以"象""境"以及由"象""境"组合而成的"意象""意境""境界"是中华美学的审美本体。一切审美性的快乐与评价如"妙""神""逸""能""丽"都由此而生发。

第二节　以"味"为核心范畴的审美体验论系统

在审美心理方面，中国古典美学与西方美学也存在明显的差异。西方美学是建立在主客两分的理论基础之上的，主体对客体的审美观照总不出认识论的圈子，尽管西方美学的美感论亦谈情感，亦谈想象，但最后的归宿还是认识论。关于这，在美学学科的创始人、德国 18 世纪哲学家、美学家鲍姆嘉通的理论中表现得最为明显，他说："美学（美的艺术的理论，低级知识的理论，用美的方式去思维的艺术，类比推理的艺术）是研究感性知识的科学。"[1]"美学的目的是（单就它本身来说）感性知识的完善（这就是美），应该避免的感性知识的不完善就是丑。"[2]康德谈鉴赏判断（即审美判断）也基本上是将它看作一种认识事物的方式的，只是审美判断是"不借概念"的认识。黑格尔否定审美是情感性的活动，认为情感不是真理的真实形态，"真理的内容不是通过感情给予的。"[3]仅凭情感无法认识真理。艺术虽然

---

① 北京大学哲学系美学教研室编:《西方美学家论美和美感》，商务印书馆 1979 年版，第 142 页。

② 北京大学哲学系美学教研室编:《西方美学家论美和美感》，商务印书馆 1979 年版，第 142 页。

③ 黑格尔:《哲学史讲演录》第 2 卷，商务印书馆 1960 年版，第 195 页。

拥有大量的情感,但情感不能构成艺术的本质,因为"艺术的使命在于用感性的艺术形象的形式去显现真实"[1]。艺术作为审美的典范形式,它的职责是认识,审美自然也是认识性的了。不仅对艺术审美是认识,对自然界的审美也是认识。黑格尔说,固然自然物的外在形象能够引起人们的愉悦,但是,"我们如果要认识这个领域里的生命的全体内在统一,就必须借助于思考和理解"。[2]

中国古典美学的美感理论则与之不同,它基本不属于认识论系统,而属于体验论系统。中华美学建立在天人合一的基础之上,人心与自然(天)"一气流通"(王阳明语)融为一体,无有间隔。在中华民族的审美心理中,天地自然亦如人一样,充溢生命气息,而且人的生命就是宇宙生命的凝聚,因而人可以"上与造物者游,而下与外死生无终始者为友"[3],"上下与天地同流"[4],"浑然与万物同体"[5]。建立在这种天人合一基础上的审美理论就必然不可能是主体对客体内在规律把握的认识论,而只能是主体与客体交感的体验论。

这种以体验论为实质的美感论,中国古典美学有它独特的范畴体系。大体是:

一、审美发生的心理前提:"虚静"

虚静论包含两个要点:一是虚,二是静。老子讲"致虚极,守静笃",庄子讲"心斋""坐忘",都强调以虚空静谧的心态去领悟"道"的奥秘。刘勰首先将"虚静"的理论用之对文艺创作的理解,云"是以陶钧文思,贵在虚静,疏瀹五藏,澡雪精神"[6],苏轼则认为虚静的心境是创造空灵美的先决

[1]　黑格尔:《美学》第 1 卷,商务印书馆 1979 年版,第 68 页。
[2]　黑格尔:《美学》第 1 卷,商务印书馆 1979 年版,第 166 页。
[3]　《庄子·天下》。
[4]　《孟子·尽心上》。
[5]　《河南程氏遗书》卷第二上。
[6]　刘勰:《文心雕龙·神思》。

条件:"静故了群动,空故纳万境。"① 与"虚静"同等的概念还有"澄怀""澄思""凝虑""凝神"等。

为什么审美发生前的心境必须是"虚静"的?这与中华民族所认定的美重在抽象的"道"有很大的关系。只有"澄怀"才能"观道",才能"味象"。明代杨表正说:"清风明月之夜,焚香静室,坐定,心不外驰,气血和平,方与神合,灵与道合。"②

二、审美发端的心理活动:"感兴"

"感兴"包含"感"与"兴"两种心理活动。首先是"感"。"感"一般指感觉、感受的意思,但中国古典美学中讲的"感",不只是主体单方面的感觉活动,还包括客体方面的反应,是相互的交感,因此又可说是"应感"。陆机说:"若夫应感之会,通塞之纪,来不可遏,去不可止。"③ 刘勰说:"目既往还,心亦吐纳","情往似赠,兴来如答"④。遍照金刚认为:"感兴势者,人心至感。必有应说,物色万象,爽然有如感会。"⑤

强调物我双方的"交感""应感""感会",这是中华美学审美感知论的重要特点。也正因为它是物我双方的交感,所以它不是认知。认知的感知是反映,是客体的形象作用于主体的感觉,主体相应地作出反映。这种反映的特点是:主体的感觉是被动的,它以服从客体的真为旨归。而物我双方的交感,如辛弃疾所说的"我见青山多妩媚,料青山见我应如是"⑥,则不可能让主体处于被动的地位,审美中的主体和客体处于互动的地位。交感活动中的主体不以认识对象为目的,因而也不必去询问客体是什么,而只需管主体的感觉怎么样。这种美感论显然不属于认识论,而

---

① 苏轼:《送参寥师》。

② 杨表正:《弹琴杂说》。

③ 陆机:《文赋》。

④ 刘勰:《文心雕龙·物色》。

⑤ 遍照金刚:《文镜秘府论·地卷·十七势》。

⑥ 辛弃疾:《贺新郎·甚矣吾衰矣》。

属于体验论。

　　审美发端不只是"感"，还有"兴"。"兴"在中国古典美学中含义甚多，从美感论言之，它指情感被激发。唐李善说："兴会，情兴所会也。"① 宋胡寅亦说："触物以起情谓之兴，物动情者也。"② "兴"是中国古典美学中美感论的重要范畴，它不能简单地等同于情感，它强调的是情之"起"，而情之"起"又与"物动"关系密切，是"物动"才"起情"。钟嵘云："气之动物，物之感人，故摇荡性情，形诸舞咏。"③ "摇荡性情"就是"兴"了。因而"感"与"兴"又往往合成一个范畴，称之为"感兴"。感兴除了包含"感"与"兴"两个方面的意义外，还包含了审美直觉、灵感的意思。仅就这而言，又通常称之为"兴会"。兴会来时，文思泉涌，万象俱开，而且情趣盎然，吴雷发说是"灵机异趣"④。这样，"感""兴""趣"连为一体，审美发端时的审美心理就表达得很完整了。西方没有与之相类似的美感范畴，因而也没能这样充分地、淋漓尽致地表述审美发端时丰富的心理活动。

三、审美深入时的心理活动："妙悟"

　　审美由感知发其端，进一步深入则必然启动理智。西方美感论在论及这一层次时，往往搬用认识论的"理智""思维""思考"这类概念。黑格尔虽然也谈审美感知对于审美有特殊重要的意义，但是他又说："事物的深刻方面却仍不是单凭这种鉴赏力所能察觉的，因为要察觉这种深刻方面所需要的不仅是感觉和抽象思考，而是完整的理性和坚实活泼的心灵。"⑤ 费尔巴哈也认为，除了"审美的感觉"之外，还有"审美理智"，只有这两种审美心理功能共同活动，才能感受并认识美。别林斯基的看法差不多，他说："在美文学方面，只有当理智和感情完全融洽一致的时候，判断才可能是正确

---

① 李善：《文选注》。

② 胡寅：《与李叔易书》。

③ 钟嵘：《诗品序》。

④ 吴雷发：《说诗菅蒯》。

⑤ 黑格尔：《美学》第 1 卷，商务印书馆 1979 年版，第 43 页。

的。"① 黑格尔、费尔巴哈、别林斯基虽然美学观点不一样,但有一个共同点,就是都认为有一种"审美理智"存在。

中国古典美学却不这样看。当审美由"感兴"发端深入进行时,中国古典美学用"妙悟"这一范畴来表示。"妙悟"跟"审美理智"有质的区别。"审美理智",是一种逻辑思维,而"妙悟"却仍然是形象思维。"悟"的突出特点是不加分析,在保持对事物形象完整感受的前提下,直接叩击事物深层意蕴。"悟"前加上"妙",是强调这种"悟"的"神奇"性。用现代心理科学来表述,"妙悟"是直觉,或者说理性直觉。它虽取感性的形式却达到理性的高度。"妙悟"与佛教关系密切。"妙悟"本是佛教"参禅"的一种方法,又称"禅悟",后来为诗论家移来用作写诗的方法。南宋严羽云:"大抵禅道惟在妙悟,诗道亦在妙悟。"② 明清"妙悟"这一概念用得相当普遍。"诗道亦在妙悟"几成金科玉律。明代胡应麟认为:"禅则一悟之后,万法皆空,棒喝怒呵,无非至理;诗则一悟之后,万象冥会,呻吟咳唾,动触天真。"③ "动触天真"那已是进入悟道的境界了。清代王士祯认为诗家悟了之后,诗就可上升到化境。于此可见"悟"是何等神奇、重要。

当然,中国古代的美学家、艺术家谈妙悟都结合着谈文艺创作,并未单独将它拣出来谈一般的审美活动,但是,艺术创作本就是一种审美活动。诗人、画家为眼前的物象所感发,产生艺术创作的冲动,这是审美的发端。接着进行的是审美意象的营构,就是审美深入了。审美意象的营构仅凭"感兴"是不够的。它需要诗人、画家对审美对象有更深入的体验;自身的审美修养、审美理想、审美情趣也还需要有进一步的激发、调动,以求审美主体与审美客体在双向交感之中找到最佳的结合点和流通渠道。这个心理过程相当复杂,又十分巧妙、神奇。它不是解代数方程式,凭精确的计算与推论,而是靠诗人、画家的审美直觉,靠妙悟。

---

① 《别林斯基选集》第 1 卷,上海译文出版社 1979 年版,第 223 页。

② 严羽:《沧浪诗话·诗辨》。

③ 胡应麟:《诗薮》。

四、审美心理的高峰体验：“物我两忘”

这是中国古代“天人合一”哲学在美学上的集中体现。中国古典美学非常看重在审美活动中“物我两忘”的心灵状态。最早论述物我两忘的是庄子，庄子提出“坐忘”说。“坐忘”的含义是“堕肢体，黜聪明，离形去知，同于大通”①。郭象解释：“夫坐忘者，奚所不忘哉！既忘其迹，又忘其所以迹者。内不觉其一身，外不识有天地，然后旷然与变化为体而无不通也。”②庄子这里谈的是体道，但因为切合审美心理，所以后来被用来表述艺术创作时艺术家的审美心理活动。张彦远说：“凝神遐想，妙悟自然，物我两忘，离形去智。身固可使如槁木，心固可使如死灰，不亦臻于妙理哉？”③宋代画家罗大经描述曾无疑画草虫：“方其落笔之际，不知我之为草虫耶，草虫之为我也。”④

“物我两忘”跟西方美感论的“形象直觉”说和“移情”说不同。“形象直觉”说、“移情”说是建立在主客两分的哲学基础之上的；而“物我两忘”说是建立在“天人合一”的哲学基础之上的。“物我两忘”说认为宇宙与人在本质上是相通的，审美主体只有让自己的心灵完全沉潜到审美对象的底层意蕴之中去，方可感受到心灵的律动与宇宙自然生命的律动和谐统一的美妙，从而进入一种心灵自由的境界。

五、美感理论的核心范畴：“味”

“味觉”在西方美感论中是没有地位的。黑格尔说：“艺术的感性事物只涉及视听两个认识性的感觉，至于嗅觉、味觉和触觉则完全与艺术欣赏无关。”⑤而在中华美学，“味”则是美感论的中心范畴。味一头连着审美深

---

① 《庄子·大宗师》。
② 转引自崔大华：《庄子歧解》，中州古籍出版社 1988 年版，第 274 页。
③ 张彦远：《历代名画记》。
④ 罗大经：《鹤林玉露》卷六。
⑤ 黑格尔：《美学》第 1 卷，商务印书馆 1979 年版，第 48 页。

入，含有审美探寻、咀嚼、品研的意思，它既是"悟"的前导，又是"悟"后审美心理活动的自由延伸。味的另一头连着审美享受，它具有品味的意思。味表示此种审美享受无比的美妙、神奇、绵绵不绝。

味这个概念起源于中国古代饮食文化。中华饮食文化源远流长，饮誉世界，堪称国粹。孙中山在《建国方略》中曾说："烹调之术本于文明而生，非深孕乎文明之种族，则辨味不精，辨味不精，则烹调之术不妙。中国烹调之妙，亦足表明文明进化之深也。"①

味在诸感觉中有它独特的地方。味觉相较而言更注重个人的体验，比较地细腻、微妙。商代烹饪大师伊尹说："鼎中之变，精妙微纤，口弗能言，志弗能喻，若射御之微，阴阳之化，四时之数。"②

味上升为美学范畴后，分两种情况：用作动词，则属于美感论；用作名词，则属于美论。我们这里只谈作为美感论的味。作为美感论的味，它已经不是指味觉了，而是一种心理体验。这种体验不只是指情感、情绪，而是集感知、想象、情感、理解等多种心理功能于一体的心理活动。

味与悟同是理性直觉，但味还含有"趣"，更具美学色彩。

味是最为精微的，中华美学特别强调"辨味"。因此，有各种各样的味，诸如"正味""奇味""兴味""神味""真味""鲜味""至味""厚味""醇味""淡味""恰味""甘味""清味""德味""情味"等。

第三节　以"妙"为主要范畴的审美品评论系统

西方美学是以"美"为基本范畴的，美既是审美本体论的范畴，又是审美品评论的范畴。中国古典美学与之有所不同。在中国古典美学中，处于审美本体地位的是"意象"或"意境"。这点我们在上面已经论述过了。在审美品评这个系统中，美诚然也是范畴之一，但不是核心范畴，核心范畴

---

①　孙中山：《建国方略》，武汉出版社 2011 年版，第 8 页。
②　《吕氏春秋·孝行览第二·本味篇》。

是"妙"。

妙与美有什么不同呢？《老子》一书也许给我们以启示。《老子》一书既用了"美"这个概念，又用了"妙"这个概念。

关于美，《老子》有两处用到了。一处是："天下皆知美之为美，斯恶已；皆知善之为善，斯不善已。"[1] 这里，"美"与"恶"相对，美可以理解成"好"。另一处是："信言不美，美言不信。"（《老子·八十一章》）。这里的美可以理解成漂亮、华丽。从这两处使用来看，老子对美评价不高。

关于妙，《老子》只用了一处：

> 道可道，非常"道"；名可名，非常"名"。"无"，名天地之始；"有"，名万物之母。故常"无"，欲以观其妙；常"有"，欲以观其徼。此两者，同出而异名，同谓之玄，玄之又玄，众妙之门。[2]

显然，妙的地位比美高多了。美与妙都有"好"的意思，但美比较侧重外观的好，妙则侧重于内在的好。另外，美比较具体，易于把握；妙则比较抽象，难于把握。美较多地用于人物、事物，妙则较多地用于精神、事理、规律。当然这种区别是相对的。

先秦、两汉谈美的言论多于谈妙的言论。而到魏晋，随着玄学的盛行，谈妙的言论突然多起来了。这一点，朱自清有很好的论述：

> 魏、晋以来，老庄之学大盛，特别是庄学；士大夫对于生活和艺术的欣赏与批评也在长足的发展。清谈家也就是雅人要求的正是那"妙"。后来又加上佛教哲学，更强调了那"虚无"的风气。于是乎众妙层出不穷。在艺术方面，有所谓"妙篇"，"妙诗"，"妙句"，"妙楷"，"妙音"，"妙舞"，"妙味"，以及"笔妙"，"刀妙"等。在自然方面，有所谓"妙风"、"妙云"、"妙花"、"妙色"、"妙香"等，又有"庄严妙土"指佛寺所在；至于孙绰《游天台山赋》里说到"运自然之妙有"，更将万有总归一"妙"。在人体方面，也有所谓"妙容"、"妙相"、"妙耳"、"妙

---

[1] 《老子·二章》。

[2] 《老子·一章》。

趾"等；至于"妙舌"，指的会说话，"妙手空空儿"（唐裴铏《聂隐娘传》）和"文章本天成，妙手偶得之"（宋陆游诗）的"妙手"都指的手艺，虽然一个是武的，一个是文的。还有"妙年"，"妙士"，"妙容"，"妙人"，"妙选"，都指人，"妙兴"，"妙绪"，"妙语解颐"，也指人。"妙理"，"妙义"，"妙旨"，"妙用"，指哲学，"妙境"指哲学，又指自然与艺术；哲学得有"妙解"，"妙觉"，"妙悟"；自然与艺术得有"妙赏"；这种种又靠着"妙心"。①

六朝以后，"妙"在文学艺术的言论中用得非常普遍。大体来说，妙的运用有三种情况：第一，作为具有较大涵盖面的普遍性的美学范畴，相当于西方美学中的"美"。就此而言，"神""逸""巧""能""妍""丽"均可涵盖在内。第二，作为狭义的美学范畴，那么它与"神""逸""能"等范畴并列。张怀瓘评画，说有"神""妙""能"三品，朱景玄加上"逸"品，均属于此种用法。第三，作为一个形容词与别的概念合成一个概念，表示某一美的事物，如"妙语""妙音""妙容""妙理"等。

"妙"作为审美品评的核心范畴，很能反映中华美学的特点。中华美学认为最高的美是"道"，而"道"无形无象却又充溢生命气息。《老子·十五章》云："古之善为士者，微妙玄通，深不可识。"明代沈一贯的《老子通》曰："凡物远不可见者，其色黝然，玄也。大道之妙，非意象称之可指，深矣，远矣。不可极矣，故名之曰玄。"王弼为"妙"作注："妙者，微之极也。"② 中华美学很看重空灵的美，意境之所以高于意象，就在于它比意象空灵，充满"道"的意味。

"妙"与"味"构成直接联系。"妙"要靠"味"来品赏。中华美学的美感论可以说就是以"妙——味"来建构的。

"妙"是审美品评的核心范畴，但不是单一的范畴。事实上，中国古典美学品评的范畴是非常之多的，择其要者有"神""逸""清""雅""能""骨"

---

① 《朱自清古典文学论文集》上册，上海古籍出版社 1981 年版，第 131 页。

② 王弼：《老子道德经注·一章》。

"气""韵""妍""丽""巧"等。

其中黄休复的"四格"（逸格、神格、妙格、能格）说可以视为代表。从他对"四格"的具体解释来看，"逸格""神格""妙格"可以划为一个档次，"能格"为一个档次。

"逸格"的主要特点是"得之自然，莫可楷模，出于意表"①。"自然"在道家哲学中是最高的。"人法地，地法天，天法道，道法自然。"② 因此，"得之自然"实质是得"道"。清代画家恽格论"逸"：

> 香山翁曰：须知千树万树，无一笔是树。千山万山，无一笔是山。千笔万笔，无一笔是笔。有处恰是无，无处恰是有，所以为逸。③

很有意思，恽格将"逸"看作"无"，并明确地引用老子的观点：无中生有。于此可见，"逸格"之所以是最高的品格，乃因为它是"道"的具体体现，或者说，它通"道"。而"道"，按老子的观点又是"众妙之门"。所以"逸格"其实就是"妙"，是最高的"妙"。

"神格"的主要特点是"思与神合"，"创意立体，妙合化权"。所谓"思与神合"就是主客合一的境界；"'化权'，是说物的形象，乃造化之所权化权现。"④ 加上"妙合"则表示主客统一达到出神入化的地步。"神格"虽说还未超出物象本身，实现超越，但实际上亦是"道"的具体体现。从"思与神合"的融洽、"妙合化权"的神奇来看，"神格"也称得上"妙"。

关于"妙格"，黄休复说是"若投刃于解牛，类运斤于斫鼻。自心付手，曲尽玄微"⑤"投刃于解牛，运斤于斫鼻"二典均来自《庄子》，庄子用这两个寓言故事，表达的是由"技"进乎"道"之后那种实践中的自由。现在黄休复又用它来表示一种艺术品级，很显然，这种艺术品级也够得上"道"，称它为"妙"是很恰当的。

---

① 黄休复：《益州名画录》。
② 《老子·二十五章》。
③ 恽格：《南田画跋》。
④ 徐复观：《中国艺术精神》，春风文艺出版社 1987 年版，第 274 页。
⑤ 黄休复：《益州名画录》。

这样看来，逸格、神格、妙格，其实都是"妙"，只是在"妙"的层次上、侧重点上有一些极微小的差别，在实际的审美品评中，逸、神、妙是很难准确地区分开来的。

"能格"明显地比以上"三格"差一个等级，它的主要特点是"学侔天功"（有些版本作"体侔天功"）、"形象生动"。也就是说"能格"能对客观物象作忠实的描写，并能做到形象鲜明、生动。换句话说，"能格"重"形似"。能做到"形似"当然也是很不错的，通常品评为"美""丽""妍""巧""工"等等，一般不说是"妙"。

中华美学的审美品评，很重视"天工"与"人工"的区别。"天工"就是"自然"，就是"道"，就是"无为"，就是"朴"，就是"恬淡"。在中国古典美学中，这种美是最高的。"人工"低于"天工"，但如若"人工"能达到与"天工"争巧的程度，那就是"巧夺天工"。自然，这种美也是最高的。欧阳修说"文章与造化争巧可也"①，郭熙说"身即山川而取之"②，王履讲"吾师心，心师目，目师华山"③。这些话都不能当作模仿论来看，它不是要求诗人、画家去模仿自然，而是要求诗人、画家效法自然，以便创造出类似"天工"的艺术作品来。

与此相关的另一个问题是"有法"与"无法"。中国古典美学不是将这二者对立起来，而是将它们的关系看成超越与被超越的关系。"法"是不可少的，但"法"又是需要超越的，对"法"的超越就是"无法"。石涛说得好："至人无法，非无法也，无法而法，乃为至法。"④"无法"就是创造。中国古典美学总是对具有创造精神的"无法"的作品给予最高的评价。前面我们谈到的"逸格"，它就是最富于创造性的。黄休复说，"画之逸格，最难其俦"，"拙规矩于方圆"，"莫可楷模"，说的就是"无法"。

① 欧阳修：《温庭筠严维诗》。
② 郭熙：《林泉高致》。
③ 王履：《华山图序》。
④ 石涛：《画语录·变化章》。

第四节　真善美相统一的艺术创作理论系统

艺术在中国古典美学中占有主体的地位。中国古典美学比之西方美学更热衷于艺术审美规律的研究。在中国古典艺术美学中贯穿性的线索是真善美的统一。

首先是美与善的统一。由于儒家在中华文化中处于主导的地位，而儒家学说实质是以伦理为本位的文化学说，因此美与善的统一也就很自然地成为中华美学的一个基本特征。儒家创始人孔、孟、荀等虽然都有重善轻美的倾向，但都还没有将善与美等同起来，将美归之于善，孔子提出"尽美尽善""文质彬彬"的审美理想说，荀子主张美善结合，说："故乐行而志清，礼修而行成，耳目聪明，血气和平，移风易俗，天下皆宁，美善相乐。"[①] 这"美善相乐"说是"尽美尽善"说的进一步发展，它揭示了美善互相作用、和谐统一，从而给人以快乐的性质，反映出荀子在美善关系问题上辩证的观点。孟子讲"充实之谓美，充实而有光辉之谓大"[②]，已明显见出重内容、重善的倾向。但需注意的是孟子仍然很重视形式的审美价值，"充实"虽然可以称美，但需加上"有光辉"才能称"大"。由于先秦文字用语尚不统一，"美"字用法甚多，在《论语》中，"美"就有表示"好""善"的用法，在《孟子》这段谈"美""大""圣""神"的文字中，"美"不作美学意义上的"美"用，而说的是"善"，"大"倒是美学意义上的"美"。

美善统一，在儒家思想，主导面是"善"，也就是说，在美善的统一体中，"善"是灵魂，是统帅。这一思想也体现在艺术领域中。

自先秦到明清，中国古典美学中有关艺术创作的指导思想、艺术的社会功能形成了一系列的学说，这些学说都不同程度地显示出重伦理政治的功利主义倾向，择其要者有："礼乐"说、"风教"说、"兴寄"说、"美刺"说、"言

---

① 《荀子·乐论》。

② 《孟子·尽心章句下》。

志"说、"文道"说等。

"礼乐"说是儒家美学基本的学说。孔子将"礼乐"并称用来概括周代的典章制度和文化教育活动。他的"兴于诗,立于礼,成于乐"概括成人的三个关键。"诗""礼""乐"分别有其特殊的作用。"诗"起着审美诱导作用,在诗美的熏陶下人逐渐接受了良好的思想教育,同时也获得了许多自然界的和社会人生的知识。"立于礼"是最重要的,"礼"是根本。"成于乐"则是最高境界,在音乐的氛围中进入真善美相统一的精神境界。孔子对"诗""乐"的作用有充分的认识,他很清楚艺术有着别的意识形态无可替代的感染力、诱惑力,他要把这种审美的魅力移到为伦理政治服务的轨道上来,使美为善服务。《荀子》和相传为公孙尼子写的《乐记》对"礼"与"乐"的功能及相互关系有更深入细致的论述:"礼者,法之大分,类之纲纪也。夫学至乎礼而止矣。夫是之谓道德之极。"[1] "礼"的地位是最高的,而礼主要在人的理智层面上起作用,在感人方面就远不及"乐"了。"乐由中出,礼自外作。"[2] "夫声乐之入人也深,其化人也速。"[3] 如果将"礼""乐"结合起来,准确地讲,让"礼"借"乐"来达到教育人、移风易俗的目的,那就再好不过了。"礼""乐"的结合实质就是善美的结合。

"风教"说、"兴寄"说、"美刺"说都是儒家的"诗教"说。关于诗的社会功能,孔子说:"诗可以兴,可以观,可以群,可以怨;迩之事父,远之事君;多识于鸟兽草木之名。"[4] 这个概括是经典性的,"风教"说、"美刺"说、"兴寄"说均在此基础上申发。"风教""美刺"来自《毛诗序》;"兴寄"是初唐陈子昂提出来的。这些学说将诗的伦理政治功能显然是过于夸大了,像《毛诗序》说"正得失,动天地,感鬼神,莫近于诗,先王以是经夫妇,成孝敬,厚人伦,美教化,移风俗",总让人感到不切实际。值得注意的是,这些学说都不排斥审美,而且强调正是审美使诗的伦理政治功能得以实现。"风教"

---

① 《荀子·劝学》。
② 《乐记·乐论》。
③ 《荀子·乐论》。
④ 《论语·阳货》。

说肯定"风"的作用:"风,风也,教也,风以动之,教以化之。"① "风"在中国古典美学中是个含义丰富的范畴,它原本指民歌的一种体裁,而在成为美学范畴后,指的是审美的感染作用。"兴寄"说与"风教"说很相似。"兴寄"的"寄"指寄托,"兴"指寄托的方式。前者重在内容,重在善,后者重在形式,重在美。因而"兴寄"也含有美与善统一的意思。

"诗言志"最早由《尚书》提出,郑玄注:"诗言人之志意","蕴藏在心谓之在志"。这恐怕是后来的说法。在远古,诗即志。"志"同"誌",为记录政治历史大事和向神明昭告功德或请求赐福之辞。后来,诗的这方面功能为史所取代,诗就只用来抒发心志了。这个时候,"志"才是指思想、志向、怀抱。《左传·襄公二十七年》有"诗以言志"的话,这"志"就是指心志。《庄子》《荀子》都说过类似的话。《庄子·天下》云:"诗以道志。"《荀子·儒教》云:"诗言是,其志也。"中国古代诗论主张"诗言志",是与"诗教"说密切相关的,"言志"的内容即为"美刺"。也就是说,"志"必须是善的,有利于向读者进行合乎礼仪的思想政治教育的。到唐代,孔颖达用"情"释"志",则将"诗言志"这一命题进行了美学化的改造,意义重大。孔颖达说:"在己为情,情动为志,情志一也。"② "感物而动,乃呼为志,志之所适,外物感焉。言悦豫之志,则和乐兴而颂声作,忧愁之志,则哀伤起而怨刺生。"③ 经过孔颖达这一番改造,纳进了"情""外物",审美意味浓了。这样,"诗言志"这一命题要表达的实质也是美与善的统一。

"文道"关系是中华美学所关注的少数重要问题之一。虽然在唐代以前已经接触到这一问题。但没能形成明晰的理论观点。唐代古文运动中韩愈率先提出:"修其辞以明其道。"④ 柳宗元则在此基础上概括成"文以明道"⑤ 说。韩愈的学生李汉则又提出"文以贯道"说。"文以明道""文以贯

---

① 《毛诗序》。

② 孔颖达:《左传正义》。

③ 孔颖达:《左传正义》。

④ 韩愈:《争臣论》。

⑤ 柳宗元:《答韦中立论师道书》。

道"，重"道"是很明显的。这"道"即韩愈所提倡的"古道"，指的是由尧、舜、禹、汤、文武、周公、孔子、孟轲一直发展到唐的儒家道统。这"道"是"善"已是不消说的了。但"文以明道"说和"文以贯道"说并不排斥美，不仅不排斥而且很重视文辞的美。柳宗元明确说："文之用，辞令褒贬，导扬讽喻而已……然而阙其文采，固不足以竦动时听，夸示后学，立言而朽，君子不由也。"[①] 韩愈、柳宗元都是古文大家，他们的文章不仅以其内容之善而且也以其文辞之美在文学史上赢得赫赫声名。因而不管从他们文章的实际效果来看，还是从"文以明道""文以贯道"的理论来解释，古文家们所主张的其实是美善统一。

当然，到宋代理学家那里，情况就发生一些变化，北宋理学家周敦颐提出"文以载道"说，南宋理学家朱熹提出"文从道出"说，对文辞之美的重要性，认识就有些不足。但周敦颐、朱熹不仅是大哲学家，而且也是很有修养的文学家，他们的诗文创作还是很讲究文采的。周敦颐的《爱莲说》以其思想深刻、文辞华美成为中国古代散文的名篇。因此，"文以载道"说和"文从道出"说所暗含的非审美内容在实际上并没有发生太大的负面影响。

从以上的评介来看，坚持美善统一是中华美学中艺术审美创作的一个优良传统。

中华美学不仅讲美善的统一，而且也讲美与真的统一。只是中华美学对"真"有着独特的理解。

大体上来说，中国古典美学所认定的"真"有三种形态：第一，宇宙精神之真，这就是"道"。《老子》说："孔德之容，惟道是从。道之为物，惟恍惟惚。惚兮恍兮，其中有象；恍兮惚兮，其中有物。窈兮冥兮，其中有精，其精甚真，其中有信。"[②] 这种名之为"道"的"真"是最高的真。第二，客观物象之真。第三，思想情感之真。庄子说："真者，精诚之至也。"[③] 这"精诚"就是指真挚的思想情感。比较三"真"，中华美学最重宇宙精神之真，其次

---

① 柳宗元：《杨评事文集后序》。
② 《老子·二十一章》。
③ 《庄子·渔父》。

是思想情感之真。这二者的统一又称之为"神"。客观物象之真是排在第三位的。这种情况的出现，与中国古典美学不以认识论作为主要的哲学基础很有关系。模仿论在中国古典美学中不占重要地位的原因即在此。

中国古典美学既重视美与善的联系，又重视美与真的联系。那种认为中国古典美学的特点只在美善统一的看法是片面的。庄子说"天地有大美"，又说"夫道，有情有信，无为无形，可传而不可受，可得而不可见。自本自根，未有天地，自古以固存"①。在道家思想中，那作为天地万物本根的"道"才是最高的美。儒家其实也接受了这种思想，孔孟都讲"天命"，宋代理学，将儒家的仁义礼智与"天"统一起来，名之曰"天理"，"天"即"理"，"理"即"天"，善与真是一回事。陆九渊、王阳明的心学将"心"提到本体地位，"心外无物"，"心外无理"，"心"就是"理"，就是"天"，真、善均在心中并融为一体。

中国古典美学并不如某些人所说的不重视美与真的联系，其实是很重视的。只是中国古典美学很少谈脱离审美主体感受、理解的真，而且也基本上不谈属于物理现象的真。中国古典美学谈的真离不开主体审美心理，离不开宇宙本体，这是中国古典美学处理美与真关系问题上的基本立场。

美真统一体现在艺术领域则形成了一系列的理论：

属于艺术本体论的，则有刘勰的"自然之道"说、石涛的"一画"说、王夫之的"天地致美"说。

刘勰认为"自然之道"是文之本。首先，"道"将其"文"体现在大自然的形貌上，然后通过人的作用，将"道"之"文"又复现于文章之中。他说："人文之元肇自太极，幽赞神明，易象惟先。庖牺画其始，仲尼翼其终。而乾坤两位，独制文言。言之文也，天地之心哉！"② 在刘勰的美学体系中，"自然之道"是最高的本体存在。刘勰也讲"征圣""宗经"，但这二者都不比"原道"重要。

① 《庄子·大宗师》。
② 刘勰：《文心雕龙·原道》。

石涛提出著名的"一画"论。"一画"不是指一笔画,而是说画须以"一"为本。"一"在道家哲学中就是"道",即宇宙之本原。石涛说:"'一画'者,众有之本,万象之根。""立'一画'之法者,盖以无法生有法,以有法贯众法也。"① 石涛认为,只有确立"一"为宇宙之本的哲学思想,才能创作出境界超迈、气度不凡的艺术作品来。

清代的大哲学家也是大美学家的王夫之提出"天地致美"说,与刘勰、石涛的观点异曲而同工。王夫之说:"天地之生,莫贵于人矣;人之生也,莫贵于神矣。神者何也?天地之所致美者也。百物之精,文章之色,休嘉之气,两间之美也。函美以生,天地之美藏焉。天致美于百物而为精,致美于人而为神,一而已矣。"② 王夫之在这里说到自然("百物")之美、人之美,皆为天之美。"天致美于百物而为精","致美于人而为神",而"文章"正是"两间之美",是人与自然合一的产物。王夫之的观点与刘勰、石涛的观点基本一致,但更透辟、清晰。

关于艺术创作,体现美真统一思想比较突出的理论主要有:顾恺之最早提出的"以形写神"说,谢赫的"气韵生动"说,张璪的"外师造化、中得心源"说,李贽的"童心"说,袁宏道的"性灵"说,汤显祖的"情至"说,徐渭的"真我"说,等等。

顾恺之提出"以形写神",实际上是重在写"神"。"神"到底是什么?概念很模糊,应该允许根据具体情况作不同的理解。大体来说,不外乎所画对象的内在精神与画家作为创作主体的内在精神,这二者是可以统一在艺术形象之中的。从更高的要求来看,"神",应通向天地精神,通向"道"。在中国古典美学中,形似、神似的问题曾引起经久不衰的讨论。大体上形成了重神似、重形神结合两派,只重形似不重神似的没有。苏轼是重神似派的代表。他说:"论画以形似,见与儿童邻,赋诗必此诗,定非知诗人。"③ 他的朋友晁补之认为苏轼言论偏颇,应以形似为基础、形神结合为宜。他说:

① 石涛:《画语录·一画章》。
② 王夫之:《诗广传》卷五《商颂三》。
③ 苏轼:《书鄢陵王主簿所画折枝二首之一》。

"画写物外形,要物形不改;诗传画外意,贵有画中态。"① 其实,苏轼的重神似并非一概不要形似,而是强调二者相较,神似胜于形似。就影响来说,苏轼说远超过晁补之说。从中国艺术创作的主流来看,比较倾向重神似。这是中华艺术的一个比较突出的特点。谢赫的"气韵生动"说,也可以看作是一种重神似说。"气韵"就是"神"。谢赫将"气韵生动"列为"六法"之首,可见他是重神似的。

在中国古典美学的艺术创作理论中最有代表性亦最有影响力的是唐代画家张璪的"外师造化、中得心源"说。"造化"在中国古代哲学中兼有"自然""道"两个方面的含义。"师造化"一是指像"造化"创造天地万物那样去创造艺术作品,创造艺术境界。"师"在这里的意思是效法。二是指反映、模仿自然。这两种意义中,前一种意义是更重要的。"心源"指画家的思想情感,说是"源",可见"心"在创作中的重要地位,它是创作的源泉。"师造化"的成果须转化成"心源",然后才可形之于图画。中国古典美学所看重的艺术真实是心灵的真实,这真实又与"造化"相一致,换句话说,是天人合一的真实。明代画家王履的"吾师心,心师目,目师华山"②,将心灵的真实归之于自然的真实,重客观之真。而石涛说:"山川脱胎于予也,予脱胎于山川也。搜寻奇峰打草稿也。山川与予神遇而迹化也。所以终归之于大涤也。"③ 将自然之真实归之于心灵的真实,重主观之真。

明代心学异端兴起,带来一股浪漫主义文艺思潮,则相对地更注重主观之真。李贽提出"童心"说,"夫童心者,真心也。"④ 袁宏道则倡导"独抒性灵,不拘格套",强调"非从自己胸臆流出,不肯下笔"⑤。汤显祖主"情至"说:"生者可以死,死可以生,生而不可与死,死而不可复生者,皆非情之至

---

① 转引自杨慎:《升庵诗话》。
② 王履:《华山图序》。
③ 石涛:《画语录·山川章》。
④ 李贽:《童心说》。
⑤ 袁宏道:《叙小修诗》。

也。"①"世总为情,情生诗歌。"② 当时著名大画家兼戏曲家、诗人徐渭则大谈表现"真我",强调"出于己之所自得,而不窃于人之所尝言者",反对"鸟之为人言"式地模仿古人③。

在艺术的审美品评方面,中国古典美学很重视"真"。李白说:"圣代复元古,垂衣贵清真。"苏轼尚"平淡",说:"大凡为文当使气象峥嵘,五色绚烂,渐老渐熟,乃造平淡。"④"平淡"是艺术的最高境界,而"平淡",就是"真",相当于老子所说的"朴"。张彦远主"自然为上"说,他认为"失于自然而后神,失于神而后妙,失于妙而后精,精之为病也,而成谨细"⑤。在诗歌品评的等级上,朱景玄和黄休复都尚"逸",他们都将"逸"看成是最高品级,而"逸",黄休复说是"得之自然,莫可楷模"。这"逸"其实就是道家所推崇的最高存在——"道"。

从以上简略论述来看,说中国古典美学特别强调美与善的统一是不妥当的。中国古典美学不仅强调美与善的统一,也强调美与真的统一。准确地说,中国古典美学以善为美的灵魂,而又以真为美的最高境界,表现为真善美的统一。

中华民族在长达五千多年的历史文化中形成了自己独特的审美观念。这种审美观念概而言之,有四个要点:(1)崇尚中和的审美理想;(2)崇尚空灵的审美境界;(3)崇尚传神的审美创造;(4)崇尚"乐"与"线"的审美意味。

中华民族文化的主体是儒家文化和道家文化,其他还有佛教文化、道教文化等。这多元文化并不互相排斥,而是互相补充,互相吸收,呈圆融、综合的格局。反映到美学上则是儒道互补、多元综合、圆融统一。中华美学的哲学基础是"天人合一",它的主旋律是人的生命与自然生命的交相融

---

① 汤显祖:《〈牡丹亭〉题辞》。

② 汤显祖:《耳伯麻姑游诗序》。

③ 徐渭:《叶子肃诗序》。

④ 转引自何文焕编:《历代诗话·竹坡诗话》。

⑤ 张彦远:《历代名画记》。

会，是理性与感性的互相渗透和在对立中的统一。中华美学融伦理精神于其中，又超越伦理精神，升华到"天人合一"的境界。中华美学非常看重境界。艺术的境界与人生的境界在中华美学是相通的。是"境界"而非"美"，成为中华美学的主题。

第 六 章

中华环境美学体系 ①

哲学其实是可以分为两翼的：人生与环境，统为生活。相对来说，人生为生活的软件，环境为生活的硬件，两者各有侧重，但实不可分，人生是在环境中的人生，环境是人生的环境。就美学来说，基于生活的无限丰富性，生活难以成为美学的研究对象，因此，大多数美学研究总是以艺术为研究对象，因为艺术是按照审美的要求提炼过的人生形态。这正如水的研究，总是以各种提炼过的水为研究对象一样。环境，当其进入美学领域，倒是不需要做这样的提炼，也许，正是因为它的原初性、本色性，让环境美学获得了艺术美学难以企及的生活性，而在某种意义上获得了生活美学的品格。中国古代有着丰富而又深刻的环境美学思想，这思想可以追溯到距今 1 万年至 4000 年的新石器时代，而其奠基则主要在距今 3000—2000年左右的先秦时代，其中春秋战国时代的百家争鸣于中国古代环境美学思想的形成起了重要的作用。汉唐宋明清是中国历史存在时间较长的朝代，它们对于中国环境美学的建构与完善分别起着重要的作用，大体上，汉代主要是家国意识的建构，唐代主要在山水审美意识的拓展与提升，宋代则

① 此文为笔者承担的国家重大项目《中国古代环境美学史研究》（浙江人民出版社 2024 年版）的"总序"，发表于《武汉大学学报》2019 年第 4 期。

主要为新的城市观念的建构，明代主要在园林思想的成熟，清代主要在中国古代环境美学的总结以及近代环境美学的过渡。检阅中国古代环境美学的发展历程，我们认为中国古代有一个完整的环境美学思想体系，试作如下概括。

第一节　基础：农业文明

中国古代有关环境问题的思考与实践由来已久，溯其源，可达史前。史前人类早期的生产方式是渔猎，基本上是在相对固定的地域或地区生活，或是依赖着一片草原，或是依赖着一片山林，或是依赖着一片水域。渔猎的地区还是能够让人对这片土地产生一定的亲和感、依赖感，但是不够稳定，因为渔猎生产，受资源的影响，不得不经常性地迁徙。而农业则不同。农业只需要固守一片田园，年复一年地耕作、经营。对这块土地每年都要有投入，只有这样，才能有所收获。与之相关，农业需要定居。不是不可抗拒的原因，农民一般不会迁移。从事农业的人们在相对比较固定的土地上一代又一代地生产着、生活着、发展着。环境的意识，从本质上来说，就产生在农业这种生产方式之中。

考古发现，距今 12000 年前的湖南道县玉蟾岩遗址就有稻谷的遗存，这个时期属于旧石器时代向新石器时代过渡时期。此外，在江西万年仙人洞遗址和湖南彭头山遗址，也发现史前人类种植水稻的证据，这两处遗址距今均有 9000 年了。在距今 6000 年属新石器时代早期的河姆渡文化遗址，考古学家发现厚达 1 米的炭化稻谷、谷壳、稻穗和米粒。经推算，稻谷总量在 120 吨以上。在气候干燥的黄河地区，史前人类也早早进入了农耕时代。甘肃秦安大地湾遗址，就发现有最早的黍，距今有 8000 年的历史。这些史实证明中华民族很早就在创造着农业文明，而环境意识包括环境的审美意识就建构在农业文明的创造之中。

中国古代的环境意识，在农业文明的基础上，向着两个方面展开：

一、家园意识

谈环境经常要涉及的概念是自然。自然只有当与人相关的时候，它才成为人的自然。人的自然首先是或者基本上是物质的自然。物质的自然，对于人的意义主要是两个，一是资源，另一是环境。从理论与实践的角度来说，前者侧重于人的生产资料与生活资料的获取；后者则侧重于人身体上和心灵上的安顿。作为身体与心灵安顿之所的环境通常称之为"家园"。

农业生产的主要场所为田野，日出而作，日落而息的农业生产的生产地与生活地一般不会分隔得太远，生产区与居住区总是挨着的，这两者共同构成了人们的家园。家园是环境问题的核心，环境审美的本质即是家园感。

农业生产是家庭产生的物质基础。渔猎生产中，人的合作不是生产必需的前提，即便有合作，这种合作未必需要以家庭为单位。而农业生产是必须合作的，理想的生产单位是家庭。一般来说，男人从事较为繁重的田园劳作，女人则主要从事畜养和采集的劳动。有了孩子，一般来说，男孩是父亲的帮手，女孩则是母亲的帮手。

在中华民族，一夫一妻的家庭究竟产生于何时，目前还是一个正在研究的课题，从理论上说，应该是农业社会。地下考古发现，西安半坡仰韶文化遗址发现了大量的房屋基址，房子分方型、圆型两类，面积不等，绝大多数屋子面积在 12—20 平方米左右。这正是对偶家庭所居住的屋子。严文明先生认为，半坡居民约 300 人至 600 人之间，分为三级，最低级为对偶家庭，住 12 平方米左右的小屋子。数座小屋与中型屋子（面积 20 平方米至 40 平方米）组成一个大家庭或家族。若干个大家庭组合成氏族公社。三五个氏族公社组成胞族公社。[①] 考古发现，半坡人已经以农业为其主要的生

---

① 参见严文明：《仰韶房屋和聚落形态研究》，见《仰韶文化研究》，文物出版社 1989 年版，第 180—242 页。

产方式了。可以说，中华民族最早的家庭就是应农业生产之需而得以建立的，并稳固地成为社会的基本单位。甲骨文中的"家"上为屋顶形，有深屋、覆盖的意义。下为豕，即猪。"家"字的创造明显见出农业文明的影响。

中华民族最早的国家形态应是由氏族公社构成的胞族公社，胞族公社的首长就是族长，因此，以胞族公社为基本性质的国家，实际上就是放大的家。炎帝部落与黄帝部落在实现合并之前都是胞族公社，其合并后，性质有了变化，成为胞族公社的联盟。

尽管由胞族公社联盟所构成的国性质上与家有了区别，但社会的基本单位仍然是家。重要的还不是家这样的单位存在，而是家观念一直是社会的主导观念，血缘关系一直被视为社会的基本关系，这与儒家学说有着重要的关系。进入文明社会后，儒家试图为社会制定行事规则，儒家的基本立场是家观念。儒家建构的公民道德的基础是正确处理家庭人员的关系。家庭人员之间良性关系建立在等级和友爱两重原则的基础之上，而等级与友爱均以血亲关系的亲疏为最高原则。儒家将这套家庭伦理推及社会，建立社会伦理，于是国就是放大的家，君主是全国人民共同的家长，而全国人民均是这个大家庭中的成员。

家意识的扩大即为国意识，国意识的缩小就是家意识。儒家经典《大学》云："欲治其国者，先齐其家。""家齐而后国治"。齐家是治国之先，这"先"不仅具先后义，而且具习用义，就是说，"齐家"是"治国"的学习或者说练习，治国是齐家之后的大用。如此说来，治国与齐家基本原则与方式上是相通的。

中国文化中有两个重要概念——"国家"和"家国"。言"国家"，实际上说的是"国"，但要以"家"托着；言"家国"，虽然是既说"家"又说"国"，但是以"家"为先或者说为前的。不管是"国家"概念还是"家国"概念，"家"与"国"均密切联系，不可分割。

中华民族的环境意识具有强烈的家国情怀。这是中华民族环境意识包括环境审美意识的重要特质。这种特质的产生与中华民族以农为本的生产方式以及因此建构的家国意识有着重要关系。

二、天人关系

环境问题说到底还是天人关系问题。天人关系应该是人类共同的问题。天人关系中的"天"具有多义性，它可以理解成自然界，可以理解成上天的意旨、鬼神的意旨乃至不可知的命运等。从环境美学的维度来看天，这天，只能理解成自然，但不是所有的自然现象都可以理解成环境。只能将与人的生存、生活相关的那部分自然看作环境。

中国文化的以农为本，在很大程度上影响着中国人的天人关系。基于农业生产的基本性质是代替自然司职，农业文明的天人关系中两种形态：

其一，人与第一自然的关系：第一自然是人还不能对它施之影响的自然，而它可以对人的生产生活产生影响。以人代替自然司职为基本性质的农业，本就融会在自然活动的体系中，比如，春天，是生命萌生的时节，也是农作物播种的时节。可以说，农作物包括畜养物在内，都与自然共同着生命，既如此，农业全面地接受着大自然的影响，包括有利的影响和不利的影响。对于这种影响，人们非常敏感。从农业功利的维度，人们形成了对于自然现象的相对固定的审美观念。就天象景观来说，风调雨顺的景观是美的，狂风暴雨的景观就被认为是丑的。杜甫诗云："随风潜入夜，润物细无声。"这"风"之所以好是因为"润物"。就大地景观来说，膏壤沃野、新绿满眼，是美的；不毛之地，荒寒之地，就是丑的。虽然在自然景观的审美过程中，人们不一定都会想到农业，但潜意识中，农业功利已成为衡量自然景观美丑的重要标尺。或者说，农业功利意识早就化为中华民族的集体无意识。

其二，人与第二自然的关系：第二自然是人工创造的自然。对于人工创造的自然，人类对它们具有极为真挚深厚的情感。农业文明中第二自然的整体形象为田园。田园上既有庄稼、牲畜等人造的自然物，也有人的造自然的活动，它们共同构成一种田园景观。这种田园景观成为农业环境审美的重要对象。与之相关，田园诗以及田园散文在中国文学系列中占有重要地位。中华民族其乐融融的天伦之乐以及耕读传家的传统都建立在田园生活之中。正是因为如此，中国古代的环境美学的一大特点就是重视田园环境的审美。

中国人的环境观念虽然在很大程度上受到以农为本的影响，但亦不受其约束。中国人的世界观既有务实的一面，又有务虚的一面。既有执着的一面，又有超越的一面，表现在环境审美上，既重功利，其中潜意识的是农业功利；又重超越，主要是对物质功利包括农业功利的超越。陶渊明在这方面很有代表性。他的《读山海经》云：

　　孟夏草木长，绕屋树扶疏。

　　众鸟欣有托，吾亦爱吾庐。

　　既耕亦已种，时还读我书。

　　穷巷隔深辙，颇回故人车。

　　欢言酌春酒，摘我园中蔬。

　　微雨从东来，好风与之俱。

　　泛览《周王传》，流观《山海》图。

　　俯仰终宇宙，不乐复何如？

诗中景观审美明显地具有田园风味，其中功利性也是有的，如"欢言酌春酒，摘我园中蔬"；但是，当说到"微雨从东来，好风与之俱"就已经实现超越了，诗人更多地体会到的不是功利，而是自然风物与人的身心合一的美妙，最后上升到哲学的高度——"俯仰终宇宙，不乐复何如？"

陶渊明是一位具有多重身份的诗人。首先他是农民，农作物长得好不好，直接关系着生存，因此，他在意："种豆南山下，草盛豆苗稀。晨兴理荒秽，带月荷锄归。道狭草木长，夕露沾我衣。衣沾不足惜，但使愿无违。"[1]但是，他不只是农民，他还是诗人，所以，他能够说："翩翩飞鸟，息我庭柯。敛翮闲止，好声相和。"[2]更重要的，他是哲学家，他能超越一切功利，实现与自然做心灵的对话："结庐在人境，而无车马喧。问君何能尔，心远地自偏。采菊东篱下，悠然见南山。山气日夕佳，飞鸟相与还。此中有真意，欲辨已

---

① 　陶渊明：《归园田居其三》。

② 　陶渊明：《停云》。

忘言。"①

以农为本，说的只是经济基础，审美与经济基础是存在联系的，但是这种联系更多地为间接的、隐晦的、精神的、超越的。基于此，虽然中华民族对于自然环境的审美的根基是农业，但其表现方式又是多元的、丰富多彩的。

第二节　"环境"考辨

中国自远古起，就有环境思想，但环境这一概念却产生得比较晚。构成环境一词的"环"与"境"则要早得多。

"环"，现存最早出现的文字是金文。《说文解字》把"环"归入"玉"部，称"环，璧也""从玉睘声"，《绎史》将"环"图示为◎，可见，"环"作为玉的一种，指圆形的边宽度和中间的圆孔的半径等一的璧。"环"作为玉器的一种，是古代礼制中的重要器物。《曲礼下·疏》按《大戴礼·王度记》云："大夫俟放于郊，三年，得环乃还，得玦乃去。""环"（没缺口的圆玉）、"玦"（有缺口的圆玉）成为大夫能否得恩宠的信号。周朝设官职"环人"，《周礼·夏官司马》云："环人，下士六人，史二人，徒十有二人"。

离开讲礼的场合，"环"则显出其他的含义。

第一，从它的圆形发生出"环形"（圆形及类圆形）、"环绕"之义。《庄子·齐物论》云"枢始得其环中，以应无穷"，《庄子·大宗师》亦云："其妻子环而泣之"，又《汉书·高帝纪》有语："章邯复振，守濮阳，环水"。

第二，与"环绕"相近，"环"有"包围"义。《吕氏春秋·爱士》有"晋人已环缪公之车矣"语。

第三，"环"有"旋转"义。《茶经》说"以竹策环激汤心"。

第四，有起点与终点重合即无起点亦无终点义，《史记·田单列传》云"奇正还相生，如环之无端"；《荀子·王制》云"始则终，终则始，若环之无

---

① 陶渊明：《饮酒之五》。

端也"。没有了起点与终点之别，"环"又发展出"连续不断"之义，如《阅微草堂笔记·如是我闻》有"奇计环生"。

第五，从"环"外在形象的完满生发出"周全""遍通""周密"等义。《楚辞·天问》有"环理天下"语，此义的"环"有周全义；《文心雕龙·风骨》云"思不环周"，又《文心雕龙·明诗》云"六义环深"，此两处的"环"均有周密义。

"环"与其他字组合，还会产生新义，如"自环者谓之私"①，王先慎的集解中引《说文》认为此"环"与"营"相通。

《说文解字》释"境"为"疆也。从土竟声，经典通用竟"。何谓疆？界也。何谓界？画也。《汉书·史弼传》云，古代先王"疆理天下，画界分境，水土异齐，风俗不同"，故可得出"境"的意思是指"划（画）出的边界"。围绕着边界，"境"生发出不同的意思。

首先，就边界本身而言，"境"释为"疆界"。《史记·晋世家》："晋、秦接境"；《春秋繁露·玉英》："妇人无出境之事"；《韩非子·存韩》："窥兵于境上而未名所之"；《礼记·曲礼下》："大夫士去国，祭器不逾竟"；《汉书·文帝纪》："匈奴并暴边境，多杀吏民"。对"边境"，《国语》有一生动比喻，其《楚语》曰："夫边境者，国之尾也。""境"还可析出细貌，如《资治通鉴·梁纪》云："魏敕怀朔都督简锐骑二千护送阿那瑰达境首。"境首，犹言界首也。

其次，把边界当作一条线，就相关话语者所持立场而论，边界的两边就有了不同的归属地，分出"境内"和"境外"。《礼记·祭统》云"诸侯之祭也，与竟内乐之"；《汉书·卫青霍去病传》云"以臣之尊宠而不敢自擅专诛于境外"。"境"之"内""外"之别给人形成一种亲疏感，边界成了时刻在提醒人们危机将临的警戒线。

再次，不管"境内""境外"，都是指"地方"。《论衡·书虚》："共五千里之境，同四海之内"；《桃花源记》："率妻、子、邑人来此绝境"。这"地方"

---

① 《韩非子·五蠹》。

是由东、西、南、北来圈定，称为"四境"，《淮南子·道应训》："诚有其志，则四境之内皆得其利矣。"

最后，"境"也与"环"一样，从有形的地方拓展为精神之域。《淮南子》有诸多这样的用法，如《原道训》："夫心者……驰骋于是非之境"；《俶真训》："定于死生之境，而通于荣辱之理"；"若夫无秋毫之微，芦苻之厚，四达无境"；《修务训》："观始卒之端，见无外之境"。

最早把"境"的概念引入艺术理论中的是东汉学者蔡邕。他的论书著作《九势》云："此名九势，得之虽无师授，亦能妙合古人，须翰墨功多，即造妙境耳。"

在"境"与其他词义合作形成的语域中，朝着诗学维度拓展，则有"意境"和"境界"。这两个语词不仅在诗论上，而且在画论、书论、文论上都成为是否达到最高水平的标准，"境界"还成为人生修炼达到精神通达的程度。

最早使用"意境"评诗的是唐代诗人王昌龄，传为其所作的《诗格》二卷中有"诗有三境"论，其中第三境即为"意境"。王昌龄还创"境象"概念，他在论第一境"物境"时说"处身于境，视境于心，莹然掌中，然后用思，了然境象"，这"境象"与"意境"同义。

"境"从"身境"（物境）到"象境"（意境）的时空发生顺序，可以看作"境"在历史文化中，其精神因素不断增强的一个缩影。有学者认为，从"实境"到"虚境"，"境"在精神审美因素的提升与佛教有关。佛教著名的"六境"说根据不同的对象分出六种识境（色、声、香、味、触、法）。佛学意义上"境"更多地偏向"境界"的含义。

"境界"，同样经过了从外在空间到内在精神空间的变化过程。汉代《毛诗注》就有"正其境界，修其分理"一说，当中"境界"指"地方"。魏晋南北朝时期佛学把"境界"引入精神领域，如《无量寿经》说"比丘白佛，斯义宏深，非我境界"，指的就是内在修炼所达到的程度。

真正在审美意义上使用"境界"概念的是近代的王国维。他的《人间词话》试图以"境界"为核心概念来把握中国古代诗话的主要精神。"境界"

成为艺术之本，亦成为艺术美乃至美之所在。

　　"环境"是晚出词，据资料库显示，先秦至民国的文献中，"环境"作为合成词的出现大致有200多处。而在隋朝之前，"环境"用例至今没有发现，因此大致可以推断，"环境"一词，最早可能出现在唐朝，进一步缩小范围可认定在唐朝中后期。唐朝段文昌（773—835）《平淮西碑》有"王师获金爵之赏，环境蒙优复之恩"。又，《唐大诏令集》卷118《令镇州行营兵马各守疆界诏》（下诏时间为大和年间）有"今但环境设备，使之不能侵轶，须以岁月，自当诛除。此所谓不战之功，不劳而定也"。此处的"环境"亦须做动词理解，有"环绕某处全境"之意，不是合成词。

　　由上可见，唐代"环境"一词作为地区的用例还不太固定。宋代"环境"概念使用要多一些，且趋向于表示某个地带。如北宋《新唐书·王凝传》曰："时江南环境为盗区，凝以强弩拒采石。"（《新唐书》完成于嘉祐五年，即1060）与此差不多同时的《郧溪集·黄州重建门记》曰："环境之内，皆若家视。"（作者郑獬自叙本文完成于治平三年，即1066年）吕南公（1047—1086）《灌园集·上运使郎中书》曰"使环境之俗，欢荣戴赖，如倚父母"。上述所谓的"环境"都指"环绕某处之全境"。

　　康熙时编定的《御制佩文韵府》、雍正时编定的《御定骈字类编》中举"环境"这一条目时都有个例句："诸军环境，不得妄加杀戮"（皆引自《文苑英华·讨凤翔郑注德音》）。《文苑英华》成书于太平兴国七年至雍熙三年（982—986年），《文苑英华》中撷取的《讨凤翔郑注德音》一文来自唐代的"德音"（诏书的一种）。这样，"环境"一词的出现似乎要推到唐代。仔细推敲"德音"中"诸军环境"这句话，如把"环境"当成"某地"看，与"诸军"意思搭配不上，因为"环境"一词在其刚出现的语境中只能与某具体的地点结合，由外在自然来构成某一周遭地域才合道理，而由人文创造的环境是后起的事。那么"诸军环境"该作何解呢？直接查《唐大诏令集·讨凤翔郑注德音》，其文字却是"诸军还境，不得妄加杀戮"，显然意思就较为清楚，"诸军还境"意为"各路军队回到凤翔这个地方"，古汉语"环"与"还"意义相通，《文苑英华》的写法是允许的，而清代的字书在收集"环境"这一词条时却有些草率。即使唐代的说法成立，所引的例子也可能是孤证，况且《文苑英华》以及《唐大诏令集》都编定于宋代，因此，可以推定，"环境"用以指称地区，应是在北宋确定下来的。

有了北宋的发端，南宋使用"环境"这词就较为便当。《中兴小纪·卷四》云："时河东环境为盗区。"《香溪集·徐忠壮传》亦云："当是时，河东环境，为敌区独。"两者都用了"河东环境"语词，意思也一样。《可斋杂稿·帅广条陈五事奏》有"蛮僚环境，动生猜疑"。"环境"也可见于诗作，《梁溪集·闻建寇逼境携家将由乐沙县以如剑浦》："纷然群盗起，环境暗锋镝。"《后村集·送邹莆田》："租符环境少，花判入人深。"

此后元明清的文献均有环境的用例，从以上的考证，大致可以看出，在古文文本中，对"环境"这词的使用不是太普遍，严格地说，它还没有形成一个概念，其内涵与外延都不够确定。只有到了近代，"环境"才真正成为概念。

作为概念的"环境"，其意义已经远超出了"地区"义，具有一定的人文内涵，凸显了地区与人的生存发展的某种关系。鲁迅在《孤独者》中说"后来的坏，如你平日所攻击的坏，那是环境教坏的"，这"环境"的用法就与此前时代的用法完全不同。显然，将这里的"环境"解释成地区、地带就完全不妥。

到了当代，由于人与自然的关系成为生存的一大问题，环境意识进一步加强。人们一是从自然科学的维度，创建了各种环境科学，如环境化学、环境物理学、环境生物学、环境土壤学、环境工程学等。二是开拓出"社会环境"概念，相应地创建了社会环境科学。三是从生态学维度，创建出生态环境科学。生态问题不仅涉及自然问题，也涉及人文问题，因此，出现了诸多的具有交叉性、边缘性的生态环境科学，如环境哲学、环境伦理学、环境美学等。

梳理在中国文化视野下的"环境"语词及概念的发生与发展的过程，对于我们研究古代的环境美学思想是很有必要的：

第一，要区别"环境"语词与"环境思想"。"环境"语词在中国文化视

野中虽然晚出,但不说明中国古代的环境思想晚出。中国古代的环境思想
具有两种形态:一种是感性的物质的形态,另一种是概念形态,概念是需要
用语词来代表的。中国古代的与环境相关的概念很多,主要有天、地、天地、
自然、山水、山河、江山、田园、家园、国家等,这些概念各自指称当代环境思
想中的某个部分。也就是说,中国古代的环境思想包括环境美学思想更多
的不是通过"环境"这一概念而是通过天地、山水、家园等概念表达出来的。

　　第二,"环境"这一语词当其作为概念来使用时,在中国古代更多地指
自然环境而不是指社会环境。社会当然有环境义,但是,在中国传统文化中,
社会主要是作为政治学—社会学的范畴来使用的。研究中国古代的环境思
想,应该以自然环境为主要研究对象。自然环境文化虽然通常视为物质文
化,但是,中国文化中的物质文化均具有深厚的精神内涵。换句话说,中国
文化中的自然均为文化的自然,因此,研究中国古代的自然环境,不仅不能
忽视其文化内涵,而且需要将其作为灵魂来看待。

　　第三,基于"环境"语词由"环"与"境"两个词构成,这两个概念的含
义均不同程度地渗入环境概念,成为环境概念的内涵成分。

　　"环"作为独立的概念,不仅重视范围与边界,而且重视中心。受此影
响,中国环境思想的中心概念与边界概念都非常重要,中国古代有"大九
州"之说,《史记》载:"〔邹衍〕以为儒者所谓中国者,于天下乃八十一分
居其一分耳。中国名曰赤县神州。赤县神州内自有九州,禹之序九州是也,
不得为州数。中国外如赤县神州者九,乃所谓九州也。于是有裨海环之,
人民禽兽莫能相通者,如一区中者,乃为一州。如此者九,乃有大瀛海环其
外,天地之际焉。"[1] 大九州说强调中国是九州之中心,另外也强调九州外有
大瀛海包围着。

　　"境"为域,此域虽也有地域义,但自唐开始,境越来越多地指精神之域,
因此,它主要是一个文化概念,包含有丰富的哲学的、宗教的、美学的内容。
"境"成为"环境"一词的重要构成部分后,将它的这一特质也带入环境概

————————————

[1]　司马迁:《史记·孟子荀卿列传》。

念,所以,研究中国古代的环境思想,不能不注意它的文化内涵、精神内涵。

第四,"环境"概念具有时代的变异性、承续性和发展性。尽管中国古代的环境概念与现代的环境概念不同,这种不同显示出环境概念的变异性,但是,古今环境思想更具有承续性。我们今天在使用天地、山水等古代的环境概念时,是在一定程度上接收它们的古义的。当然,也渗入新的时代内容。因而,它与古人对这些概念的使用不尽相同。这说明环境概念具有时代的发展性。

第三节　概念系统

中国古代虽然没有"环境"这一语词,但有环境思想,而且还有类似"环境"概念。这些概念大致可以分为居室环境概念和自然环境概念两大类,基于环境主要是指自然环境,加之居室类环境如都市、宫殿等所涉及的问题远不只是环境,而且所涉及的问题似是比环境问题显得更重要,因此,讨论环境问题,一般将重点放在自然环境上。中国古代有关自然环境的概念主要有天地(天)、山水、山河(河山、江山)、家国(社稷、家园)、仙境(桃花源、瀛壶)等。

一、天地(天)

天地在古汉语中最初是分开来用的,出现很早,甲骨文中有天字,画作正面站立的人:𣥂,人头上有一四边形的圈,表示头顶的空间。已发现的甲骨文中没有地字,金文中有。《说文解字》释天:"颠也,至高无上,从一大。"释地:"元气初分,轻清阳为天,重浊阴为地,万物所陈列也。从土,也声。"最早将天与地合成一词且赋予深刻的哲学含义的是《周易》。《周易》中的《易经》部分,天、地是分用的;其《易传》部分,既有天、地的分用,也有天、地的合用。分用的天有时相当于天地。合用的天、地则形成一个概念,此概念相当于现今的自然。

作为宇宙的全称,"天地"概念更多地用"天"来代替。这样做,是为了凸显天的至高性。

天地的性质有五：(1) 天地是与人相对的，基本上属于物质的概念，但有精神性。(2) 天地广大悉备。《中庸》认为天地无穷地大，它说："今夫天，斯昭昭之多；及其无穷也，日月星辰系焉，万物覆焉。今夫地，一撮土之多；及其广厚，载华岳而不重，振河海而不泄，万物载焉。"(3) 天地是万物的母体。说天地是万物的母体，一是指天地生万物。《周易·系辞下传》云："天地之大德曰生"。二是指天地养万物，颐卦的《象传》云："天地养万物。"(4) 宇宙运动的规律为天地之道。《庄子》将天地之道概括成"正"，说要"乘天地之正"①。《中庸》说："天地之道，博也、厚也、高也、明也、悠也、久也。"(5) 天地具有神性。

自古以来，中华民族给予天地以崇高的礼赞。这种礼赞大体上有两种情况：

其一，赞美天地兼赞美天道，《庄子·知北游》云"天地有大美而不言"，此天地既是物质性的自然界，又是精神性的天道——自然规律。于是，"天地有大美"既说自然界有大美，又说自然规律有大美。

其二，赞美天地兼赞美天工，如《淮南子·泰族训》云："天地所包，阴阳所呕，雨露所濡，化生万物。瑶碧玉珠，翡翠玳瑁，文采明朗，润泽若濡，摩而不玩，久而不渝，奚仲不能旅，鲁般不能造，此之谓大巧。"这种"大巧"即天工。

天地如此伟大如此美，就不仅成为人膜拜的对象，还成为人效法的对象，于是，就有了天人相合的理论。

《周易·乾卦·文言》云："夫大人者，与天地合其德，与日月合其明，与四时合其序，与四时合其序，与鬼神合其吉凶。先天而天夫违，后天而奉天时。"与天地相合，意义重大，不仅可以获得平安，获得成功，而且可以获得"大乐"。《乐记·乐论》云"大乐与天地同和"，与天地同和的快乐，《庄子》称之为"天乐"，天乐为"至乐"。《庄子·至乐》云"至乐无乐"。所以称之

---

① 《庄子·逍遥游》。

为无乐，因为它是天之乐，天无所谓乐与不乐，人能达此境界必然"通于万物"，而能通于万物，人真就与天地合一了。所以，人与天合，不仅具有实践上遵循规律的意义，还具有精神上通达天道的意义。

二、山水

"天地"主要是哲学概念；而"山水"则主要是美学概念。作为美学概念，"山水"发轫于先秦。孔子云"知者乐水，仁者乐山"[①]，这水与山成为乐的对象，说明它们已进入审美领域了。

山与水合成一个概念，应该是在魏晋。此时出现了以山水为题材的诗歌和画作，后人名之为山水诗、山水画，应该说，在这个时候，山水就成为一个美学概念，它不再指称自然形势，而专指自然美本体。东晋的谢灵运是中国历史上第一位山水诗诗人。他的名篇《石壁精舍还湖中作》用到了"山水"："昏旦变气候，山水含清晖。"东晋另一位文学家左思《招隐诗》亦用到了"山水"，云："非必丝与竹，山水有清音。"

"山水"与"天地"存在着内在联系。天地是宇宙概念，山水是宇宙的一部分，将山水归于天地，是不错的，但一般不这样做。在天地与山水这两个概念间，人们的关注点是它们的不同意义。从总体上来说，天地是哲学概念，而山水是美学概念。言天地，总离不开言本，人们认为天地是人之本，万物之本。言自然，总离不开言美，人们认为山水具有最大、最高的美，并且认为它是人工美之母、之师。虽然天地兼有物质与精神、具象与抽象两个方面的意义，但是由于它在时空上无穷性，人们更多地从精神上、从抽象意义上去理解它。而山水则不是这样。虽然它也兼有物质与精神、具象与抽象两个方面的意义，但人们更为看重的是它的物质的、具象的意义。相较于天地，山水具体得多，感性得多，亲和得多。如果说天地给予人的更多的是理，是启示，那么，山水给予人的更多的是美，是快乐。

山水与"自然"也存在着内在的联系，自然，就其作为性质来说，它说

---

① 《论语·雍也》。

的是性质中的一种——本性。凡物均有其本性，不只是自然物有本性，人也有本性。所以，自然不是自然物。自然，也作为物来理解，作为物，名之曰自然物，自然物的根本性质是非人工性。山水属于自然物。自然物的价值可以从两个方面来理解：一方面，自然物具有对自身及对整个自然界的价值，其中包括生态价值；另一方面，也具有对人的价值，是这种价值让它接受人的评价，利用。山水的价值，也具有这两个方面，但是，山水作为美学概念，它凸显的是审美价值。因此，言及山水，几乎完全忽视其对自身以及对整个自然界的价值。

相较于"风景"概念，山水又抽象得多，可以这样说，山水当其进入人的审美视界就成了风景。通常也将风景说为"景观"，其实，风景只是景观中的一种——自然景观。

中国的自然环境审美早在先秦就有萌芽，但一直没有找到一个合适的概念来描述它，山水的出现，意味着自然环境审美独立了。

中国的山水意识，有一个发展的过程，大体上，在先秦，注重以山水"比德"，至魏晋南北朝注重山水"畅神"，由"比德"到"畅神"，明显见出山水审美的自觉性的出现。郭熙在《林泉高致》中探寻君子爱夫山水的缘由，云：

> 君子之所以爱夫山水者，其旨安在？丘园养素，所常处也；泉石啸傲，所常乐也；渔樵隐逸，所常适也；猿鹤飞鸣，所常观也。

郭熙明确地将山水与人的关系归结为人之"常处""常乐""常适""常观"。如果说，"常处""常适"涉及居住，那么，这"常乐""常观"就属于审美了。

关于山水画，郭熙说："世之笃论，谓山水有可行者，有可望者，有可游者，有可居者。画凡至此，皆入妙品。但可行可望，不如可居可游之为得。"这说明，在中国人的心目中，山水，不管是现实山水还是画中山水都具有家园感，山水是环境的概念。

三、山河（河山、江山）

中国传统文化中，除了"山水"这样倾向于表达纯审美意象的概念外，还有一些注重在审美中凸显国家意识的环境概念，主要有"山河""江山""河山"等。

南北朝的文学家庾信在《哀江南赋》中用到"山河"概念，文云："孙策以天下为三分，众才一旅；项籍用江东之子弟，人唯八千，遂乃分裂山河，宰割天下。岂有百万义师，一朝卷甲，芟夷斩伐，如草木焉。"这里的"山河"指国土，也称国家。《世说新语·言语》也这样用"山河"概念。文曰："过江诸人，每至美日，辄相邀新亭，藉卉饮宴。周侯中坐而叹曰：'风景不殊，正自有山河之异！'皆相视流泪。"

与"山河"概念相类似的有"江山"。《世说新语·言语》中有一段文字："袁彦伯为谢安南司马，都下诸人送至濑乡。将别，既自凄惘，叹曰：'江山辽落，居然有万里之势！'"这里"江山"从字面上看，似是赞美自然风景，但这不是一般意义上的自然风景，而是国土、国家、祖国等意义上的自然风景，江山成为祖国、国家、国土以及国家主权等意义的代名词。

"河山"原是黄河与华山的合称。《史记·天官书论》："及秦并吞三晋、燕、代，自河山以南者中国。"这里的"河"指黄河。"山"指华山。但后来，河山用来指称祖国、国家、国土以及国家主权。《史记·赵世家》："燕秦谋王之河山，闲三百里而通矣。"这里的"河山"指国土。

山河、江山、河山等概念虽然能指称祖国、国家、国土、国家主权等意思，但一般不能在文中替换成这样的概念，主要是因为山河、江山、河山等概念除了具有祖国、国家、国土、国家主权等意义外，还具有审美的意义，其审美的品位为壮美、崇高。一般来说，在国家遭受外族入侵的形势下，人们多用山河、江山、河山来指称祖国、国家、国土及国家主权。南宋诗词用这类概念最多，显示出深厚的忧患意识和昂扬的爱国主义情感。

四、家国（社稷、田园）

很难说"家国"是环境概念，但是在一定的语境下，它可以看作环境概念。

"家国"是"家"与"国"的共同体，分别开来，它们各是一种社会形态，将它们合为一体,意在强调它们的血缘关系,国是家的组合体,家是国的构成单元。家国既是实体存在,也是一种思想、情怀。家国概念系统主要有两个系列。

第一,由"地"到"社稷"等概念构成的国家系列:

《周易·象传》云:"大哉乾元,万物资始……至哉坤元,万物资生。""乾元"指天,"坤元"指地。这里,"始"是生命之始,"生"是生命之成。生命之成,重在养。坤,作为地,最为重要的功能是养育生命。《说卦传》说:"坤也者,地也,万物皆致养焉。"养物的前提是载物。《周易·象传》说:"地势坤,厚德载物。"正是因为地能载物,故地"德合无疆,含弘光大,品物咸亨"[1],这样,地就成为万物之母。

从这些表述来看,虽然是天与地共同作用生物,但地的作用更为人所看重。这种情况的出现,与农业社会有重要关系。农耕社会虽然重视天象,但更重视大地。基于农业,让人顶礼膜拜的"大地"给演化成了更让人亲和的"土地"。

大地——哲学化的概念;土地——功利化的概念。

先秦古籍中,大地哲学主要集中在《周易》之中;土地功利则主要集中在《周礼》中,《周礼·地官司徒》云"以土会之法辨五地之物生"。"五地"指山林、川泽、丘陵、坟衍、原隰。土地功利,基础是农业,延伸则是政治,其中核心的是国土、国家、国家主权。

正是因为土地有这样重要的功利,所以土地就成为祭祀的对象。于是,一个标志祭地的概念——"社"产生了。"社"与"稷"相联系,《白虎通社稷》云:"稷,五谷之长,故立封稷而祭之也。"

社稷本来指两种祭礼,但此后引申出国家的意义,成为国家的另一称呼。

第二,由田园、园田、农家、田家等构成的家园系列:

这套概念系列衍生出了中国重要的诗歌流派——田园诗。田园诗产生

---

① 《周易·象传》。

的土壤是农业文明，浇灌它苗壮成长的雨露是环境审美。《诗经》中有诸多描绘农家生活的诗，应视为田园诗的滥觞，但作为诗派，田园诗应该说是陶渊明开创的。田园诗在唐朝已相当兴盛，大诗人王维就写过诸多田园诗，如《山居秋暝》《桃源行》《辋川闲居赠裴迪秀才》《田园乐》《鸟鸣涧》《渭川田家》《田家》《新晴晚望》等。宋代田园诗写作蔚然成风。虽然田园诗也描写了农家生活的艰辛和官家对农民的压迫，具有揭示黑暗社会的价值，但是，田园诗的主体是展现田园风光之美，这无疑是最具农业文明特色的环境之美。

国家也好，家园也好，它们都由具有一定疆域的土地来承载。中华民族具有深刻的恋地情结，这种情结与家国情怀复合在一起，具有极为丰富的文化内涵，成为中华民族的重要传统。

五、仙境（桃花源、瀛壶）

中华民族理想的人物是神仙，神仙生活的地方为仙境。

神仙是自由的，可以说居无定所，但还是有相对比较固定的生活场所。神仙的居住场所大体上可以分为三类：一是天宫龙宫等；二是昆仑山、海上三神山等；三是桃花源之类。三类场所，第一类完全是虚幻的，人无法达到，值得我们重视的是第二、第三类，它们就在红尘，诸多寻仙的人千方百计要寻找的就是这类仙境。

仙境中的风景极为优美。反映出中华民族崇尚自然美的传统。美好的自然风景总是以生态优良为首位的，因而所有的仙境中人与动物均和谐相处。

仙境常被人们用来作为园林建设的理想范式。最早将海上仙山引入园林的是秦始皇，据《元和郡县志》："兰池陂即秦之兰池也，在县东二十五里。初，始皇引渭水为池。东西二百丈，南北二十里，筑为蓬莱山。刻石为鲸鱼，长二百丈。"以后的各个朝代都情况不一地将各种仙境引入园林，"一池三神山"更是成为园林建设的一种范式，沿用至今。计成的《园冶》描绘理想的园林。他认为理想的园林应具有仙境的品格："莫言世上无仙，斯住世之瀛壶也。"漏层阴而藏阁，迎先月以登台。拍起云流，舫飞霞仁，何如缑岭，堪谐子晋吹箫。欲拟瑶池，若待穆王待宴。寻闲是福，知享是仙。"

仙境的基本性质是在人间又超人间。在人间，指适合人居；超人间，指它具有人间不可能具有的优秀品质：没有苦难，快乐，长寿。

陶渊明的《桃花源记》描写的桃花源村是仙境的典范。桃花源人本生活在世俗社会中，只是因为逃避战乱才迁到这里，与世隔绝，从而"不知有汉，无论魏晋"。他们的长相与穿着和世俗之人没有什么不同，"男女衣著，悉如外人"。但他们"黄发垂髫，并怡然自乐"。桃花源村与世俗社会也没有什么不同："阡陌交通，鸡犬相闻"。如果要找出什么不同，那就是和谐，就是宁静，就是快乐，就是长寿。

仙境作为中华民族的环境理想，是中华民族建设现实生活环境的指导，具有重要的意义。

第四节　理论体系（一）：天人关系

按黄帝时代算起，中华民族拥有五千年的文明，这文明中包含有对环境美学问题的深层思考，形成了相当完善的理论系统。环境理论体系首先是环境哲学。环境美学是环境哲学的组成部分，环境哲学的核心问题是人天关系论。人天关系虽然不等于人与自然的关系，但无疑人与自然的关系是人天关系的主体。长期以来，中华民族对此问题有着诸多深刻的思考，大体上可以分为三个方面：

一、天人合一论

张岱年先生说："中国哲学有一个根本思想，即'天人合一'，认为天人本来合一，而人生最高理想，是自觉地达到天人合之境界。"[①] 天人合一，有诸多的理论，它首先涉及"天"的概念，天有自然义，本性义，天道（理）义，

---

① 张岱年：《中国哲学大纲——中国哲学问题史》，昆仑出版社 2012 年版，第 7 页。

造物神义,鬼魅义,还有不可知义。其次,"合"亦有多种含义,有唯物主义的解释,也有唯心主义的解释,比如董仲舒的"天人感应"论,完全是唯心主义的。最后,这"合一"的"一",究是天,还是人,并不定于一尊。为了强调天的权威性,天人合一,这"一"就是天;为了凸显人的主体性,天人合一,这"一"就是人。张载的"为天地立心"说,也是天人合一。在张载看来,天地只是物质,并无精神,而人有灵性,有心性。他的"为天地立心"说,实质是让自然为人造福,凸显的是人的主体性。它并不反对自然规律的客观性,也不反对遵循自然规律办事,只是在这一语境中他不强调这一点。"天人合一"论的精华是自然的客观性与人的主体性的统一。《周易·革卦·彖传》说的"汤武革命应乎天而顺乎人",应乎天,应的是天理;顺乎人,顺的是人心,这段话也许是中国古代天人合一思想的最佳表达。

　　"天人合一"论最有思想性的观点,是老子的"道法自然"① 论。全句为"人法地,地法天,天法道,道法自然"。这种表述,是有深意的。人法地的地,是指大地。人的确只能效法或师法自然进行创造。"地法天"的"天"不是指与大地相对的天空,而是整个宇宙,作为部分的地,理所当然应服从整体,"法天",服从天,遵循天。那么,"天"又应服从、遵循什么呢? 老子说是"道"。道即规律。宇宙即天的运行是有序的、有规律的。"道"从何来,又是什么? 老子认为道就在事物本身,道不是别的,就是事物本然—本质,也就是自然——自然而然。本然是外在形态,本质是内在核心。作为宇宙整体的"天"究其本,是道的存在。人生活在地上,法地而生;地作为天的一部分,法天而存;而天作为宇宙整体,循道而行;而道不是别的,就是事物自身的存在包括它的内在本质与外在形态。说到底,人作为宇宙的一部分,它的存在也应该"法自然"。"法自然",在人,就是尊重人自身的自然,同时也尊重人以外的他物的自然包括环境的自然,实现两种自然的统一。只有这样,人才能生存,才能发展。老子的"道法自然"具有深刻的人与环境和谐论以及生态和谐论思想。

---

① 《老子·二十五章》。

二、天人相分论

与"天人合一"论相对立的是"天人相分"论，持此论者，最早有荀子。他说："天行有常，不为尧存，不为桀亡。应之以治则吉，应之以乱则凶。"① 强调要"明于天人分"②。庄子反对"以人灭天"，对于治马高手伯乐残害马天性的种种作为予以猛烈的抨击，他尖锐地嘲笑鲁侯"以己养养鸟"③ 导致鸟"三日而死"的愚蠢做法。高度重视民生的管子也谈天人相分，他的立论多侧重于生产与生活。管子认为"天不变其常，地不易其则，春秋冬夏不更其节，古今一也"④，强调"天"即自然规律是客观的、不变的，人必须法天，遵天，"凡有地牧民者，务在四时，守在仓廪"⑤。管子还谈到环境建设，说要"因天材，就地利，故城郭不必中规矩，道路不必中准绳"⑥，一切从实际出发，尊重自然。

天人相分是客观存在，不需要人为，而天人合一，需要人为。只有承认天人相分，并且努力认识进而把握天地之道，实践天地之道，才能实现天人合一。天人相分的观点，中国历代均有人在谈，唐代有刘禹锡的"天人交相胜"说、柳宗元的"天人不相预"说。到宋代似乎少有人谈了，宋明理学更多地谈天人合一。尽管如此，宋明理学首先肯定的还是天人相分，在肯定天人相分的前提下，强调天人合一。

三、天人相参论

《周易》提出天人地"三才"说。"三才"说的伟大价值在于彰显于人在宇宙中的地位。人不仅居于天地之中，而且参与天地的创造。《中庸》更是

---

① 《荀子·天论》。
② 《荀子·天论》。
③ 《庄子·至乐》。
④ 《管子·形势》。
⑤ 《管子·牧民》。
⑥ 《管子·乘马》。

明确提出人"可以赞天地之化育""与天地参"。

人"与天地参",有两种理解:按天人相分论,则是天做天的事,人做人事,人不去干扰天地的运行。荀子说:"天有其时,地有其财,人有其治:夫是之谓能参。"[1] 按天人合一论,则是人一方面尊重天,循天而行;另一方面则运乎心,逐利而行,让天理与人利实现统一。天理为真,人利为善,两者的统一为美。

中国古代的天人关系哲学是中国人的思维法则,也是中国人的环境建设的指导思想。

中国人的环境建设开始于筑巢而居。《韩非子》云:"上古之世,人民少而禽兽众,人民不胜禽、兽、虫、蛇。有圣人作,构木为巢以避群害而民悦之,使王天下,号曰有巢氏。"[2] 有巢氏是巢居开始时代,这个时代对于初民审美意识的发生具有极其重要的意义。居,是生存第一义。动物的居住,大体上有两种:一种基本上利用自然环境,将就一个居住场所,另一种则是利用自然物质,建设一个居住场所。前者的特点是"就",后者的特点是"建"。原始人类的居住场所,原来主要是"就",比如,住在山洞里,为穴居。当人类觉得这种居住场所不理想,想自己动手做一个屋子的时候,建筑就产生了。

人类动手建造房屋,从目前的考古来看,在旧石器时代,人类是居住在自然的洞穴里的,而在新石器时代,人类才开始建造属于自己的屋子。距今大约一万年前。

建筑中有两类建筑是值得格外注意的:

一类是部落举行祭祀或集会的大房子,距今 7000 年至 5000 年的仰韶文化遗址多有发现,在仰韶文化半坡遗址,考古学家发现一座面积达 160 平方米的大房子。又在仰韶文化西坡遗址,发现一座面积竟达 516 平方米更大的屋子。这最大的房屋,结构复杂,四周设有回廊,为四阿式建筑。人

---

① 《荀子·天论》。
② 《韩非子·五蠹》。

们有理由猜想,这大房子是部落最高首领举行重大活动的地方,相当于明清宫殿中的太和殿。这样的建筑发现让建筑与礼制结上了关系,意义巨大。

另一类建筑为园林。园林的出现比较晚,考古发现,夏代、商代是有园林的。据甲骨文的卜辞记载,这样的园林其功能是多元的,有狩猎功能、种植功能、豢养功能,还有休闲观景的功能。这最后一项功能我们可以将它概括为审美功能。随着社会的发展,园林的狩猎功能、种植功能、豢养功能消失,园林成为人们另一住所,这另一住所最大的好处是景观美丽,人们在这里可以放松身心,尽情地欣赏美景,还有宴乐。园林的审美功能得到凸现,成为园林的主导功能。园林,本来不是艺术,但因为审美功能成为园林的主导功能,因而跻身于艺术。如果要说这艺术与其他艺术有什么不同,那就是这艺术还保留着物质功能,园林可居,这可居,是物质功能,于是,园林成为艺术中唯一的兼有物质功能的特殊艺术。

城市是人类居住相对集中的地方,城市是一定区域内的政治中心、经济中心、交通中心和文化中心。史前就有城市,距今 6000 年的安徽含山县的凌家滩文化遗址出土许多精美的玉器,其中有玉龙、玉冠饰、玉鹰、玉钺等只有部落中的首领及贵族才能拥有的玉器,专家认为,这个地方很可能就是古代的一座城市。无疑,城市是当时当地最为优越的生活环境。优越的生活必然不只是物质上富足,还有精神上的富足,而精神上富足,其最高层次无疑是审美。

就是在建设优秀的生活环境的过程中,人们逐渐形成了一些环境审美意识,这些意识,它一方面是环境哲学的具体展开,另一方面,又是环境建设的理论指导。在中华民族长达五千年的环境建设实践中,有这样一些环境审美意识是最值得重视的。

(一)人为主体

环境建设上人为主体。环境与自然不一样。自然可以与人不相干,而环境则不能没有人。人于环境不是被动的,人可以按自己的需要选择并建设环境。前文谈到,环境于人第一要义是居住,不是所有的自然环境都适合于人居住,就是适合于人居的环境,其品位也有高下之别。这里就有一个人选地的问题。柳宗元在他的散文中说起一件逸事:潭州地方官杨中丞为名士戴简选了一块风景不错的好地做住宅。在柳宗元看来,戴氏算是找到一块与他的心志相符的好地了,而这块好地也算是找对了主人,两者可说是惺惺相惜。于是,他说:"地虽胜,得人焉而居之。则山若增而高,水若辟而广,堂不待饰而奂矣。"① 在审美关系中,物与人两个方面,柳宗元更看重的是人。在《邕州柳中丞作马退山茅亭记》中,他明确地说:"美不自美,因人而彰。"

人的主体性是环境审美的第一原则。主体性原则既表现在对自然的尊重上,也表现在对人的需要包括审美需要的充分考虑上。

(二) 观天法地

环境建设中的人的主体性原则突出体现在观天法地上。

观天法地有两个方面的涵义:一是自然基础。天指天气,地指地理。二者都关涉到人的生存与发展问题。《周礼·考工记》就记载营建都城时匠人对地形与日影的测量情况:"匠人建国,水地以县。置槷以县,视以景。为规,识日出之景与日入之景。昼参诸日中之景,夜考之极星,以正朝夕。"二是礼制需要。中国人的环境建设重视礼制。都城是皇帝所居的地方,对于天象的观察尤其重要。皇帝居住的正殿应对应天上的紫微星,长安正是这样的:"正紫宫于未央,表峣阙于闾阖。疏龙首以抗殿,状巍峨以岌嶪"。按张衡《二京赋》的说法,西汉的都城长安与刘邦还有一种特殊的关系:"高祖之始入也,五纬相汁以旅于东井"。这是说"五纬"即金木水火土五星"相汁"(即和谐),并列于"东井"(即井宿)。关于这种天象,《汉书·高帝纪》云:"元年冬十月,五星聚于东井,沛公军霸上。"应劭评曰:"东井,秦之分野,五星所在,其下常有圣人取天下。"都城中,皇帝所居的皇宫,一般要求建在与紫微星相对应的地方。

(三) 重视因借

中国的环境建设强调尊重自然。计成提出园林建设"因借"说,"因"的、

---

① 　柳宗元:《潭州杨中丞作东池戴氏堂记》。

"借"的均是自然:"因者:随基势之高下,体形之端正,碍木删桠,泉流石注,互相借资者也……借者:园虽别内外,得景则无拘远近,晴峦耸秀,绀宇凌空,极目所至,俗者屏之,嘉者收之,不分町疃,尽为烟景……"[1]"因借"理论不仅适用于园林,也适用一切环境建设。

(四) 宛似天开

虽然在总体指导思想上,中国的环境建设以老子的"道法自然"说为最高指导思想,强调尊重自然格局,强调以自然为师,但是,也不是一味拜倒在自然的脚下,毫无作为。《周易》"三才"观、《中庸》的"与天地参"说,特别是荀子,他的建立在"天人相分"哲学基础上的"有物"说,更是高扬人的主体精神,强调向自然索取:"大天而思之,孰与物畜而制之! 从天而颂之,孰与制天命而用之! 望时而待之,孰与应时而使之! 因物而多之,孰与骋能而化之!"[2]荀子的"骋能而化之"是"道法自然"说的重要补充。事实上,中国的环境建设所持的建设理念正是"道法自然"与"骋能而化之"的统一。计成说,园林"虽由人作,宛自天开",堪为这统一的精彩表述。

"宛似天开"既是对天工最高的赞美,也是对人工最高的赞美。除此以外,中国人的园林学说中还有"与造化争巧"[3]观念。这与中国绘画理论中"画如江山""江山如画"的说法完全一致。"画如江山",江山至美;"江山如画",画又成最高美了。概括起来,我们可以这样表述:天工至尊,人工至贵。

(五) 遵礼守制

中国文化的礼制传统可以追溯到史前,史前的彩陶、玉器就是礼器,进入文明时代后,夏商两朝均有礼制的建构,只是不完善,到周朝,主政的周公花大气力构建礼制,从《周礼》一书,我们可以看出周朝的礼制是何等的完备! 儒家知识分子极力鼓吹礼制。自汉代始,以礼治国成为中国数千年治国的基本方略。礼制对中国人的生活的影响是广泛而又深刻的,不独在

---

① 计成:《园冶·兴造论》。

② 《荀子·天论》。

③ 李格非:《洛阳名园记》。

政治中,也在环境建设之中。《周礼·考工记》就明确地说匠人建国,是有礼制规定的:"匠人营国,方九里,旁三门。国中九经九纬,经涂九轨,左祖右社,面朝后市……"礼制虽然有变异性,但基本上是有传统承传的,像宫殿建筑群的设置,"左祖右社,面朝后市"一直贯彻下来,没有改变。

中国古代环境建设的礼制有一个核心的东西,就是等级制,这种等级制在统治者看来是归属于天理的,也就是说,人间的秩序是对应着天上的秩序的。因而它具有神圣性,不可违背。这种等级制好不好,不是我们在这里要讨论的问题,从审美的维度来看这种等级制,我们只能说,它营造了一种秩序,这种秩序,通过礼制制定者或维护者的阐述,显出它的庄严与神圣。于是,中国的宫殿建筑因这种秩序见出一种美——崇高之美。这种崇高感,恰如张衡在《二京赋》中所言"惟帝王之神丽,惧尊卑之不殊"。

中国礼制的等级制不仅表现为由百姓到天子的递升体系,也体现为天子居中、臣民拱卫的体系,因此,在中国古代的环境建设中,中轴线是非常重要的,它的重要是体现了礼制的尊严,而于审美来说,中轴线的设置的确创造了一种美——"中"之美。审美意义上的"中",具有稳定感、平衡感。人体具有中轴线,脊柱就是中轴,大体上两边对称。在中国,中之美不仅具有人体学的根据,还具有中华文化的意义,中国自称中国,认为自己居世界地理之中央,同时也是世界文化之中心,因此,中之美在中国特别受到青睐。

(六)活用风水

风水分为阳宅风水与阴宅风水,阳宅风水讲如何选择居住地,阴宅风水讲如何选择墓地。两者其实相通处很多,基本原理一样。认真地研究风水的内容,迷信与科学兼而有之。从科学角度言之,它是中国最古老的建筑环境学、环境美学的萌芽。从迷信角度言之,它是中国古老的巫术文化的遗绪。而在哲学思想上,它是中国古老的"天人合一"观在地理学上的集中体现。

中国最古老的诗歌集《诗经》中有相地的记载。《诗经·公刘》详细地描述周人的祖先公刘率众迁居豳地的史实。公刘择地,注意到了这样几个方面:其一,根据地的向阳向阴,辨别地气的冷暖,选择温暖的地方居住;其二,根据地势的高低,选择干燥平坦的地方居住;其三,根据山林情况选择靠山的地方居住。从《公刘》一诗的描绘来看,公刘择地既考虑到了实用价值又考虑到了审美价值。这些考虑可以视为中国风水学的萌芽。

风水学择地,虽然看起来很神秘,其实不外乎两个东西,一是实用,二是美观。二者在风水学上是统一的。只要到通常视为风水好的地方去看看,不难发现,所谓风水好,好就好在对人的生存有利,对事业的发展有利,对审美的观赏有利。这三者缺一不可。

中国风水学其实质是生命哲学,好的风水主要在于它有生命的意味或者说"生气"。《黄帝宅经》云:"宅以形势为身体,以泉水为血脉,以土地为皮肉,以草木为毛发,以舍屋为衣服,以门户为冠带,若得如斯,是事严雅,乃为上吉。"

在中国风水学看来,美与善是统一,那就是说,凡风水好的地方均是风景美好的地方。《黄帝宅经》引《三元经》云:"地善即苗茂,宅吉即人荣。又云:人之福者,喻如美貌之人。宅之吉者,如丑陋之子得好衣裳,神彩尤添一半。若命薄宅恶,如丑人更又有弊,如何堪也。"

中国人的哲学是面向未来的。为了今后的幸福,也为了子孙后代的幸福,甚至为了那不可知的来世的幸福,中国人调动了一切办法,甚至包括相地这样的办法,来为自己以及死去的亲人寻找一个合适的落脚之地。

风水学从本质来说,它是中国人特有的未来学。

风水学存在着道与术两个方面的内容。它的道主要是中国古代的以阴阳为核心的哲学思想、天人合一思想、礼制思想。它的术则有重地形的峦头说和重推算的理气说。

风水学内容丰富,合理的不合理乃至迷信的东西都有。另外,也存在理解与运用上的问题。事实上,古人运用风水理论,就存在着诸多差别,宜具体问题具体分析,不可笼统论之。

自古以来,对风水学非议不断,但风水学一直拥有旺盛的生命力。不管对风水学到底应做何评价,它的存在、影响是客观的。今天我们有责任对它做深入的研究与分析。当代,最重要的是理会它的精神,是活用。

第五节 理论体系 (二)：家国情怀

环境美学的本质为家园感。在中国，家园感分为两个层次：一是家居，二是国居。在中国，家居与国居具有一体性，从而显示出一种情怀——家国情怀。

一、家园意识

家园感，集中体现在以"居"为基础的生活之中。《说文解字》释"家"："家，居也。"中国传统文化中，关于居，根据居住场所有城居、乡居、园居、山居等；根据居住的质量则有安居、和居、雅居、乐居。对于环境美学来说，关注的主要是居住的质量。中国古代环境美学理论体系的核心是家居意识，具体来说，可以分为四个层次：

(一) 安居

先秦诸家对于"安居"都非常重视，儒家最为突出。安居主要指人的生命财产的保全。安不安一是来自自然，一是来自社会。对于来自自然的原因，因为诸多因素不可知，所以，诸家谈得不多，谈得多的，主要是社会的平安。社会的平安首先是政治上的，其中最重要的是没有战乱。孔子于此深有体会，他说："危邦不入，乱邦不居。天下有道则见，无道则隐。"[①] 逃避战乱，固然不失为明智，但反对战乱，消弭战乱的根源，更是儒家积极去做的事情。老子也是主张"安其居"的，他坚决反对战争，义正词严地警告统治者："民不畏死，奈何以死惧之？"[②] 社会的动乱不仅来自国与国之间的争夺杀戮，而且也来自统治者对人民的严酷压迫。儒家主张仁政，反对苛政，意在让人民安居。中国古人所有关于安居的言论都闪耀着人道主义的光芒。

---

① 《论语·泰伯》。
② 《老子·七十四章》。

（二）和居

和居，同样是侧重于社会上人与人之间的和谐。儒家这方面贡献尤其突出。儒家认为和居的根本是尊礼重道，"有子曰：礼之用，和为贵。先王之道，斯为美。"① 墨子主张以爱治国，他说："诸侯相爱，则不野战；家主相爱，则不相篡；人与人相爱，则不相贼；君臣相爱，则惠忠；父子相爱，则慈孝；兄弟相爱，则和调。天下之人皆相爱，强不执弱，众不劫寡，富不侮贫，贵不敖贱，诈不欺愚。凡天下祸篡怨恨，可使毋起者，以相爱生也。"② 墨子与孔子的和居思想都具有乌托邦的色彩，但精神非常可贵。

（三）雅居

雅居，源推隐士生活。中国的隐士文化源远流长，远可追溯到商代的叔齐伯夷，而真正成为一种文化可能是在汉代。南北朝齐时文人孔稚珪著文《北山移文》揭露隐士周颙"假步于山扃""情投于魏阙"的伪善，可见此时隐已经成为重要的社会现象了。隐士过着类似仙人般的自由生活，充分享受着山林泉石之乐。

欧阳修说"举天下之至美与其乐，有不得而兼焉者多矣"，其中有两种乐——"富贵者之乐"和"山林者之乐"难以兼得。这实际上说的是隐士生活与仕宦生活难以兼得。然而，就不能想办法吗？办法是有的，那就是建别业。官员的正宅一般设在官衙的后部，由于与官衙相连，受到诸多限制，风景不佳是最大的缺点。别业一般建在郊外风景优美之处。官员于办公之余或退休之后在此生活，则可以尽享"山林者之乐"。另外，还可以在此读书，弹琴，会友，宴集，尽享文人的生活。别业起于汉末，兴盛于唐，最著名的别业为王维的辋川别业。可以说，别业开私家园林的先河。

私家园林的生活是真正的雅居生活。《园冶》说园林中的生活"顿开尘外想，拟入画中行"，"尘外想"即隐士情怀；"画中行"即游山玩水。无疑，这就是雅居了。当然，雅居生活不只是"画中行"，还有文人们醉心的其他

---

① 《论语·学而》。
② 《墨子·兼爱中》。

生活，如弹琴吹箫、写诗作画等。文震亨的《长物志》描写园林中室庐、花木、水石、禽鱼、书画、几榻、器具、位置、衣饰、舟车、蔬果、香茗等种种设施，无不透出清雅高洁的情调。

雅居兼山林者之乐与富贵者之乐两种乐，又添加上文人情调。其环境之雅洁与人物之清高融为一体，如文震亨所说"门庭雅洁，室庐清靓，亭台具旷士之怀，斋阁有幽人之致"。雅居是中国知识分子理想的生活方式，与之相应，园林也就成为他们理想的生活环境。

（四）乐居

乐居，是中华民族最高的生活追求。乐居在中国，有两种哲学来源：一种是道家哲学。道家哲学认为，人生最大的问题是恰当处理好人与自然的关系，而处理好这一关系的关键，是"法自然"。这其中具有一定的生态和谐的意味，一是老子所说的"为无为"——强调本色生存；二是出于保护资源，对于动物要有一定的关爱，不可竭泽而渔；三是在审美层面，强调人与自然的和谐，如辛弃疾词中所说的"我见青山多妩媚，料青山见我应如是，情与貌，略相似"，又如计成所说的园林"鹤声送来枕上""鸥盟同结矶边"。

另一种是儒家哲学。儒家哲学认为，人生最大的快乐是仁爱相处，其中统治者与被统治者的仁爱相处最难，也最重要。为此，儒家提出礼乐治国，以礼区别等级，保证统治者的利益，以乐和同人心，削减阶级对立。孟子提出"与民同乐"论，他的"乐民之乐者，民亦乐其乐。忧民之忧者，民亦忧其忧"[①]成为几千年来儒家津津乐道的经典。

理学是综合了儒道释三家思想而以儒学为主干的思想学说，对于乐居，亦有着诸多言论，相对集中于"颜子之乐"的讨论之中。《论语》中所说的颜子，生活极端贫困，然而，生活得很快乐。为什么能这样？显然是精神在起作用，也就是说，他生活在一种精神世界里，是这种精神让他快乐，这精神是什么？有的说是"仁"，有的说是"天地"。凡此等等，均说明，乐居最重要的是要具有一种高尚的精神境界，对于现实有一定的超越。回到环境

---

① 《孟子·梁惠王下》。

问题,人能不能乐居,关键是能不能与环境建构起一种良性关系,人在这种关系中实现精神上的提升与超越。

(五) 耕读传家

"耕读传家"是中国儒家知识分子重要的精神传统,此传统溯源于先秦,成熟于清代中期。左宗棠、曾国藩堪谓此一传统的代表,此两位清朝中兴大臣,均有过一段时间务农家乡下、躬耕田野、课读子孙的经历。因为这样一种传统是在农村培养的,对于农村的建设具有重要的意义,所以将它归之于环境美学范围。笔者曾经在广西富川县农村做过调查,清朝时凡是大一点的村子均有自办的书院,书院遗址大多尚存。

"耕读传家"中"耕""读"二字值得深究的。"耕",凸显中国文化以农为本的传统。治国以农为本、治家也以农为本,乃至立身也以农为本。"读"在中国有着独特的意义,读书不只是一般的学习知识,而是"学成文武艺,货与帝王家"即为国家效劳。

二、国家意识

中国人的环境意识不仅具有浓郁的家园情怀,而且具有强烈的国家意识,特别是中国意识。其表现主要是:

(一) 昆仑崇拜

中国人的环境观具有深厚的国家意识,这意识可以追溯到史前黄帝时代,而突出体现是与黄帝相关的昆仑崇拜。昆仑在中国人的心目中,有着至高无上的地位。此山西起帕米尔高原,横贯新疆、西藏两个省份,延伸到青海境内,全长 2500 公里。被誉为中国母亲河的黄河、长江,其源头水系均可追溯到这里。从地理上讲,以它为主干的青藏高原是中国山河的脊梁,西高东低的格局对中国的气候进而对中国的农业生产、中国人的生活、中国的城乡布局起着决定性的作用。因此,中国的风水学将昆仑看作是中国龙脉之源。尽管昆仑对于中华民族的生存具有重大的意义,但它之所以成为中华民族的第一自然崇拜的根本原因还不在这里。昆仑之所以成为中华民族的第一自然崇拜,是因为昆仑是中华民族始祖黄帝最初生活的地方。

《山海经·西山经》云:"西南四百里,曰昆仑之丘,实惟帝之下都。"这段记载说昆仑之丘为"帝之下都","帝"指谁? 历史学家许顺湛说是黄帝,"帝之下都即黄帝宫,其地望在昆仑丘"①。

（二）"中国"概念

战国的邹衍将全世界分为九州,中国属于其中一州,称之为赤县神州。关于邹衍的大九州思想,《史记·孟子荀卿列传》有记载:"所谓中国者,于天下乃八十一分居其一分耳。中国名曰赤县神州,赤县神州内自有九州,禹之序九州是也,不得为州数。中国外赤县神州者九,乃所谓九州也。"② 于是,"中国"的概念就有了着落。司马迁接受此种说法,他在《五帝本纪》中说"尧崩,三年之丧毕……而后之中国践天子位焉"。"中国"这一概念在中国古籍多有出现,一般,它不指具体的朝代（政权）,而指以华夏族为主体的中华民族生活的这块固有的土地,因此,它主要是国土概念,同时也是指在这块土地上建立的国家的概念。

"中国"这一概念中用了"中",体现出中华民族对于自己的国土、自己国家的珍爱。"中"在中华文化中,它不仅指空间意义上的居中,而且它还含有内涵上正确、恰当、核心、领导等多种美好的观念。按中国传统文化的理念,就是"礼"。"《周礼·疏》引云:'礼者,所以均中国也。'"③《白虎通》云:"先王推行道德,调和阴阳,覆被夷狄,故夷狄安乐,来朝中国,于是作乐乐之。"④ "礼",用今天的概念,它就是文明。"中国"这一概念就是礼仪之邦、文明之邦。

（三）"华夏"概念

中国又称夏、华⑤、华夏⑥、诸夏⑦。这个来历跟中国古代部族三集团有

① 许顺湛:《五帝时代研究》,中州古籍出版社 2005 年版,第 60 页。

② 司马迁:《史记·孟子荀卿列传》。

③ 《白虎通疏证》上。

④ 《白虎通疏证》上。

⑤ 《左传·定公十年》:"裔不谋夏,夷不乱华。"

⑥ 《左传·襄公二十六年》:"楚失华夏。"

⑦ 《左传·僖公二十一年》:"以服事诸夏。"

关,三集团为华夏集团、苗蛮集团、东夷集团。华夏集团主要由炎帝部族与黄帝部族构成,两个部族曾发生过战争,后来实现了统一,建立了联盟。华夏集团与东夷集团、苗蛮集团也发生过战争,最后,也实现了统一。按《山海经》中的说法,三大集团还存在着血缘关系,而且均可以追溯到黄帝,为黄帝的后人。虽然《山海经》具有神话色彩,不是信史,但其中透露的信息告诉我们,主要生活在昆仑山一带、黄河流域、长江流域地区、直达东海、南海的史前人类它们是有着各种联系的,史前考古也证明了这一点。历史学家徐旭生认为"到春秋时期,三族的同化已经快完全成功,原来的差别已经快完全忘掉",由于华夏集团"这是三集团中最重要的集团,所以此它就成了我们中国全族的代表"[1]。

中国大地存在着诸多民族,之所以认同中国,不仅是因为上面所说的种族上具有一定的血缘关系,而且是因为长期的相处之中诸民族的文化相互交融,达到认同,以儒家为主体的汉民族文化成为中华民族文化的核心。

"夏""华"均是美好的词。"中国有礼仪之大,故称夏;有服章之美,故称华。"[2] 将中国称之华夏,那是中华民族对自己民族、国家、国土的赞美。蔡邕在《郭有道碑文》中说:"考览六经,探综图纬,周流华夏,随集帝学,收文武之将坠,拯微言之未绝。"这"周流华夏"意思是巡视中国美好的土地,因此,华夏不仅用来指中华民族、中国,还用来指中国的国土。

中国传统文化一方面讲"夷夏之辨",坚持夏文化优秀论,自然这有大民族主义之嫌,但另一方面也讲"夷夏一体"。孟子提出"用夏变夷"[3],主张以先进的夏文化改变落后的夷文化。而实际情况是夏文化也不断地学习夷文化中先进的东西,战国时始于赵国的"胡服骑射"就是一例。唐代胡文化源源不绝地进入中原地区,成就了唐文化的博大与丰富。宋元明清,夏文化与夷文化基本上就没有差别了。

应该说,世界上不论哪一个民族其环境美学观念中均有家情怀也有国

---

① 徐旭生:《中国古史的传说时代》,文物出版社 1985 年版,第 40 页。

② 宗福邦等:《故训汇纂》,商务印书馆 2003 年版,第 1933 页。

③ 《孟子·滕文公上》。

情怀,但是,可以说没有哪一个民族能像中华民族这样家情怀与国情怀达到如此高度的融会:国是放大的家,家是微型的国,国之本在家,家之主在国,国存家可存,国破必家亡。中国5000多年来,虽政权有更迭,但基本国土没有变过,因此,家园、国土、国家,在中国文化中,其意义具有最大的叠合性。按中国文化,爱家不爱国是不可想象的,在中国文化中,爱家必爱国,而爱国必爱国土。

中国古代的环境美学具有浓重深刻的家国情怀,这是中国古代环境美学的本质性特点。

第六节 理论体系(三):准生态意识

科学的生态系统知识,中国古代应该是没有的,但不等于说中国古人就没有生态意识。在与自然的长期打交道的过程中,中国古人已经感到人与物存在着一种内在的联系,这种联系,让人认识到要想让人在这个世界上生活得好,必须兼顾物的利益。人与物的关系,不能是敌对的关系,而应该是友朋的关系,于是产生了准生态系统的意识。这些意识大致可以归结为两个方面:

一、物人共生观念

对于物与人的关系,中国古代有着极为可贵的物人共生观念。主要体现在以下一些命题上:

(一)"尽物之性"

中国文化有着朴素的生态观念,《中庸》说:"唯天下至诚,为能尽其性。能尽其性,则能尽人之性。能尽人之性,则能尽物之性。能尽物之性,则可以赞天地之化育。"将人之性与物之性作为同一个系统来考虑,并且认为它们的利益是一致的,这种思想明显地见出原始的生态意识,难能可贵。

(二)"民胞物与"

"民胞物与"是北宋哲学家张载在《西铭》中提出来的。原话是:"民吾同胞，物吾与也。"两句话，前一句是说如何处理人与人之间的关系：应将民看作同胞兄弟，既是同胞兄弟，就具有血缘关系，需要彼此关照。后一句是说人与物的关系，强调人与物是朋友、同事的关系，不仅共存于世界，而且共同创造事业。

"物吾与也"中的"与"有两义：

一为"相与"义。"物吾与也"即是说物是人的朋友。将物看作人的朋友，以待友之道来处理人与物的关系，说明人与物是平等的，要尊重物包括尊重物的利益。计成的《园冶》，说到园林景物时，云："好鸟要朋，群麋偕侣，槛逗几番花信，门湾一带溪流，竹里通幽，松寮隐僻，送涛声而郁郁，起鹤舞而翩翩"。这是一种人与动物和谐相处的景观，非常动人。

二为"参与"义。"物吾与也"即是说，物是人的同事。人与物共同生存在这个世界上，共同从事着生命的创造。这意味着人与物存在着生态关系：人与物共处于生态系统之中，为命运共同体。

（三）"公天下之物"

"公天下之物"是《列子·杨朱》提出来的，《列子》说："身固生之主，物亦养之主。虽全生，不可有其身；虽不去物，不可有其物。有其物，有其身，是横私天下之身，横私天下之物。不横私天下之身，不横私天下物者，其唯圣人乎！公天下之身，公天下之物，其唯至人矣！此之谓至人者也。"《列子》认为，人是生命，要发展，物"亦养之主"，要滋养。人的发展，追求"全生"；物的滋养，同样追求"全生"。人要"全生"，会损害物的利益；同样物要"全生"，会损害人的利益。怎么办？《列子》提出既"不横私天下之身"也"不横私天下之物"，让人与物的利益各自受到一定的限制，同时又各自能得到一定的发展。这就是"公天下之身""公天下之物"。"两公"的实质是生态公正。

（四）"天下为公"

"天下"这一概念，在中国古籍出现得很多。天下，既可以指国家的天下，也可以是社会的天下，还可以是人与物共同拥有的天下。上面《列子》所谈的"天下"是人与物共同拥有的天下，天下即宇宙。儒家经典《礼记》

侧重于从社会的维度来谈"天下",《礼记》说:"大道之行也,天下为公。选贤与能,讲信修睦,故人不独亲其亲,不独子其子,使老有所终,壮有所用,幼有所长,矜寡孤独废疾者,皆有所养。男有分,女有归。货恶其弃于地也,不必藏于己;力恶其不出于身也,不必为己。"① 如果说《列子》谈天下,突出的是自然生态公正,那么,《礼记》谈天下,突出的是社会生态公正。社会生态公正的关键是人各在其位,各尽其职,各得其利。这就是"老有所终,壮有所用,幼有所长,矜寡孤独废疾者,皆有所养。男有分,女有归"。

二、资源保护意识

中国古代的环境保护意识与资源保护意识是合一的,主要表现为四种观念:

(一) 网开一面

《周易》比卦九五爻辞说:"王用三驱,失前禽,邑人不戒,吉。"关于此句,朱熹的解释是:"天子不合围,开一面之网,来者不拒,去者不追。"② 周朝对于保护资源有着明确的规定:"凡田猎者受令焉。禁麛、卵者与其毒矢射者。"③ "山虞:掌山林之政令。物为之厉而为之守禁。仲冬斩阳木,仲夏斩阴木。凡服耜,斩季材,以时入之。令万民时斩材,有期日。凡邦工入山林而抡材,不禁,春秋之斩木,不入禁。凡窃木者,有刑罚。"④ 当然,有这样的要求,是不是做到了,那是另一回事。事实上,在古代,对动物进行灭绝性屠杀的事是时有发生的。张衡在《二京赋》中就痛斥过这种行为:"泽虞是滥,何有春秋?摘澡濑,搜川渎。布九罭,设罝麠。摧昆鲕,殄水族。……上无逸飞,下无遗走。攫胎拾卵,蚳蝝尽取。取乐今日,遑恤我后!"中国古代的对于生态的保护,虽然为的是人的利益,但实际上兼顾了生态的利益。有必要指出的是,这种保护,主要是出于对资源的保护,还不能说是为

---

① 《礼记·礼运篇》。
② 朱熹《周易本义》。
③ 《周礼·地官司徒》。
④ 《周礼·地官司徒》。

了保护环境,但客观上起到了保护环境的作用。

(二) 珍惜天物

中国的环境保护思想还体现在对物的珍惜上。古人将浪费资源和劳动成果的行为称为"暴殄天物"。唐代李绅的《悯农》诗云:"春种一粒粟,秋收万颗子。四海无闲田,农夫犹饿死。锄禾日当午,汗滴禾下土。谁知盘中餐,粒粒皆辛苦。"这诗已经成为蒙学经典。珍惜天物虽然目的不是保护生态,但起到了保护生态的作用。

(三) 见素抱朴

崇尚朴素生活,在中国有两个源头:一是道家的道德哲学。老子主张"见素抱朴"。"素",没有染色的丝;"朴",没有雕琢的木。两者均用来借指本色。"见素抱朴",用来说做人,即要求按照人性的基本需要来生活。"见素抱朴",为的是养生,但它反对奢华,有珍惜财物的意义,而珍惜财物的客观效果是保护生态。另一源头是儒家的伦理学说——崇尚节俭。它的意义是多方面的,主要是政治方面。《贞观政要》载,贞观元年,唐太宗曾想营造新的宫殿,但最后放弃了,他对臣下说:"自古帝王凡有兴造,必须贵顺物情。……朕今欲造一殿,材木已具,远想秦皇之事,遂不复作也。"不仅如此,他还说:"自王公已下,第宅、车服、婚娶、丧葬,准品秩不合服用者,一切禁断。"尽管唐太宗主要是从政治上考虑问题的,但不浪费,少奢华,对于资源和环境的保护还是很有意义的。

中国古代的环境美学是中国人在自己的生产实践与生活实践中创立的。这个历史远可以追溯到史前。在进入文明时代之始,曾有过以大禹为首的华夏族与特大洪水斗争的伟大业绩,正是这场漫长的最终由华夏族人民胜利而告终结的斗争,让"九州攸同,四奥箕居,九山刊旅,九川涤原,九泽既陂,四海会同"[1],中华民族美好的生活环境由此奠定,而治水的诸多经验也就成为中华民族环境思想的重要组成部分。由于时代的原因,我们只能凭现存的祖国山河,凭有限的文字记载,想象那场气壮山河的斗争如何

---

[1]　《史记·夏本纪第二》。

再造山河。中华民族长期以农立国，以地为本，以水为命，以家国为据，以和谐为贵，以道德为理，以天地为尊，以动植为友，以安居为福，以乐天为境。所有这些，是中国人基本的生活状态。中国古代的环境美学思想就寄寓在这种生活状态之中，并且是这种生活状态的经验总结。虽然中国早已走出古代、近代，而进入当代，中国人的生活状况已经发生了巨大的变化，但是，中国人文化心理仍然保持着诸多传统的基因，更重要的是，中国人所面对的一些关涉环境的主要问题仍然没有根本性的变化，如何处理好人与自然的关系，文明与生态的关系，个人与社会的关系，家与国的关系，国与世界的关系，仍然困扰着当代的中国人。从中国古代环境思想中寻找美学智慧，以更好地处理好当代环境问题，其意义之重大不言而喻。

第 七 章

中华工艺美学体系

中华民族有着伟大的工艺美学体系。这一体系,按中国的术语,称之为"匠学"。中国的"匠学"体系既体现在自史前彩陶、石器、玉器至明清宫殿、园林的实践活动之中,也体现在自《周易》至清代李渔等与制器相关的著作之中。这是一个类似于长江、黄河般的巨流。"匠学",作为工艺美学,它的突出特点是,工与艺的不分离。工与艺的不分离包含有三个统一:(1) 功能与审美的统一,功能包括基础功能与附属功能,审美包括外形式的审美与内结构的审美。(2) 技术与艺术的统一,技术包括原料生产的技术和成品制作的技术,而艺术则有纯艺术与准艺术等。纯艺术即社会肯定的艺术形式如绘画、雕塑等,而准艺术则社会并没有公认这种艺术,但它具有纯艺术的某些因素。准艺术多为实用艺术,青铜器就是。青铜器的造型类似雕塑却又不是雕塑。(3) 产品制作人的审美与产品消费者审美的统一。产品制作人包括工人、技师、概念生产者,他们往往是一个群体;产生品消费者可以是产品的主人、产品的受利人、产品的使用者等。如此多的统一,使得工艺品的生产关涉到社会方方面面:大而言之,生产力发展水准,资源状况、科技水平、社会的政治、经济、礼仪、习俗、艺术等诸多方面;小而言之,小众乃至个人的生活习惯、兴趣、爱好等。没有哪一种纯艺术在涉及社会与自然的资源和社会需要多样性等诸多方面比得上工艺。

第一节　发展历程

纵向来看中国古代工艺美学的发展历程,大体上可以分为四个阶段:

第一阶段为发轫期(史前石器时代):这一阶段可以追溯到旧石器时代。目前,中国旧石器时代考古发现在不断地向前拓展。已发现的旧石器时代早期文化遗址有山西西侯度遗址,距今达 243 万年。新石器时代则一般认为距今 1 万年左右。史前的器具主要为石器、彩陶、玉器。其中最具代表性的器具是彩陶,彩陶主要奠定中华制器的两大品格:器道统一,功美统一。史前彩陶以仰韶文化、马家窑文化为代表。玉器则主要奠定中华制器更高品格:美巫统一、美礼统一。史前玉器以红山文化、良渚文化为代表。这一时期,没有文字,因此,也没能见出制器的理论依据,但理论应是存在的,只是存在于制器人的头脑之中,体现于作品之中。

第二阶段为奠基期(夏商周):这一时期历史主要为夏商周三个朝代,长达近两千年。这是制器文化重要阶段,代表性成果为青铜器,青铜器起源于前龙山文化时期,蔚为大观则在商代,周代青铜器继续繁荣,但风格发生重要嬗变,由凝重典雅转为华贵绚丽。青铜器号称礼器,它的出现,奠定了中国制器的重要特征:器礼统一。制器理论出现,最重要的当为《考工记》,这是真正的制器专著,涉及制器的著作则有《周易》《庄子》《墨子》《韩非子》等。

第三阶段为发展期(汉唐宋):这一时期同样长达近两千年。这个时期制器的突出发展,一是更具生产规模与更高科学级别的建筑长足发展,气势恢宏的宫殿成为时代制器水平的代表。其次,是铁器、木器、瓷器三大器的发展。这三器更能见出制器的艺术性与创造性。

理论上,则有《淮南子》《越绝书》《木经》《营造法式》《梦溪笔谈》。这其中,属于制器专著的是《木经》《营造法式》。如果说,先秦的制器理论,侧重于哲学形态,比较地空,那么,这个时期的制器理论则侧重于科学形态,比较地实。

第四阶段为成熟期（明清）：这一时期不足千年。实践上基本上承汉唐宋，仍然在建筑和铁、木、瓷三器上发展，其中瓷器的发展更具艺术性与创造性，成为中国制器的代表。另外，就是丝绸绣染工艺的发展，同样成为制器的代表。由建筑拓展出来的园林，亦跃升为中国制器的代表。理论上，这一时期有《天工开物》《农政全书》《园冶》《长物志》《闲情偶寄》等重要著作，其中《天工开物》堪为中国制器的百科全书。

梳理中国制器史，发现推动制器事业发展的重要影响有三：一是农业社会的影响。这种影响在精神上，主要为天地崇拜；在实践上则主要是农具与生活用具的创造。二是礼乐制度的影响。礼乐制度是中国主要的制度文化，先秦时期，乐尚能与礼并提，汉代始，乐弱化，所以，中国制度文化实际上只是礼文化。礼文化对于制器的影响表现在重要的器具均要显示出礼制。三是文人趣味的影响。中国的文人是国家意识形态的创造者、最高统治者的老师，他们的思想与观念全面地影响中国人的生活方式，包括制器、用器。

虽然中华文化制器始于史前，但由于史前没有成体系的文字系统[①]，史前制器有没有观念，我们不能从文字上找到依据，不过，这不影响我们从器的造型、纹饰等，推测它的观念存在。

中国的第一个文明时代为夏朝。据现在的研究成果，夏朝始于公元前2070年，终于公元前1600年。虽然十七位帝王的名字考证出来了，但他们执政的年代尚未考出，现在的考古没有发现夏朝的文字，现在我们发现的最早的文字为甲骨文，这是商代的文字，从它所记录的内容来看，属于商王盘庚迁殷后的文字，距今不过3000多年，它的文字中已经有制器的记载，虽然尚未发现理论性的文字，但是，商代青铜器的高度繁荣，足以证明当时已有相当完善的制器理论，只是没有用文字予以表述，或者有文字表述，但现在没有发现。如果坚持文字形态的表述才算是理论的话，那么，中

---

① 考古已经发现史前有类似文字的符号存在，但是尚不能辨识，因此，史前的制器是不是有观念，不能找到文字上的佐证。

华匠学体系的结构只能归功于周朝（前1046—前256）了。周朝分西周（前1046—前771）、东周（前770—前256）。西周成王时期，周公摄政，建立礼制，匠学纳入其中。东周百家争鸣，有关制器的言论多见于争鸣，匠学理论初步建立，其后历秦汉唐宋元明直至最后一个封建王朝——清，中华匠学体系不断得以发展并完备。

第二节　体系（一）：制器价值论

自新石器时代以来上万年的制器实践和自商以来理论上的积累，中华"匠学"文化已经建立起完整的体系。大体上可以分为三大体系：价值论、方法论、哲学论。

制器价值论涉及制器的目的、方向。

一、制器的基本目的：功与美

在这里，功，主要指物质功能，美，主要指形式美。功与美，是制器的两大基本目的，它们可以统一，也可以不统一。就是说，器可能是只有功而少美（不会无），也可能是有美而缺或少功，当然，也可能是功美统一。

这是制器的主要目的，也是它价值的基础。中华民族制器的这一追求，始于史前。史前的制器，体现出两个重要意识：（1）求功带美。这在石器制作上体现得最为突出。石器也有形式美，比如光洁，但初民将石器打磨得光洁，主要目的还是为了功利，因为石器表面的光洁，有利于功能的实现。（2）功美分离。这在彩陶上体现得最为分明，彩陶的特点在彩，不仅器身有色彩，更重要的是器的表面有各种美丽的花纹。彩陶表面的色彩与花纹，与器的功能没有关系，但是它有重要的价值，正是因为这种色彩与花纹，使它成为中华民族最早的礼器。这可以说是功美分离。值得我们注意的是，彩陶虽然以纹饰获得特殊的价值，但它的造型仍然见出它原来的功能，不管此功能用与不用。马家窑陶器中有许多精美的彩陶瓶，可能它不会用来盛水，但它的造型仍然与普通盛水的瓶相似或一样。功美分离，使得一部分器已经不再是满足于生活或生产需要的普通用具,而成为特殊的精神产品,这一点,在玉器中表现得特别突出。彩陶虽然已经具有超出普通陶器的精神意义,但至少有部分彩陶还是当作普通陶器在用,玉器就不同了,它于人的物质生活没有实际的意义,只有精神生活的意义,像玉钺,它完全不能做武器用,然而,它的精神上的意义非常重要,它很可能就是权力的凭信。

文字发明后,百家争鸣中,器具功与美的问题受到诸多学派的重视。对此问题谈得最多是墨子。墨子学派在先秦影响很大,与儒家并称为显学。与儒家一样,墨家也是从政治上看问题的,他之重视器的功用与审美的关系问题,也是出于政治上的考虑。在这一问题上,他有一个基本的观点:功先美后。《墨子》说:"食必常饱,然后求美;衣必常暖,然后求丽;居必常安,然后求乐。"① 他之所以提出这一观点,基于当时的社会现实,很多百姓都吃不饱,穿不暖,也没有屋子可住。而当时的统治者生活非常奢侈。统治者的奢侈,不仅加重于人民的负担,而且导致了社会矛盾加剧,于国家政权的稳定也不利。墨子是在这个意义上批评器具制造过于求美的倾向。这与老子差不多,老子倡导朴素,对于器具重功用,轻审美。他们的说法常让人产生误解,以为他们是完全忽视审美或不要审美的。其实不是。儒家在功与美的关系问题上较墨子、老子,要客观一些。孔子做人讲究"文质彬彬,然后君子",于器物,也主内容与形式的统一。孔子"食不厌精,脍不厌细"的生活方式,足以说明他对审美的重视。应该说,儒家的功美统一观是中国"匠学"中的主流。

在某种意义上讲,中国的工匠精神就在于制器的精益求精,这精也许于功不见得都有意义,但于美意义则不凡。沈括《梦溪笔谈》中说,他曾见一枚出土于六朝陵寝的玉钗,"两头施转关,可以屈伸,合之令圆,仅于无缝,为九龙绕之,功侔鬼神",于此,他发表感慨:"世多谓前古民醇,工作率多卤拙,是大不然。古物至巧,正由民醇故也,民醇则百工不苟。后世风俗虽

---

① 《墨子·墨子佚文》。

侈,而工之致力不及古人,故物多不精。"

二、制器的政治意义:工与礼

在中国,满足生活、生产以及审美的需求,这是制器的基本要求,这要求虽然基于基本人性,但也基于政治。自周朝起,中华民族的治国方略为以礼治国。礼是统治阶级基于政权巩固的需要而制订的各种制度。值得我们注意的是,制器也被纳入国家制度。《考工记》云:"国有六职,百工与居一焉。"① 六职,指国家的六种工作人员:王公、士大夫、百工、商旅、农夫、妇功。百工是做什么的?《考工记》说得很清楚,他们"审曲面执,以饬五材,以辨民器",也就是制器的工匠。《考工记》还说:"百工之事,皆圣人之作也。"圣人就有黄帝,黄帝有诸多的发明,可谓中华制器之祖。众所周知,《考工记》作为全面陈述当时社会各种工匠技术的书,是《周礼》的一部分,这足以证明制器崇高的地位。

事实上,中国的封建王朝,一直非常重视器与礼的关系:首先,制器尚礼。宋朝的建筑学大典——《营造法式》中的各种建筑法式不少属于礼制。其次,用器以礼。周朝有"列鼎制度"对于用鼎有明确的规定。再次,器以明礼。器的制作与运用,礼在其中起着主导作用,但当器作为礼的载体进入社会后,它就相对独立了,作为独立的器,它以其自身的性质及在社会上产生的实际效果,或积极或消极地对礼制发挥着作用。

礼对制器的影响不是完全一样的,涉及统治阶级生活、祭祀的器,其礼制规定非常具体;一般的器,其礼制规定就比较地少。但几乎所有的器都能见出礼的影响。比如衣服,虽然系普通生活用品,但也有礼的规定。《天工开物》说"贵者垂衣裳,煌煌山龙。以治天下。贱者短褐、枲裳,冬以御寒,夏以蔽体,以自别于禽兽"。这衣裳的作用就不容小视,对于皇帝来说,它能显示"以治天下"的至尊地位;而对于百姓来说,它只是用以区别于禽兽。

① 《考工记》卷上。

三、制器的道德取向：利与义

制器是为了谋利，但利有小利大利之分。小利通向私，大利通向公。小私可能妨公，妨公的小利就有可能被认为是不义；大利为公，一般视为义。中国古代有义利之争，先秦时讨论最为热烈。主义大旗的主要为儒家与墨家，他们都主张为公。明确反对义的学派没有，但有杨朱一派主私，此派与墨子一派严重对立。《孟子·滕文公下》篇云："杨朱、墨翟之言盈天下，天下之言不归于杨，即归墨。"孔子谈义基本上不涉及制器，但是，他的"义利"观能管得住制器与用器活动。孔子最著名的言论是："小人喻于利，君子喻于义。"墨子的主要观点是"兴天下之利，除去天下之害"①。他的"天下之利"就是"义"。"天下之害"就是不义，具体来说，就是"国之与国之相攻，家与家之相篡，人与人之相贼，君臣不惠忠，父子不慈孝，兄弟不和调"。②《墨子》一书中有墨子与公输般较量的记载。一段是公输般为楚国造云梯去攻打宋国，墨子带学生去为宋国守城。为了制止楚国的侵略行为，墨子先后去见公输般与楚王，怒斥这种以大欺小的行为为不义，以堂堂正气制服了楚王与公输般。另一段是墨子与公输般辩论，是公输般的先进武器钩强还是墨子要弘扬的义强。辩论结束，墨子理直气壮地说："我义之钩强，贤于子舟战之钩强。"③

第三节　体系（二）：制器方法论——法与巧

中华"匠学"重法，法就是法度、标准。《考工记》首开制器重法的先河。此书记载了诸多器具的法度。《墨子》则从理论上说明法度的重要性："虽至百工从事者，亦皆有法。百工为方以矩，为圆以规，直以绳，衡以水，正以县。无（无论）巧工不巧工，皆以此五者为法。巧者能中之。不巧者虽不

---

① 《墨子·兼爱中》。

② 《墨子·兼爱中》。

③ 《墨子·鲁问》。

能中,放依以从事,犹逾己。故百工从事皆有法所度。"①

　　墨子这里谈到"法"与"巧"的关系问题。工匠的劳动是一种技术性活动,需要有高度的技巧,这种技巧来自"法度"的熟练掌握及创造性运用。所以,制器的方法,最重要的是守法。

　　守法,但不能拘泥于法,拘泥于法,未必能做出器具来,因为制器有各种具体情况,法的运用也需要因各种条件而制宜。再者,法也具有一定的开放性,一定的法只是一定时期的劳动经验的总结,随着实践的发展,它也可以拓展,可以突破,可以创新。这就需要巧了。巧,就是创造。墨子说的"不巧者",只会依法办事,模仿他人,少的就是那个创造性。

　　《淮南子》也谈到了法的重要性。它说:"法者,天下之度量,而人主之准绳也。"②《淮南子》认为不同的工作有不同的法,不能相互套用。"奚仲不能为逢蒙,造父不能为伯乐者,是曰谕于一曲而不通于万方之际也。"③《淮南子》也谈到了巧。它认为,法度是可以传承的,巧是不能传承的。"父不能以教子""兄不能以喻弟"④。《淮南子》还进一步讨论美与法度的关系,它说"美者正于度"⑤。

　　关于法与巧的关系问题,也就是有法与无法的问题,有法是基础,无法是对有法的超越,这种超越就是巧。法,保证制器的成功,而建立在法基础上的巧则可使器达于妙。《淮南子》说:"今夫善射者,有仪表之度,如工匠有规矩之数,此皆所得以至于妙。"⑥

　　"妙"是中国哲学中对道的美学描述,是美的极致。

　　得法与得巧,均涉及两个问题:

　　一是勤练。中国古代的制器多为手工艺,手工操作中,将规则即法度

---

① 《墨子·法仪》。
② 《淮南子·主术训》。
③ 《淮南子·俶真训》。
④ 《淮南子·齐俗训》。
⑤ 《淮南子·主术训》。
⑥ 《淮南子·俶真训》。

运用得恰到好处，没有别的法门，只有勤练，直练到手工即是法度。中华匠学很看重手感，感即理，而手感不是靠背诵口诀就可以获得，需要无数次地练。《庄子·达生》中说"佝偻者承蜩"手法非常熟练，"犹掇之也"。问及何以能做到如此熟练，佝偻者说："我有道也。五六月累丸。二而不坠，则失者锱铢；累三而不坠，则失者十一；累五而不坠，犹掇之也。"[1] 原来，佝偻者的本事是苦练出来的。

二是重知。法从何而来，从知而来。知是什么？知是自然界存在与运行的规律。自然规律如何得知，一是善于观察自然界，从它的现象找出规律。二是善于总结实践经验。实践经验上升为理论，就是知。古时候，科学知识很少写入书中，多为工匠口头世代相传。中国史前的彩陶，体现出相当先进的冶炼科学水平，然而古籍中没有记载。商周青铜器的配方在《考工记》中有重要记载："金有六齐：六分其金而锡居一，谓之钟鼎之齐；五分其金而锡居一，谓之斧斤之齐；四分其金而锡居一，谓之戈戟之齐；三分其金而锡居一，谓之大刃之齐；五分其金而锡居一，谓之削杀矢之齐；金、锡半，谓之鉴燧之齐。"[2]《越绝书》是一本记述先秦越国历史的书，书中有专章介绍宝剑的制作。宋代沈括的《梦溪笔谈》、明代宋应星的《天工开物》、徐光启的《农政全书》都记载了大量的科学知识，说明中华民族自远古至近代，科学水平一直处于世界的前列。值得说明的是，宋朝的《梦溪笔谈》最早使用"石油"这个词，预言"后必大行于世"[3]。是科学的发达，指导并促进了技术的创新。

这里，需特别提出的是，中国古代的天文学的发达，正是因为发达，中国的历法、观天仪器一直处于世界先进水平。《梦溪笔谈》说："国朝置天文院于禁中，设漏刻、观天台、铜浑仪、皆如司天监，与司天监互相检察。"[4] 关于铜浑仪，还追溯它不断改进的历史："司天监铜浑仪，景德中历官韩显符所造，依仿刘曜时孔挺、晁崇、斛兰之法，失于简略。天文院浑仪，皇祐中

---

① 《庄子·达生》。

② 《考工记·攻金之工》。

③ 《梦溪笔谈·杂志一》。

④ 《梦溪笔谈·象数二》。

冬官正舒易简所造,乃用唐梁令瓒、僧一行之法,颇为详备,而失于难用。熙宁中,予更造浑仪,并创为玉壶、浮漏、铜表,皆置天文院,别设官领之。天文院旧铜仪,送朝服法物库收藏,以备讲求。"① 由于中国失去了工业革命的时机,中国制器的法与巧、知与创均停留在手工艺的阶段,这是让人非常遗憾的。

　　不能不指出的是,中国古代存在着重礼轻知的倾向。对于知识分子来说,学习政治、礼仪甚至文学比学习科学知识更为容易获得官职,这种倾向严重地影响了中国科学技术的发展,造成此种倾向的原因比较复杂,此不论。需要说明的是,在中国古代,有识之士一直在强调知识的重要性。孔子自称一生以复"周礼"为己任,将自己的学问定位在道德与政治上,但是,他自幼学习的"六艺"——礼、乐、射、御、书、数就包含有科学知识,这不是孔子自己的选择,而是周朝的教育制度规定的。《周礼·地官司徒·保氏》:"养国子以道,乃教之六艺:一曰五礼,二曰六乐,三曰五射,四曰五御,五曰六书,六曰九数。"东汉的张衡、王充是大知识分子,特别是张衡官位很高,礼制很熟,诗文亦是大家,但他重视知识。《天工开物》的作者宋应星在《天工开物·序》中就批评那些只会虚谈礼制、文艺的人:"世有聪明博物者,稠人推焉。乃枣梨之花未赏,而臆度'楚萍';釜鬵之范鲜经,而侈谈'莒鼎'。画工好图鬼魅而恶犬马,即郑侨、晋华,岂足为烈哉?"②

　　中国制器比较注重器与艺的统一。几乎所有的匠人均有与自己技术相关的艺术修养。这对于实现器的功与美的统一准备了条件。做园林建筑者均为优秀的画家。《园冶》的作者计成,不仅是园林规划师,而且首先是诗人、画家。正是因为如此,几乎所有的我们称之为器的工艺品均有资格列入艺术之林。

　　中国制器,对于材料很为讲究,《考工记》就将"材有美"列为优秀器具制造的四个要素之一。值得注意的是,中华"匠学"对于工人手艺精湛,也

---

① 《梦溪笔谈·象数二》。
② 《天工开物·序》。

非常看重。史前良渚文化反山文化遗址十二号大墓出土的玉琮上有刻纹极为精细的神人兽面纹，在没有铁器工具的当时，真不知是如何刻出来的。中国古代的制器材料中，木器占据重要地位。木工手艺之精美饮誉世界。沈括在《梦溪笔谈》中，曾谈过桐木琴："琴虽用桐，然须多年木性都尽，声始发越。予曾见唐初路氏琴，木皆枯朽，殆不胜指，而其声愈清。又尝见越人陶道真畜一张越琴，传云古冢中败棺杉木也，声极劲挺。吴僧智和有一琴，瑟瑟微碧，纹石为轸，制度音韵皆臻妙。"① 之所以能这样，一方面是材质，这制琴的木头材质非同一般，另一方面，就是工艺精湛了。注重工艺细节，这一传统始自史前，在宋朝，不仅制器如此，制艺也是如此了。《梦溪笔谈》记一则逸事："欧阳公尝得一古画牡丹丛，其下有一猫，未知其精粗。丞相正肃吴公与欧公姻家，一见曰：此正午牡丹也。何以明之？其花披哆而色燥，此日中时花也；猫眼黑睛如线，此正午猫眼也。若带露花，则房敛而色泽。猫眼早暮则睛圆，日渐中狭长，正午则如一线耳。"②

第四节　体系（三）：制器哲学

中华"匠学"，哲学味很浓。它的体系中，哲学占据重要地位。

一、象与器

中华民族最早的哲学著作为《周易》。《周易》其"用"主要为占筮，占筮理论从何来，从天地之理来。天地之理怎么为人知，从天地之象知。这样，象就非常重要。

《周易》中有两种象：一种天地之象，另一种为卦象。也有两种理：天地之理；卦中之理。它们的关系则是：

　　　天地之象——天地之理

---

① 沈括：《梦溪笔谈·乐律一》。

② 沈括：《梦溪笔谈·书画》。

卦象——卦理（意）

天地之象——卦象

天地之理——卦理

因为理在象中，观天地之象以得理，立周易卦象以尽意。不管哪种情况，象都是本，象的重要性突出了。《周易》用途是占筮，《周易》的占筮不仅用于日常生活，也用于处理国家大事。既然理在象中，意也在象中，要得到理，就要析象，因此，真懂象，善析象，至关重要。对于《周易》制作者来说，立象以尽意；而对于运用《周易》占筮者来说，得意而忘象。《周易》哲学的奥妙全在象中。作为哲学，《周易》可以运用于人生的一切，包括制器。事实上，诸多的器也是从卦中获得启发而创造出来的。《周易·系辞下传》就列举了诸多的例子：

"作结绳而为网罟"——《离》。

"斫木为耜，揉木为耒"——《益》。

"黄帝、尧、舜垂衣裳而天下治"——《乾》《坤》。

"刳木为舟，剡木为楫"——《涣》。

"服牛乘马，引重致远，以利天下"——《随》。

"重门击柝，以待暴客"——《豫》。

"断木为杵，掘地为臼"——《小过》。

"弦木为弧，剡木为矢"——《睽》。

"上古穴居而野处，后世圣人易之以宫室，上栋下宇"——《大壮》。

"古之葬者，厚衣之以薪，葬之中野，不封不树，丧期无数。后世圣人易之以棺椁"——《大过》。

"上古结绳而治，后世圣人易之以书契，百官以治，万民以察"——《夬》。

这些例子说的诸多制器是从《周易》的卦获得启发的，而《周易》的卦都是"观物取象"又"立象以尽意"所成，所以，归根结底是从象——主要是大自然之象获得启发的。《周易》的"象"哲学是中华"匠学"重要组成部分。中华民族哲学精神为"天人合一"，"天人合一"之中的"天"首先是象之天，其次才是理之天,归结为象理之天。制器重象重的就是天之象,通向天之理,落实在人之意,最后实现天理与人意的合一。

二、技与道

关于技与道的关系,最早提到哲学层面上加以论述的仍然是《周易》。《周易·系辞上传》云:"是故形而上者谓之道,形而下者谓之器,化而裁之谓之变,推而行之谓之通,举而错之天下之民谓之事业。"[1]《周易》这一观点,为历代学者所认可。清代顾炎武说:"形而上者谓之道,形而下者谓之器。非器则道无所寓。说在乎孔子之学琴于师襄也。已习其数,然后可以得其志;已习其志,然后可以得其为人。是虽孔子之天纵,未尝不求之象数也。故其自言曰:下学而上达。"[2]中国哲学一方面注重"道""器"之分,将前者称之为"形而上",后者称之为"形而下"。另一方面又强调"道""器"之合,这合,不是"道"下降到"器",而是"器"上升到"道",即"形而下"要上升到"形而上"。两个方面,后一个方面是目的,分为的是合。顾炎武用孔子学琴的故事为例说明这个道理。孔子学琴见于《孔子世家》。顾炎武强调即使像孔子这样"天纵"聪明,他学琴也需"求之象数"即经过由器上升到道的过程,这不是简单的进步,而是量变到质变的升华。

《庄子·养生主》中有庖丁解牛的故事,深入说明"技"上升为"道"的过程及其意义。文中说:"……庖丁为文惠君解牛,手之所触,肩之所倚,足之所履,膝之所踦,砉然响然,奏刀騞然,莫不中音,合于《桑林》之舞,乃中《经首》之会。文惠君曰:'嘻,善哉!技盖至此乎?'庖丁释刀对曰:'臣之所好者道也,进乎技矣。'"这是上升到"道"后"技"所达到的境界。从文中的描绘来看,这"技"实质已脱胎换骨成了艺了。成了艺的"技"不仅创造出非凡之功,还创造出惊人之美。当然,实现这一过程是不容易的,《庄子》也道出了这一过程之艰辛与快乐。

---

① 《周易·系辞上传》。
② 顾炎武:《日知录·形而下者谓之器》。

三、天工与人工

中华哲学主"天人合一"，这种"天人合一"的取向为"极高明"，就是说，不是让天就人，而是让人就天。人就天，就是人法天。《老子》云："人法地，地法天，天法道，道法自然。"这一命题中，人处于最低的位置，命题中说的"地法天，天法道，道法自然"其实都是人在法。人法、地法、天法这几种提法虽然不同，但都是在法大自然。只是法的层次不一。最高的法为法自然。这自然为自然而然，强调法自然，说明法的对象已经由自然的现象界进入到自然的本质界了。前面说到中华制器尚象，其实尚象只是开始，到最后，必然尚理，这理就是自然界的本质——自然而然。制器到达这个地步，其器就巧夺天工了。

《墨子》将"巧"分为"人巧"与"大巧"，它说："神机阴闭，剖厥无迹，人巧之妙也。……神明之事不可以智巧为也，不可以筋力致也。天地所包，阴阳所呕，雨露所濡，以生万殊。翡翠瑇瑁碧玉珠，文采明朗，泽若濡，摩而不玩，久而不渝，奚仲不能放，鲁般弗能造，此之谓大巧。夫至巧不用剑。大匠不用斲。"①"人巧"是法度创造性的运用，也可以称之为"智巧"，它出于人工。"大巧"是自然所为，因此，也可以称之为天巧，天巧为至巧，人是没有办法比的。

明朝的李贽提出"画工"与"化工"说，他是在谈艺术，不是在谈制器。但他说的理论可以用于制器，因此既是艺术哲学，也是制器哲学。李贽说："所谓画工者，以其能夺天地之化工，而其孰知天地之无工乎？""要知造化无工，虽有神圣，亦不能识化工之所在，而其谁能得之？由此观之，画工虽巧，已落二义矣。"②李贽强调艺术家要向自然学习，虽然不能做到如化工一样，但能具化工之意味，达化工之境界。制器也应一样。

值得一说的是，中华"匠学"中，阴阳五行在其中占据重要位置。阴阳

---

① 《墨子·墨子佚文》。这段文字又见《淮南子》。个别字句不同。
② 李贽：《杂说》。

五行是中国人实践经验的总结，这一哲学思维深入中华民族文化心理。它的功过是非不是简单可以说清的，也许功亦在此，过亦在此。

四、设计与操作

制器是一个系统工程，在技术操作之前，有一个设计的工作。此工作，为制器提供一个规划，规划有两个部分，一是理念系统：包括制器的目的、用途、指导思想；二是规划系统：包括材料、工具准备、技术规程、技术标准等。这个工作主要为脑力劳动，由工程师或设计师担任。其后，为技术操作，其工作是实践规划，其目的是将概念性的规划物态化，成为器。

制器中设计与操作的关系，相当于大脑与手的关系，设计指挥操作，即是大脑指挥手。设计先行，这是制器中重要的哲学思想。

这一哲学，在柳宗元的《梓人传》中有清楚的描述。

此文说，有一木工，自述他的工作是：

> 吾善度材，视栋宇之制，高深圆方短长之宜，吾指使而群工役焉。舍我，众莫能就一宇。

意思是：我善于选用合适的建筑材料，根据房屋的体制包括高低、深浅、方圆、长短等需要，考虑怎样用料。随后，指挥工匠们具体劳作。若是没有我，工匠们就无法建成一座房屋。木工的工作就是器物设计或者说规划。这个工作的重要性，也在报酬中体现出来了。这位工匠说：到官府干活谋生，我得到的工资是工人们的三倍；到私家干活，我得到的工钱是总收入的大半（"故食于官府，吾受禄三倍；作于私家，吾收其直大半焉"）。

这位工匠就是设计师，他善动脑而不能动手。他家的一张床，坏了一只腿，他自己不会修理。然而在工地上，他就是一位领导者。文章中写道：工人们或拿着斧头，或拿着刀锯，围着他，听他指挥。这位设计师左手拿着度量工具，右手拿着一根棒，就站在中间。他估量房屋的规格，观察哪根木头适用。然后，他挥着手里的那根木棒说："砍！"那些拿斧头的工人们就奔向右边，去砍木头；回过头去指着另一木料，说："锯！"那些拿锯子的工人们就奔向左边，去锯木头。总之，大家都看他的脸色，等他说话，没有哪一个人敢自己决定怎么干。

有意思的是，在唐朝时，设计师拥有工程的署名权，相当于版权。文章写道：

> 画宫于堵，盈尺而曲尽其制，计其毫厘而构大厦，无进退焉。既成，书于上栋曰："某年某月某日某建。"则其姓字也。凡执用之工不在列。

《梓人传》主旨并不是制器哲学而是政治哲学。柳宗元的意思是，在官员体系中，宰相相当于制器工程中的设计师。要重视宰相的地位与作用，朝廷要选用好宰相；而宰相要像设计师那样，"条其纲纪而盈缩焉，齐其法制而整顿焉，犹梓人之有规矩、绳墨以定制也。"治国的"纲纪""法制"相当于设计师的"规矩""绳墨"。制器工程中，设计师的作用落实在规划的制订与执行上。柳宗元如此论述，虽然目的是阐述政治哲学，却将制器哲学提到与政治哲学同等的高度了。柳宗元径直用《考工记》中的"审曲面势"的话来概括梓人的工作："梓人，盖古之审曲面势者"。

中华"匠学"体系是全面的、完善的。可惜一直没有得到足够的重视，也没有认真地总结过。关于古代工艺学，《考工记》倒是有过一个概括："天有时，地有气，材有美，工有巧。合此四者，然后可以为良。"虽然这四句话的概括还并不全面，但已经涉及制器的几种重要关系，结合其他相关的重要著作的论述，中华古代的工艺学体系，是不是可以这样表达：哲学：崇天尚人，天人合一；目的：崇功尚美，功美合一；方法上：崇法尚巧，法巧合一；崇材尚工，材工合一。

第 八 章
中华美学学术视野

视野决定广度，也决定深度。中国美学历史悠久，内涵丰富，有着广阔的学术视野。它的学术视野，涉及两个方面：一是对内的视野，二是对外的视野。对内的视野，主要涉及它的研究内容、它的边界、它的体系建构。关于对外的视野，主要是涉及它与外国诸美学的关系。在全球化的今天，主要涉及与全球美学的关系。视野也决定发展。对于中国古代美学来说，它的发展表现为传承、革新和转化。传承既是自然的，也是人为的。自然的可能趋向保守，人为的可能趋向革新。革新有两种：一种是无传承的革；另一种为有传承的革。后一种革，因为有传统可依托容易取得成功。中国古代美学的当代转化是一个非常大的问题，此章只能略有涉及，以后如有可能当作深入的研究。

第一节　中华古代美学史体系的建构

中国古代美学史应如何写，记得 1980 年 6 月中国首届美学大会就讨论这个问题，当时，中国还未出版一本称得上完整的中国美学史。[①] 会后不

---

① 断代美学史研究成果倒是有，主要有施昌东先生的《先秦诸子美学思想评述》（见《汉代美学思想评述》，中华书局 1981 年版）。

久，就有李泽厚、叶朗、敏泽等先生的好几部完整的美学史相继出版。① 这是中国美学史研究第一批成果，接着就有包括笔者在内的诸多学界同仁著的中国美学史出版。基于对美学史的理解不同，中国美学史研究呈现出丰富多彩的面貌，笔者难以做全面周到的描述。笔者认为，中国美学史应如何写，关键是中国美学史的体系结构应如何建立。笔者结合本人的研究，试着探索，求教于方家。

一、美学：审美学

华夏美学史应如何写，首先关乎如何认识美学学科。

虽然，美学就其原初的西文名 Aesthetics 来说，为感性学，它之被译成"美学"，是一个美丽的误会。② 但就这门学科的本质来说，更应是一个美丽的纠正。③ 美学本就应该是关于美的学问。其实，黑格尔早就认为将美学定义为感性学是不妥当的。他说"伊斯特惕克（Asthetik）这个名称实在是不完全恰当的"。其实，美学学科（Aesthetics）的创始人鲍姆嘉通虽然说"美学（美的艺术的理论，低级知识的理论，用美的方式去思维的艺术）是研究感性知识的科学"④，也仍然将审美放在研究的中心地位，"感性知识"只是他对审美性质及特点的认识。也许，他的另一句话更值得重视："美学的目的是（单就它本身来说）感性认识的完善（这就是美），应该避免的感性认识的不完善就是丑。"⑤ 因此，鲍姆嘉通实际上重视的是"感性认识的完善（这就是美）"，而不是"感性知识"。

---

① 李泽厚：《美的历程》，文物出版社 1981 年版；李泽厚、刘纲纪主编：《中国美学史》第一卷，中国社会科学出版社 1984 年版；叶朗：《中国美学史大纲》，上海人民出版社 1985 年版；敏泽：《中国美学思想史》三卷本，齐鲁书社 1989 年版。

② 据有关资料，1904 年，日本哲学家中江肇民将 Aesthetics 译成"美学"。

③ 黑格尔著，朱光潜译：《美学·全书序论》，商务印书馆 1979 年版，第 3 页。

④ 北京大学哲学系美学教研室：《西方美学家论美和美感》，商务印书馆 1980 年版，第 142 页。

⑤ 北京大学哲学系美学教研室：《西方美学家论美和美感》，商务印书馆 1980 年版，第 142 页。

　　审美则是人类的一种以感性（含情性）为特征的兼融理性的活动，这种活动的领域是极为广阔的，美学研究的几个重要范畴：美、崇高、丑、怪诞、悲剧、喜剧均审美研究的对象。故而，准确地说，美学应为审美学。尽管美学应理解为审美学，不独是研究"美"，但"美"无疑是审美学中的核心范畴。按照个别包含一般的哲学道理，从"美"中完全可以得到审美的一切奥秘。美学应以对"美"的研究为中心，这是肯定的。

　　既然审美是美学研究的对象，"美"是其中的研究重点或核心，美学史就宜写成审美发展史，其中，主体为"美"的发展史，事实上，西方的美学史就是这样写的，中国的美学史也应这样写。

　　问题是，审美是一个相当复杂的问题，这涉及人类的三大价值——真善美三者之间的关系。真善美三者的关系相当复杂：从存在来看，它们互相影响，互相作用，存在着交叉性、叠合性、融会性。而从逻辑来看，它们又各有内涵外延，有一定的独立性。除了这种现实与逻辑中的不同存在以外，在各个不同民族的思维中，真善美的关系也是不同的。有的民族擅长做分析，喜欢从生活实践中将真善美分别提炼出来，以便认识真善美；而有的民族则擅长做综合，喜欢从事物的复杂的关系中去认识真善美。

　　大体上，前一种思维方式，西方民族更为热衷，而后一种方式，中华民族更为热衷。由此决定了学科建设的方向。西方，学科分类比较发达，真善美三大价值各有相对应的学科群，真的研究，主要有认识论、逻辑学等，善的研究主要有伦理学、法学等；美的研究主要有美学、艺术学等。三大价值的边界比较清晰。而在中国，三大价值的边界不够清晰，与之相应，学科分类也不够明显，大多是你中有我，我中有你。中国古代纯粹的美学专著没有。《论语》《老子》《庄子》等经典，某种意义上，都是人文百科全书，既是哲学著作，也是伦理学著作，还是美学著作。

　　中国文化传统崇尚务实，唯审美主义不够发达。大体上，涉及审美，都会融入一定的"审真""审善"成分。

　　中国古代所说的"真"，有理之真、情之真、事之真、道之真，"四真"中重道之真。这真，道家理解为自然，儒家理解为诚。"诚者，不勉而中，不思而德，从容中道。"① 中国古代美学讲的审美，其中含有的"审真"成分，主要是合道——自然之道和诚之道。中国古代的审美意识在很大程度上依附于"审真"，这"真"更多地被理解为"道"，这就影响到中国美学的性质，它在很大程度上可以看成是道美学或者道的美学表达。

中国古代所说的"善"，主要是儒家的政治立场和道德观念。政治立场，一是国家意识，一是民族意识。国家意识与民族意识是合一的。中国美学不仅有着鲜明的政治意识，也有着鲜明的道德意识。中国的道德意识建立在血缘关系的基础上，以家为本体。道德关系，以父子、夫妻这样的纵横关系双向建构。以子之孝、妻之顺为基本的道德准则，然后，扩充到社会，建构相应的道德关系。中国古代的政治与道德是统一。国是放大的家，家是微型的国。君臣关系是没有血缘的父子关系。中国美学具有深厚的道德意识和强大的政治意识，讨论美学问题，一般脱离不了这样的基本立场。

中国古代的"善"一般用"礼""德"这样的概念来表达。"礼"主要用于表述国家秩序，凸显政治意识；"德"主要用于表述伦理规范，凸显道德观念。重礼，重德，一般认为是儒家的立场，其实，道家也如此，只是将礼、德都归之于道——自然之道。老子的《道德经》，道为德之本，德是道之体，亦为道之用。作为道之用的德，主要用在社会活动中，其中就有处理社会关系的伦理内容。

在中国古代，伦理与政治的关系极为密切。一般说来，政治以伦理为本，伦理又以政治为本，两者构成一种相互依托相互作用的关系。政治与伦理也有冲突的时候，虽然具体冲突各有胜负，但从历史长河来看，它们在冲突中实现妥协，从总体上实现统一。

中国古代伦理与政治如此密切又如此复杂的现象，严重影响中国古代的审美传统。从总体上来看，中国古代的审美，独立性的现象也是存在的，但不为主流。中国古代的审美多依附善，因而美学在很大程度上可以看成是礼美学或德美学。

---

① 朱熹注：《四书集注·中庸章句》。

西方世界,伦理与政治的关系也是密切的,但二者基本上是独立的。伦理未必要为政治服务,而政治也未必要以伦理为本。因此,西方审美传统表现出两个系统:一是美被决定或被影响于善;二是美相对独立于善。这两个系统基本上势均力敌。

中国传统文化中,儒家文化一直居于主流地位。儒家文化崇善,善之核心是伦理意识与国家意识,因此,从总体上来看,深厚的政治立场与伦理立场是中国古代美学一大特点。由此决定,中国古代美学史的主体必然是伦理美学史或政治美学史。

二、美学史:审美意识史

美学作为"学",以理论阐释为主,这是常识,但在实践中,这种理论阐释存在三种情况:第一种,主要阐释美学范畴、美学命题和由若干范畴、命题组成具有内在逻辑结构的美学理论。这种美学史,可称之为概念美学史。第二种,主要是阐释审美现象,从审美现象中提炼美学思想。这种美学史,实际上是审美现象史。第三种,也主要是阐释美学范畴、美学命题和审美理论,这是美学史的主体或者说骨干,但不局限于此,它需要阐述与之相关的哲学学说、文化思潮、审美现象特别是艺术现象。这种阐述仍然需要突出思辨,不能只做现象描述。这种美学史,可称之为审美意识史。意识也是思想。是思想就不离概念,但是,它不一定是从概念到概念,而可以从现象到概念。

写中国古代美学史到底取哪一种方式为好呢?笔者比较认同第三种即审美意识史。之所以如此选择,是因为在中国古代,美学概念系统不够发达,许多美学概念兼为哲学概念、伦理学概念、社会学、文化学概念。中国古代的审美现象倒是非常丰富的,但如果将美学史写成审美现象史,很难凸显美学的理论品格。1994年,笔者着手写作《中国古典美学史》[①],在写作过程中,注意到这样几个问题:

---

① 　参见陈望衡:《中国古典美学史》,湖南教育出版社1998年版。

（1）突出中国美学史的哲学品格

中国古代哲学主体是儒道释三家，其中最重要的儒道两家。两家哲学思想均孕育于先秦，在百家争鸣的论辩中立派。在实践中，它既有斗争，更有融合。先秦道家为原创的道家。西汉有黄老之学。东汉产生了道教。道教以道家哲学为基础，融合原始巫术、民间信仰、神仙思想，创造出新的哲学。儒家也有自身的发展。先秦的儒家为原创的儒家。汉代发展出经学。魏晋玄学是儒道的部分融合，既是道家的新形态，也是儒家的新形态。唐代开始儒道的第二次整合，宋明继续，实现中国古代哲学的大融合，是学称之为理学。清代是理学的终结。中国哲学的这些发展以及对美学的影响，《中国古典美学史》均有一定的显示。

（2）突出体现中国美学史的文化品位

中国古代不独有诸多哲学学派，还有诸多文化学派。值得我们高度注意的是，每一个时代，均有作为时代标志的文化学派。通常的表述是：先秦子学、两汉经学、隋唐佛学、宋明理学、清代朴学。我在撰写中国美学史时，有意彰显这些文化学派对于美学的影响，像唐代佛学对美学的影响，就写了两章；清代的朴学对美学的影响，亦写了两章。

（3）突出作为时代审美旗帜的美学现象

审美现象进入美学史有两点是要注意的，第一，不是任何审美现象都进美学史，只能挑选作为时代审美旗帜的美学现象进入美学史。中国古代，作为时代审美旗帜的美学现象已有定论。先秦：《诗经》《楚辞》；汉代：赋、建筑；晋：书法；唐：诗、乐舞；宋：词、山水画；元：曲、文人画；明清：长篇小说、园林、宫殿。这些审美现象都进入了我的《中国古典美学史》。第二，进入美学史的审美现象，不是写它的具体显现，而是写它的美学思想，这美学思想还得是同一朝代的学人的认识。不然，就乱了。拙著《中国古典美学史》中，宋词美学均设有专章——"宋词的审美理想"，列出五节，标题分别为："聊佐清欢"；"吟咏情性"；"以诗为词"；"别是一家"；"清空""骚雅"。这些语句均取自宋朝词人对词的论述。

将美学史定位为审美意识史，可以突破美学史必须以文字记载为依据的樊篱。可以将一些具有重要审美价值的器物纳入美学史，作为提炼美学思想的原料。中国最早的文字发现于商代，即算发现了一些文字，由于这文字为甲骨文，刻录不易，记录的史料并不多。整个夏代，推至史前，虽然考古也发现了一些类似文字的符号，然并不认识，而且也很少。夏代及史前的审美意识大量体现在器物中，主要是陶器、玉器。如果因为夏、史前没有文字，美学史就不将它们作为研究对象，就未免太遗憾了。现在已经出版的中国美学史著作，通史类的，多从春秋开始，开篇不是《老子》就是《论语》，抑或《易经》，论及史前审美的，不是很多。笔者的《文明前的"文明"——中华史前审美意识研究》① 是研究史前审美意识的专著，不是通史。

审美现象进入美学史，是值得肯定的，但如何不致削弱美学史的理论品格，且不破坏美学史理论上的统一与完整，还是一个值得继续探讨的问题。

三、美学史主体：艺术审美史

中国美学史研究的中心是艺术（包括文学）。各民族的美学史均如此，道理也很简单：艺术审美具有典范性。

尽管各民族的美学史都将艺术审美作为美学史的主体，但由于各民族的艺术审美体系不同，它们美学史也不同。中国的艺术审美是有它的特殊的话语体系的。可以从两个维度来认识：

（一）艺术创作的维度

中国美学的艺术创作论，以"意象"为基础而展开。魏晋南北朝时，刘勰首用"意象"概念。王夫之将意象问题归结为"情"与"景"的关系，他用"情"代替"意"，突出艺术审美"重情"的特点，这是重要贡献。更重要的是，王强调"情"与"景"的相合，不是两者相加的叠合，而是互相生发的化合，即所谓"景生情，情生景"②。在王夫之看来，"情语"之妙在于它是景，"景语"

---

① 参见陈望衡：《文明前的"文明"——中华史前审美意识研究》，人民出版社2017年版。
② 王夫之：《姜斋诗话·卷一》。

之妙在于它有情。

审美立足于意象，这是中西美学相同的。区别是：中国美学较之西方美学更为重视象中之意。这种重视，导致中国美学特有范畴——"意境""境界"的产生。"意境""境界"两个概念基本上是重合的，只是"意境"概念多用于艺术，而"境界"既可以用于艺术，也可以用于人生。

《周易》是中国意象理论之源。主要有三个理论：一是"观物取象"——"象"之源为物；二是"立意以尽象"——"象"之本为"意"；三是"得意忘象"——"象"之"的"为"意"。"本"与"的"均在"意"，"象"只是实现"意"的工具。

意境理论产生于唐，发展于元宋明，成熟于晚清。它得力于四个理论：一是"象外"论。二是"境"论。三是"心"论。梁启超说："境者心造也。一切物境皆虚幻，唯心造之境为真实。"四是"本"论。晚清至民国初的大学者王国维将"境界"理论做了提升，说："言气质，言神韵，不如言境界，有境界，本也。气质，神韵，末也。有境界，二者随之矣。"①

所有这一切拓展，引入，提升，都是为了让"象"更空灵，从而让其中的"意"更深刻，更玄妙，从有限走向无限。这样，"境界"就不只是美学范畴，还是哲学范畴了。境界理论是中国古代美学的精髓，也是中国美学对世界美学的独特贡献。

（二）艺术审美欣赏的维度

主要有"妙—味"论。"妙—味"论是中国独特的审美理论。"妙"作为概念出现，最早是在《老子》一书中，老子用"妙"来描绘"道"的神奇与美丽，后来，"妙"就成为一个重要的审美范畴。中国古代也有"美"这一概念。"美"比较地重外在形式，而"妙"则更重内在精神。在中国文化，"妙"与"美"不在一个档次上，其地位远高于美。作为"道"的存在方式，"妙"不是感觉的对象，而是心灵的对象。道之妙，不是眼睛可以观耳可以听的，它需要一种特殊的心理感觉。这感觉，中国哲学称之为"味"。"味"功能是体道，

---

① 王国维：《人间词话·删稿一三》。

因此也称之为"味道"。能够"味"出"道"来，这"味"就是"妙"。

"味"是中国美学中美感论的核心范畴，"妙"是审美的最高境界。"味—妙"论，同样是中国古代美学的精髓，是中国美学对世界美学的独特贡献。

关于中国美学史的理论体系，我试着提出一个框架。这就是：一是以"意象"为基本范畴的审美本体论系统；二是以"味"为核心范畴的审美体验论系统；三是以"妙"为主要范畴的审美品评论系统；四、真善美相统一的艺术创作论系统。① 这个系统的提出，立足于艺术，基本上是艺术审美的理论，是中国古典美学的核心理论。我的中国美学史体系，就是按这个框架建构的。

四、四个主干理论

从逻辑上来讲，中国古代应有美学史了。但是由于文化传统的种种差异，特别是语言的差异，中国古代美学与西方美学有着鲜明的不同。由于学科体系是人家西方制订的，要想纳入这个学科，不能不考虑这个已经制订的这个体系，由于中国古代美学自身的特点，又不能不从中国美学的实际出发。

从这个立场出发，笔者认为中国古代美学史有四个主干理论，它们共同构成一个属于中国的美学体系：

一是"道—生"论。"道"是中国哲学的本体性范畴，也是最高范畴。在中国，不同的哲学学派对于"道"的理解不一样，大体上，儒家所认定的道为社会—人伦之道，在儒家创始人孔子那里，"道"展现为两个重要范畴："仁"和"礼"。道家所认定的道为天地—自然之道，在道家创始人老子那里，道表述为"自然"，自然不是指自然界，而是指天地万物包括人的一种适性的状态——自然而然。

什么是美？尽管美的具体形态不一样，但如要究其本质，最终都要推到"道"上去，所有的"美"均是"道"的显现或者说"道"的形式。

---

① 参见陈望衡：《中国古典美学史》，湖南教育出版社 1997 年版。

　　"道"的重要功能是"生","生"指创造天地万物，其中最重要的是创造生命。《周易》云"天地之大德曰生"，道如何生万物，主要靠天地间存在的两种相对的力量——阴和阳，是阴阳的相互作用，造就了万物，造就了生命。

　　"道—生"论是一种中华民族独有的生命哲学，它既与其他民族的哲学相通，又具有自身的特点。中国古代美学就是在这种哲学中孕育出来的，用来表述中国"道—生"哲学的范畴如"气""韵""神"等几乎可以全部移用到美学中来。

　　二是"妙—味"论。"妙—味"论是中国独特的审美理论。"妙"作为概念出现，最早是在《老子》一书中，老子用"妙"来描绘道的神奇与美丽（见《老子·一章》），后来，它成为一个重要的审美范畴，成为对审美对象的最高的评价。中国古代也有"美"这一概念，然品位低于"妙"。"美"比较地重外在形式，而"妙"则更重内在精神，作为美学品评的对象，它是最高的美。

　　作为"道"的存在方式，"妙"不是视听的对象。道之妙，不是眼睛可以观耳可以听的，它需要一种特殊的心理感觉，这感觉中国哲学称之为"味"。"味"不是指生理性的味觉，而是指一种精细的心理性体悟。中国美学认为，"美"可以用感官去感受，而"妙"只能用心去细细地品味。于是，中国美学不仅建构起自己的以"妙"为最高范畴的审美品评论系统，还相应建构起以"味"为核心范畴的审美体验论系统。

　　三是"象—境"论。"象—境"论是中国古代独特的艺术审美论。艺术之所以是审美，是因为艺术是象的存在。中国古代最古老的哲学著作《周易》是以象为基础的，《周易》六十四个卦均为象，理全在象之中，卦爻辞只不过是用来说明象中之理罢了。《系辞上传》云："圣人设卦，观象系辞焉，而明吉凶。"正是因为《周易》如此重视象，在此基础上发展起来的中国哲学就明显地具有浓重的美学意味。在世界哲学之林中，中国哲学的深刻程度并不亚于西方哲学，而其感性意味又让它较西方哲学更具魅力。

　　魏晋南北朝时刘勰首用"意象"概念，意象理论的根本是"意"与"象"

的统一。明代何景明说："夫意象应曰合,意象乖曰离。"清代,王夫之将意象问题归结为情与景的关系,情相当于意,景相当于象。情景相合,也就是意象相合。王夫之用情代替意,突出艺术审美重情的特点,这是一个重要贡献。

"境"原多用于佛经,用于表述成佛的精神世界,唐代诗僧皎然用它来表述诗歌意象,于是,"境"也就成为美学范畴。境在艺术学中有诸多不同的表述:"境象""虚境""心境""神境""意境""境界"等,后来,主要用"意境""境界"两个概念。

"象"与"境"都用来表述艺术的审美形态,但"境"是"象"的更高形态。"境"较"象"之重要不同,一是虚,二是灵。皎然说"境象非一,虚实难明",刘禹锡说"境生象外"。司空图论诗,说好诗应有"韵外之致""象外之象,景外之景"。司空图虽然没有将这些话归结到"意境"这一概念上去,但后人将其视为对"意境"本质的重要揭示。

与"意境"处于同一层次的还有"境界"这一概念,一般来说,能用上"意境"的地方,均可以用"境界"代之,只是在论及人的修养时,多用"境界"而不用"意境"。学界一般认为王国维的《人间词话》是中国古代"境界"论的重要总结。

四是"风—化"论。中国美学有一个重要的特质,就是重美育。孔子提出的四个美育概念:"兴""观""群""怨"。《毛诗序》承孔子,创"风"这一概念,说:"风,风也,教也;风以动之,教以化之。"用"风"来喻教,不仅是强调了教的普遍性,而且突出"教"的审美性,后代将这种教化称之为"风教"。

"风教"论中,与"风"相联缀的"化",也是一个重要的美学范畴。"化"具有无穷的意味,它不仅表示事物在变,而且表示这变的程度是深刻的、完全的、彻底的,变的方式是温馨的、无形的、审美的。

四个理论,符合体现出西方美学史已制定的理论框架,"道—生"论为审美的哲学基础,"妙—味"论为审美的基本理论,"象—境"论和"风—化"论则是审美在艺术中的体现。

四个理论主要用于阐释艺术审美，它们是中国美学史的核心问题。

五、边界：人生与环境

中国美学史的中心是艺术，它的边界则不是艺术，而是人生与环境。

关注人生，是中国古代美学重要特点。产生这一特点固然与中国古代文化真善美学科分类意识不强有关，但更重要的是与中国骨干文化——儒家文化与道家文化的影响有关。儒家文化的创始人孔子非常自觉地将自己的学说建立在健康人格结构的基础上，孔子说："兴于诗，立于礼，成于乐。"① 这"兴"的，"立"的，"成"的都是人格。"诗""礼""乐"是成就人格的手段或者说途径。"诗""礼""乐"三者均具有审美性，其中"诗""乐"还可以划入艺术的范围，既然艺术的目的是成人，审美的目的也就是成人了。

孟子论做人，说："可欲之谓善，有诸己之谓信，充实之谓美，充实而有光辉之谓大，大而化之之谓圣，圣而不可知之之谓神。"② 这"善""信""美""大""圣""神"等六个概念是做人的六个阶段。"善""美"这两个概念不能等同于今天说的善与美。整个过程是真善美一并追求的，而最终成就的健全人格也同样是真善美一体的。

道家学说也以成人为根本。与儒家文化关注人格的社会性不同，道家更多地关注人格的自然性，或者说它希图成就的是自然人格。道家认为，自然才是人格之本。这同样影响道家的审美意识的建构。老子说的"人法地，地法天，天法道，道法自然"，立足点是人。"道法自然"根本目的，是成就健康的人格，而后来，人们忽略了这一根本目的，而将"道法自然"看作成就艺术的根本途径，实在是舍本逐末。

谈中国美学，不能不谈人生，而且必须谈人生。虽然艺术审美是美学史研究的中心，世界各民族的美学都一样，但在中国，美学史研究不能不关

---

① 《论语·泰伯》。
② 《孟子·尽心章句下》。

注人生，因为艺术审美，为的是成就人生。强烈的修身济世情怀是中国美学史的重要品格。

中国古代文化还看重环境。环境，可以分为社会与自然两个方面。社会环境可以分为三个层面：国、家、江湖。三者中，国最重要。中华文化有着强烈的国家意识，与之相关，中华美学也有着强烈的国家意识。中国社会经历过数千年的农耕文化，农耕文化重视家。家意识按说是中国文化之本。中华民族最早的国由诸多的部族联盟合作而构成，部族有血缘关系，可以说是以家为基础的。作为部族联盟的国具有家的性质，国君即家长，百姓即子民。家国一体，这种结构严重影响着中华文化的性质，同样，也影响中华美学的性质。

儒家讲礼乐治国，礼是制度，乐是以音乐为核心的艺术。按荀子的说法："乐也者，和之不可变者也；礼也者，理之不可易者也。乐合同，礼别异。礼乐之统，管乎人心矣。"① "礼"与"乐"都是用来管理人心进而管理社会的。理想的社会在荀子看来，应是礼乐并举、美善相乐。他说："君子以钟鼓道志，以琴瑟乐心，动以干戚，饰以羽旄，从以磬管。故其清明象天，其广大象地，其俯仰周旋有似于四时。故乐行而志清，礼修而行成。耳目聪明，血气和平，移风易俗，天下皆宁，美善相乐。"②

道家讲"无为"治国。所谓无为，就是自然。让人回归到自然状态，就是理想的人；让社会回到自然的状态，就是理想的社会。老子说："故圣人云：'我无为，而民自化；我好静，而民自正；我无事，而民自富；我无欲，而民自朴。'"③ 老子说生活在这种社会中，"甘其食，美其服，安其居，乐其俗。"④ 这就是美——社会美，它与荀子的礼乐社会美异曲同工。

礼乐也好，无为也好，本都不是讲审美，然而均用到审美上去。不是由审美到社会，而是由社会到审美。

---

① 《荀子·乐论下》。
② 《荀子·乐论下》。
③ 《老子·五十七章》。
④ 《老子·八十章》。

就自然环境来说，环境审美在中国美学史中占的分量很重。自然环境审美，通常被人视为自然审美。其实，这两者是有区别的。自然与自然环境是两个不同概念。自然是与人相对的概念，自然中没有人；自然环境是与人相关的概念，自然环境中有人。这有人，不只是说这自然是人化的自然，还说这自然是人的家园——物质的家园与精神的家园，家园可大及整个地球，也可以小及住屋、院落。

虽然"环境"这一概念在中国典籍中，迟至唐代才出现①，但环境意识早在史前就有了。史前彩陶器上的纹饰多为自然环境中的物件，如流水、高山、太阳、月亮、星星、花草、动物等。它们都与人具有内在的亲和性。进入文明时期，人类所创造的文字系统中，与环境相关的概念就有天地、山水、自然等。这些概念中，山水是最具环境审美意味的概念。中华民族是最早发现山水之美的民族之一。

公元前四五百年前的产生的《诗经》中，有大量关于自然美的描写。此后的发展中，山水诗成为文学的主流；山水画成为绘画的主流。这种现象在西方世界是看不到的。

中国人的自然审美准确地说是自然环境的审美，中国的山水画不管画面上是否有人活动的痕迹，整个画幅透出来的是人间的烟火气，这山水不是自然，而是自然环境。宋代画家郭熙论山水画，云："世之笃论，谓山水有可行者，有可望者，有可游者，有可居者。画凡至此，皆入妙品。但可行可望不如可居可游之为得。"②郭熙强调画面山水"可居可游"的性质，就是强调山水是环境。

美学史的核心是审美，审美集中体现在艺术的审美活动中，也就是说，在艺术的审美活动中建构了美学的基本体系。这一点，世界各民族美学均

① "环境"一词，最早可能出现在唐朝，进一步缩小范围可认定在唐朝中后期。唐段文昌（773—835）《平淮西碑》有"王师获金爵之赏，环境蒙优复之恩"。又《唐大诏令集》卷118《令镇州行营兵马各守疆界诏》（下诏时间为大和年间）有"今但环境设备，使之不能侵轶，须以岁月，自当诛除。此所谓不战之功，不劳而定也"。

② 郭熙：《林泉高致》。

如此，无例外。只是艺术审美的具体内涵及表现形式有别。但审美边界则可能有所不同。

审美在中国古代，并不止于艺术，它延及人生、社会和自然的诸多领域，因此，中国美学史的边界应是人类的一切生活及与之相关的社会环境和自然环境。

中国美学史研究在当代已经成为美学研究中的显学，它不仅对于如何认识中国古代的艺术与审美具有重要意义，而且对于当代文学艺术的繁荣，特别是构建中国当代的审美系统也具有重要意义。审美意识的全球化与民族化是可以实现统一的。我们需要的文化自信，其中包括美学自信。深信伴随着中国美学史的研究的繁荣，一个属于中华民族的美学春天正在到来。

第二节　中国古代美学的当代转化

人类前进之路，总是由过去走向未来。过去的成功、失败当其总结为经验与教训后，就成为宝贵的财富。这方面，人们似乎更在意军事上、政治上、学习上的总结，而相当忽略美学上的总结。这不能责怪人们的大意，因为美学的传承与发展有它的特点：（1）美学的传承较之其他生活领域更具有内在的稳定性、持久性。（2）美学的变革较之其他生活领域更具外在性、形式性。（3）美学的传承与变革也可以注入新的内容，这种内容因为切合时代，也因为在传统的美学观上找到了切合点，因而取得成功。这种美学的传承与变革是理想的。当代生活与古代生活相比，发生了巨大的变化，美学理应有相应的变化。

下面，试举四例，谈古代美学的当代转化：

一、中国古代文艺美学的当代转化

中华民族在长达5000多年的历史中，创造了极其灿烂的文艺作品，并提出了成体系的文艺理论。这些作品与这些理论，参与构建了中华民族的文化心理、精神品格、审美传统。虽然时代不同了，现代文艺与古代文艺有了很大的差别，但是，中国的现代文艺在精神上仍然与古代文艺一脉相承。为了更好地繁荣与发展当代文艺美学，有必要将古代文艺美学的当代转化作为一个问题提出来，这里，首先是中国文艺美学中哪些东西必须成功地实现当代转化。笔者认为，主要有三：

第一，中华民族文艺中的审美载体的当代转化。

中国文艺的载体虽然因艺术门类不同而有所区别，比如绘画为色彩、线条，音乐为乐音，但基本载体是汉语包括语言与文字。汉语，不仅是中华民族思想情感的存储方式、交流方式，而且是中华民族思维方式的载体，这最后一种方式，让它成为中华民族文化心理的基础。

20世纪初的文言文到白话文的转变，已经让汉语实现了一次意义巨大的转化，文言文到白话文的转变不仅是语言形式的转化，更重要是语言精神的转化。由文言文到白话文，中华民族的主要语言——汉语实现一次凤凰涅槃式的变革，它是中华民族由古代走向现代，由封闭走向世界的重要体现。因为有了白话文，中华民族的文化心理才更开放、更自由、更远大、更强大。

虽然，文言文到白话文的变革为中华民族的审美载体的当代转化作出了巨大贡献，但审美载体的当代转化并没有完成，而且永远不会完成，它必须与时俱进。每一门类的艺术变革都必然体现为审美载体变革。文学，永远将语言摆在首位，优秀的作家必然是辞章大家，他的全部成就必然最终落实在语言的变革上，鲁迅之成为鲁迅，不只在思想的新锐，还在他文风的犀利与特有的幽默，以至他的文风成为不少中国作家学习的榜样。中国绘画语言主要是由毛笔创作的线条与色彩。绘画用的毛笔与写字用的毛笔完全同一，因此，绘画语言的当代转化必然撬动中国文化载体的基础——汉语。中国的古典音乐虽然与汉语没有直接的关系，但中国古典音乐浸透了汉语的韵味，正是因为如此，中国古典音乐的境界只有汉语才可以做比较好的描绘与表达。白居易的名诗《琵琶行》不就是精彩的例子吗？盛唐时期由唐玄宗和杨贵妃主创的《霓裳羽衣舞》早已失传，然而，它的风貌、结构、神韵完整地保存在白居易的长诗《霓裳羽衣舞·和微之》。

　　第二，中国文艺的审美追求的当代转化。中华民族的审美追求集中体现在境界上。境界是中华民族美学的最高范畴。作为美学最高范畴的境界，它有三个特质：其一，境是美、真、善的整体。境与哲学上的天地境界，伦理学上的圣贤气象是一脉相通的。如果说，天地境界在当代哲学中可以理解为真，那么，圣贤气象在中国当代哲学中就可以理解为善，既然美学境界与天地境界、圣贤气象一脉相通，那就意味着美与真、善是相通的。其二，境由心生。境界当然有物质世界的映照与显现，但境的本质是心灵的自由创造。梁启超说："境者，心造也。一切物境皆虚幻，惟心所造之境为真实。"作家创作中的构境，读者欣赏时的构境，都是心的创造，这种创造是自由的，创境中的愉悦难以言传，本质为静，静而悠远。其三，境是有限与无限的统一。境既是内敛的，表现为含蓄；又是外放的，展示为无限。在本质上，境是道的别名，而道作为宇宙的本体与人类生活经验的总括，就是有与无的统一，即有限与无限的统一。

　　境界是中华民族文化心理的审美结晶，是中华民族精神之花。中华民族对于美的理解，集中体现为美在境界。不管是自然界的事，还是社会界的事，是现实的事，还是过去、未来的事，均要在心中化为境才具审美的品格，才有魅力，才美。

　　境在心，功在生。虽为心境，实为生境。作为心境，喜乐悲愁均有之；作为生境，集荣枯盛衰于一体。境，实实虚虚，惟恍惟惚。视其变，则瞬息，不可把捉；视其定，则永恒，如天地宇宙。

　　中华民族的境界理论，在当代的文艺创作与文艺理论中如何继承，如何发展，如何变革，是一个值得深入实践并深入研究的大问题。

　　第三，中华文艺中的家国情怀的当代转化。文艺是社会审美最高、最集中、最典型的体现；作家、艺术家是全社会的审美导师。作家、艺术家进行文学和艺术作品的创造既是个人审美情绪的宣示，又是履行社会审美导师之职能。作家、艺术家从事文学艺术创作的双重功能，使得他较之他人更需要具有一种社会担当意识。社会担当意识的核心是家国情怀。某种意义上说，作家艺术家是社会家国情怀的代言人。

　　检阅三千年的中国古代文艺发展史，我们发现称得上社会家国情怀的代言人的作家、艺术家是很多的。他们优秀的作品构成了璀璨的星河，辉映在中华民族的历史长空之中，激励着中华民族一代又一代地进行着民族振兴、国家强盛、人民幸福的伟大事业。

　　家国情怀究其本是一种哲学意识，是人对其本——家与国的意识。与别的哲学意识不同的是家国意识的突出特点是情理合一。在生活中，家国情怀与其说更多地体现为一种理念，还不如说更多地体现为一种情感——一种既厚重又绵长的家国浓情。正是因为如此，家国情怀也被视为一种美学情怀。

　　与之相应，中国古代美学从历代作家、艺术家卓越的实践中总结出一系列的以家国情怀为内核的美学理论，其中最为重要的是两个理论：

　　其一，"功在上哲"说。文艺是有着一定功能的社会事业，不徒是个人的玩物，弄愁吟月，消遣度日，而涉及家国利益。孔子最早认识到文艺不凡的功能，通过选诗、论诗的方式让人们注重文艺事业，一是保证文艺的正确方向，为家国服务，二是善于从诗中汲取精神营养。基于文艺的重要性，于作家、艺术家，人们就有着崇高的希望：作家、艺术家不独要成为人们的精神导师，而且要成为人们的语言导师，以至于"不学诗，无以言"。三国曹丕说："夫文章，经国之大业，不朽之盛事。年寿有时而尽，荣工乐止乎其身，二者必至于常期，未若文章之无穷。"① 刘勰的《文心雕龙》这部产生于公元5世纪的文艺理论专著，明确提出"作者曰'圣'，述者曰'明'，陶铸性情，功在上哲"②。

　　在当代，文艺的功能应该也是"功在上哲"。这"上哲"，就是净化民族的灵魂，点亮民心的圣火，为中华民族的伟大复兴服务，为人类的进步发展服务。

　　其二，"风刺"品格说。儒家经典《毛诗序》在对于诗的功能的认识上，

---

① 曹丕：《典论·论文》。

② 刘勰：《文心雕龙·征圣》。

比较强调它的教化功能，而教化功能又落实在批判功能上。它说："上以风化下，下以风刺上，主文而谲谏，言之者无罪，闻之者足以戒，故曰风。"风，于下是教育，于上则是批判，这无异于说，通过批判统治者而达到教育百姓的目的。这种对于风的理解与运用，是极具民主性的。

中国封建社会的文艺精彩之作几乎没有一篇是歌功颂德的，几乎全是伤时之作。这里，不能不又说到唐朝的陈子昂，他在创作上也许未必很出色，但他的理论敏感、社会责任感是非常高的，即使是在唐朝这样积极向上的社会，他也能觉察到文坛上有逆流在涌动，借为东方左史虬的《修竹篇》作序之机，他尖锐地指出"文章道弊五百年矣""窃思古人，常恐逶迤颓废，风雅不作，以耿耿也"，从而响亮地提出"兴寄"理念。"兴"重情，重美；"寄"重理，重善。"兴"与"寄"的统一即是情与理的统一，美与善的统一。兴寄的核心为家国情怀。他认为优秀的作品应该"骨气端翔，音情顿挫，光英朗练，有金石声"。这金石声，并不是灯红酒绿的享乐之声，更不是阿谀逢迎之声，而是向邪恶现象积极战斗的黄钟大吕之声。

"兴寄"论的作用往往是破"过娱论"。过娱论差不多每个时代都会出现，中国当今审美生活也存在"过娱"论，值得指出的是，中国当今的"过娱"，有些不只是"过娱"，还是"造孽"了，如性倒错，荤段子，娘炮，克隆，假聪明，热衷后宫争宠等。值得注意的是，它们都打着美学的旗号，然而实际上是在糟蹋美学。凡此种种，都是在腐蚀人心，败坏社会风气。

时代呼唤新的陈子昂！作为作家、艺术家要时刻将家国置于心中，要有担当，要有责任，为新时代言伟志，为新社会施教化，为中华民族的伟大复兴鼓劲呐喊，为新时代、新生活、新事业写真创美。

值得特别指出的是，中华民族的家国情怀指向"天下情怀"。

在谈到"天下"的时候，中国古代总是将它与"公""太平"联系在一起，表现出非常可贵的平等、友爱、和平理念。《老子》说："修之于天下，其德乃普。"认为只有以天下为怀，其"德"才能称得上"普"。

天下情怀应该有两个太平：一是社会太平，二是生态太平。

社会太平，指人与人之间和谐相处。理念是：人类社会是命运的共同体。如今世界，谁也不能称王称霸，谁也不能奉行单边主义。任何事情都要兼顾多方面的利益，以求得人类的共同发展，共同幸福。

生态太平，指生态平衡。理念是：人与自然是生命的共同体。尊重自然，顺应自然，爱护自然，保护生态，以建立一个资源节约型和环境友好型的社会为人类共同的奋斗目标，

家国情怀以及家国情怀的放大版——天下情怀是中华美学精神的内核。这一精神在范仲淹的名文《岳阳楼记》得到突出彰显。北宋，那是一个怎样让人惊羡、让人慨叹、让人追怀的时代啊！就在同一个时期，张载倡言"为天地立心，为生民立命，为往圣断绝学，为万世开太平"，而曾让张载师事之的范仲淹则高唱："先天下之忧而忧，后天下之乐而乐"。由于种种原因，张载、范仲淹的愿望也都只能体现在有限的实践中，而绝大部分只是作为一种梦想而存在。然而，在今天，不同了。中华民族遇到了从来没有过的历史机遇。振兴中华不再是梦，而在真正化为现实。在举国上下都在为实现中华民族伟大复兴的今天，在共建"一带一路"推动世界经济新繁荣的壮丽背景面前，我们的诗人、作家、艺术家、美学家是不是应该有不负时代的新作为、新创造呢？回答无疑是肯定的。

二、古代环境美学思想的当代转化[①]

中国古代有着丰富的环境美学思想，但没有标榜环境美学的旗号。中国古代环境美学思想非常丰富，而且有着重大的现实价值，基于环境问题是全球共同关注的问题，在环境面前，全世界的人不论属于哪个民族，属于哪个国家，均为同一命运的共同体，因此，中国古代环境美学思想中的有益思想可以说是全人类共同的精神财富。

（一）"天人合一"——"天人相分"

天人关系是中国哲学的母题，也是中国美学的母题。对于中国的环境

---

① 此段文字，发表于《中国艺术报》2019年2月25日，全文转载于《新华文摘》2019年第11期。

美学来说,它是立足点、出发点,也是归属点。

中国古代哲学中讲的"天"多义,有自然义、本性义、本体义、自然界义、天空义、鬼神义等诸多意义。诸多义中,自然义与自然界义是基本的。自然指本性,自然界则是人之外的世界。前者为性,后者为物。当自然作为性来理解,不仅自然界有自然性,人也有自然性,换句话说,自然界有天,人也有天。环境美学中讲的天,也有自然性这种意义,但是环境美学讲的天,更多的指自然界。今天,我们说的自然含有自然性与自然界两方面的意义。于是,天人关系就成为自然与人的关系。

当今环境问题核心是人与自然的关系。工业文明及科学技术的高度进步为人类带来巨大财富的同时,也为人类带来巨大的危机——生态危机。生态文明建设就是在这个基础上提出来的。生态文明建设目标是构建人与自然的和谐,特别是人与生态的和谐。这种和谐所创造的美,我称之为生态文明美;我还提出建构一门新的美学——生态文明美学,以区别于已有文明的美学。

面对如此伟大的全人类的共同使命,中国古代哲学中的天人关系观具有重要的指导意义和参考意义。

中国的天人关系观有三个方面:

第一,天人合一。《周易·系辞上传》明确提出"与天地合其德",这里的"天地"可以概括为天;德,这里取功能义,合其德,即合其功能。什么功能?《周易·系辞上传》说"天地之大德曰生"。"生"包含生人、生物两义。正是因为包括这两义,所以,"生"就不只是说生命,也说生态。《老子》"道法自然"说,"法",效法,也可以理解为"合"。"道法自然"也就是道合自然。"道"虽然客观的,但必须是人所理解与接受的,因此,它含有人的观念。

第二,天人相分论。荀子强调天人相分,说:"天行有常,不为尧存,不为桀亡。应之以治则吉,应之以乱则凶。"刘禹锡的"天人交相胜"说和柳宗元的"天人不相预"说均可以看作是荀子思想的发挥。庄子也提出天人相分论,他尖锐地批评伯乐治马种种残害马天性的行为,也批评鲁侯"以人养鸟"的可笑做法,鲜明地提出"无以人灭天"的思想,强调"万物云云,各归其根"① "一而不党,名曰天放"② "天放"的实质就是生态自由。

第三,"天人相参"论。《周易》提出天人地"三才"说。"三才"说的伟大价值在于彰显于人在宇宙中的地位。人不仅居于天地之中,而且参与天地的创造。《中庸》更是明确提出人"可以赞天地之化育""与天地参",按天人合一论,是人按天道或天意去做事,按天人相分论,则天做天的事,人做人事。荀子说:"天有其时,地有其财,人有其治:夫是之谓能参。"③

中国古代哲学中天人关系说完全可以实现现代转化:"天人合一"既是自然与人的统一,又是生态与文明的共生,这是理想,也是奋斗目标;"天人相分"是"天人合一"的前提,这一观点实质是尊重自然的本体性、主体性。"天人相参"强调"天人合一"过程中人的地位与作用,强调生态与文明的统一不是自然赐予的,而是人与自然协作共同完成的。生态文明既需要尊重自然的主体性,又需要发挥人的主体性,实现两个主体性的统一。

中国古代的天人合一思想对于当代生态文明建设具有重要的指导和参考价值。

（二）"天地"——"山水"

中国古代环境美学的第一概念是"天地"。天地是天与地的合称;合称时,也简称为"天"。

中国人的天地概念具有两性:一是物质性,天地是实实在在的自然世界。二是神圣性,在中国人的观念中,天地绝不只是具物理性,还具神性,不是一般的神性而是至高的神性。基于这神性于人具有至高无上的领导意义、楷模意义,因此为神圣性。

中国没有天地神的概念,但有天地神明的概念,也就是说,天地不是人格化的具人形的上帝神,而是通人性的无形象的自然神。

天地具有意志,墨子称之为"天志",孔子称之为"天命"。天志或天

---

① 《庄子·在宥》。

② 《庄子·马蹄》。

③ 《荀子·天论》。

命对于人世间的事务特别是改朝换代这样的大事具有决定性的作用。《周易·革卦》云:"天地革而四时成,汤武革命,顺乎天而应乎人。"说明以周代商是顺从天命的行为。

正是因为天地具有至高无上的神圣性,中华民族一直实行着对天地的崇拜。《礼记·曲礼下》云"天子祭天地,祭四方,祭山川"。特别有意义的是中华民族一方面将天地推到至高无上的地位,将它与人对立起来,另一方面又将天地与人联系起来,实现天地与人的合一,具体为三:

第一,提出"天地精神"说。《周易》云"天行健,君子以自强不息",又云"地势坤,君子以厚德载物"。这两句话通常理解为天地精神。

第二,提出天地育人说。宋儒张载云:"乾称父,坤称母。予兹藐焉,乃混然中处。故天地之塞吾其体;天地之帅吾其性。"(《西铭》)按此说法,不仅人的肉体是天地造就的,人的精神也是天地赐予的。

第三,提出人为天地立心说。张载除了说"天地之帅吾其性"之外,还说了人"为天地立心"的话。这样,一方面天地掌控着人,另一方面人也掌控着天地。

所有这些说法,非常接近于生态文明时代环境建设的理念。生态文明建设事业中,一方面,我们要树立自然的无上权威性,尊重自然,依赖自然;另一方面,又要积极参与自然的活动,让自然在实现自己本性的同时兼顾人的利益,这也就是人的向生态生成与生态的向人生成。

从审美的维度来看天地,最大最高的美属于天地。《庄子》云"天地有大美"[1]。天地古人也说为"造化""山川"。中国古代的艺术创作既高度彰显天地的楷模作用,又高度强调人心的主导作用。唐朝画家张璪说"外师造化,中得心源"[2],石涛说:"山川使予代山川而言也,山川脱胎于予也,予脱胎于山川也。搜尽奇峰打草稿也。山川与予神遇而迹化也,所以终归之于大涤也。"[3]

---

① 《庄子·知北游》。
② 转引自张彦远:《历代名画记》卷十。
③ 石涛:《画语录·山川》。

"天地"是哲学概念,"山水"则是美学概念。虽然先秦时期,山与水就成为审美对象,孔子有著名的"知者乐水,仁者乐山"的话,但山、水尚未联缀成一个概念。山水概念的出现当在魏晋时代。东晋的谢灵运是中国历史上第一位山水诗人。他的名篇《石壁精舍还湖中作》用到了"山水":"昏旦变气候,山水含清晖。"东晋另一位文学家左思《招隐诗》亦用到了"山水",云:"非必丝与竹,山水有清音。"

中国的山水具有环境的意义,因为它强调山水于人的生活价值。宋代画家郭熙云:"君子之所以爱夫山水者,其旨安在? 丘园养素,所常处也;泉石啸傲,所常乐也;渔樵隐逸,所常适也;猿鹤飞鸣,所常观也。"[①] 郭熙明确地将山水与人的关系归之于人的"常处""常乐""常适""常观",即日常生活。

(三)"田园"——"家园"

中国是一个农业国,湖南道县玉蟾岩山洞发现上万年年的稻谷,而在距今 6000 年的河姆渡史前文化遗址发现有稻谷、稻秆、稻叶的堆积物,各层厚度不等,最厚处达 100 厘米,足以证明此时的人类已经大面积地种植稻谷了。进入文明时期,不管朝代如何更替,均以农立国。因此,农业成为中华民族思想、观念和情感的渊薮。

中国古代的环境美学思想建立在农业文明的基础之上,田园诗可以说是中国古代环境美学所结出的灿烂花朵。中国古代田园诗,溯源于先秦的《诗经》,成形于晋,大盛于宋,收官于清。成为中国诗歌仅次于山水诗的一大流派。

田园与山水都属于环境。但山水多为自然环境,而田园多为人工环境。如果说山水是环境的外围,那么田园则是环境的核心。陶渊明《归园田居》中云:"开荒南山际,守拙归田园",田园是开荒的成果。田园中有植物如陶诗中所写"榆柳荫后园,桃李罗堂前",还有动物如"狗吠深巷中,鸡鸣桑树颠",均是人劳作的产物,是第二自然。田园是人的家园。人在田园中生产,

---

① 郭熙:《林泉高致》。

生活。较之山水，田园于人更具亲缘性。

于是，田园成为中国人心中的一口井、一处生命之源、一处身体与灵魂的归宿之地。回归田园，就是回归家园。

中国环境美学最高概念是"家园"，家园来自"田园"。

田园生活的指导性思想是"耕读传家"。"耕读传家"畅行于清，曾国藩、左宗棠等均大谈"耕读传家"。"耕读传家"思想可以追溯先秦的周朝，形成可能还是在唐宋。

"耕读传家"，"耕"好理解，这是生产；为何还要读，且与"耕"并列？这涉及中国人的追求。耕，虽然收获要交国税，但主要还是为了家庭人员的生存，因此可以说，是为家而耕。读，显然不是为了家，读的目的是有朝一日去做官。做官是需要知识的。做官当然也有封妻荫子的想法，但更多的或更重要的是为国家，为民族，为人民做一番大事业。"读"显示出中国人心中还有一个更大的家——国。于是，中国人的家园情怀上升为家国情怀。

深厚浓重的家国情怀成为中华民族宝贵的精神传统，延续至今。

中国人的家国情怀体现在生活的方方面面，可以说无处不在。而在环境意义上，它集中体现如下两个系列：

土地——社稷意识。土地是农之本，正是因为土地有这样重要的功利，土地成为祭祀的对象。于是，一个标志祭地的概念——"社"产生了。"社"与"稷"相联系，《白虎通》云："稷，五谷之长，故立稷而祭之也。"社稷本来指两种祭礼，但此后引申出国家的意义，成为国家的另一称呼。

江山——国土意识。《世说新语·言语》中有一段文字："袁彦伯为谢安南司马，都下诸人送至濑乡。将别，既自怀惘，叹曰：'江山辽落，居然有万里之势！'"这里的江山明指自然山水，暗喻国家。与江山意义相同的还有"山河""河山"概念。《史记·天官书论》："及秦并吞三晋、燕、代，自河山以南者中国。"这里的"河"指黄河也。"山"指华山。但后来，河山用来指称祖国、国家、国土以及国家主权。《史记·赵世家》："燕秦谋王之河山，闲三百里而通矣。"这里的"河山"是指国土。南北朝的文学家庾信在《哀江南赋》用到"山河"概念，文云："孙策以天下为三分，众才一旅；项籍用江东之子弟，人唯八千，遂乃分裂山河，宰割天下。岂有百万义师，一朝卷甲，芟夷斩伐，如草木焉。"

江山、河山、山河等概念，除了具有祖国、国家、国土、国家主权等意义外，还含有审美的意义，这种审美主要是自然环境的审美，其审美的品位均为壮美、崇高。一般来说，在国家遭受外族入侵的形势下，多用山河、江山、河山来指称祖国、国家、国土及国家主权，显示出深厚的忧患意识和昂扬的爱国主义情感。

三、中华工艺美学的当代转化

在历史上，中华民族曾经创造过灿烂的文明。在科学技术方面，直至明代后期，也一直领先世界。中华民族有理由具有科学的自豪，但是，领先世界毕竟已成为历史，不能否认，自明代后期起，中国的科学技术落后了，科技的落后严重影响到制器，近四百年来，中国人没有创造出什么影响世界的重要器具。

在复兴中国的伟大事业中，中华"匠学"应该得弘扬，其中重要的是发扬三种精神，树立五种意识。三种精神是：

一是"大匠营国"精神，为强国制器。制器是一种经济行为，但制器绝不只是经济行为；制器关切到制器者的富裕，但绝不只是制器者的富裕。这里，弘扬中华"匠学"中的"大匠营国"意识显得十分重要。工，在中国古代地位是很高的，据《考工记》："国有六职，百工与居一焉"。郑玄注《考工记》："百工，司空事宜之属……司空，专营城郭，都建邑，立社稷宗庙，造宫室车服器械，监百工者。"这就是说，百工是国家的管理器物制作的部门，最高首长为司空。郑玄的注释特别提到司空的一项工作为"立社稷宗庙"，社稷宗庙是国家的根本，虽然司空只是管社稷宗庙的建筑，其意义也非同一般了。《考工记》特别提到"百工之事，皆圣人之作也"。圣人，在《考工记》的作者，是指黄帝、尧、舜等这样的中华民族的先祖，他们发明创造了诸多的生产和生活器具。这样说来，在《考工记》看来，百工的事业不是普通的事业,而是国家的事业,不是一般的国家的事业,是直接关系国家生产发展、财富积累进而关系国家政权维系、人民生活幸福的事业。百工的地位在国家这样高,作为百工,就应该有担当,自觉地将自己的工作与国家联系起来。事实上,也是如此。《考工记》中有“匠人”一节,匠人是一个工种,具体来说,是营建房屋。《考工记》云:“匠人建国”,又说“匠人营国”,此“国”指国都,包括城池、宫殿、宗庙、社稷。这些属于国家的硬件,非常重要。在当今,弘扬中华“匠学”精神,首要的就是要树立“大匠营国”的意识,这“国”,就不限于国家的物质设施,而指国家的整体利益。堪称中华民族“匠学之父”的墨子,他的制器宗旨是“刑政治,万民和,国家富,财用足,百姓皆得暖衣饱食,便宁无忧”①。工匠虽然只能做好自己的本职工作,但这工作是与国家的强大、民族的复兴、人民的幸福联系在一起的。作为当代大国工匠一定要有家国情怀,以器强国,以器利民。

二是“天工开物”的精神。《天工开物》是明朝科学家宋应星写的一本科学著作,它有两个来历:“天工”来自《尚书·皋陶谟》:“天工,人其代之。天叙有典,敕我五典五惇哉!天秩有礼,自我五礼有庸哉!同寅协恭和衷哉!天命有德,五服五章哉!天讨有罪,五刑五用哉!政事懋哉懋哉!天聪明,自我民聪明;天明畏,自我民明威。”② 这段话基本思想可以表述为以人为主体天人合一思想。天人合一,有两种合法:一是人向天合,二是天向人合。这里所表述的是两合的统一。就制器来说,重要的是“天工人其代之”一语。人如何制器,从本质来说,是取法于天,代工于天。“开物”来自《周易·系辞上传》:“开物成务”。“开物”就是制器。“天工开物”的精神既包含有尊重自然,效法自然的意思,又包含有代替自然、改造自然、创造第二自然的意思。前者的意思侧重于科学规律的发现,后者的意思侧重于技术手段的创造。自然虽然是人类的物质与精神之源,但自然不会自动地满足于人,更不会全面地满足于人,人要想从自然中获得更多的利益,更大

---

① 《墨子·天志中》。

② 《尚书·皋陶谟》。

的独立，就必须发挥主体精神，深入地探索自然的规律，然后运用技术手段去改造自然，并改进自然。《天工开物》中讲到从草木中获取油脂的事："草木之实，其中蕴藏膏液，而不能自流。假媒水火，凭借木石，而后倾注而出焉。此人巧聪明，不知于何禀度也。"① 这里，人的"巧聪明"是主体性的集中体现。

天工开物的思想，与现代的生态文明建设精神是完全符合的。生态文明，既不是生态服务于文明，也不是文明服务于生态，而是二者的互生。在这个过程中，人的主体性作用无疑是重要的、决定性的。生态文明不是自然提供给人类的而是人类创造的。

三是"庖丁解牛"的精神。"庖丁解牛"是《庄子》所写的寓言，未必是事实，但它的阐述却是中华"匠学"中的精粹：第一，以科学为指针。庖丁解牛之所以解得那样好，是因为他对于牛体的各种部位都有了极精确的了解。所以才能"依乎天理，批大郤，导大窾，因其固然"。第二，苦练技术，精益求精。第三，绝不大意。虽然解牛已经达游刃有余的地步了，解牛时，还是小心翼翼，"每至于族，吾见其难为，怵然为戒，视为止，行为迟，动刀甚微"。从哲学上讲，庖丁解牛是技向道的升华。以现代的观点来看，这技向道的升华就是：科学向技术的转化和科技向艺术的转化。科学向技术的转化，创造的是利；科技向艺术的转化，创造的是美。《庄子》说庖丁解牛的美妙，为"手之所触，肩之所倚，足之所履，膝之所踦，砉然响然，奏刀騞然，莫不中音。合于桑林之舞，乃中经首之会"。这已经用音乐与舞蹈来比喻了。

现代制器要不要从庖丁解牛中获得启发，回答是肯定的。这里特别要强调的是，技术与艺术在本质上是相通的，它们的最高境界均是美。现代设计师，一方面要提高科技修养，另一方面要提高艺术修养，只有这样，才能将制器升华到美的境界。

三大精神中，大匠营国精神，重在制器的方向：强国富民，造福天下，这一精神可以概括为"善"。"天工开物"精神，重在制器科学，既尊重自然

---

① 《天工开物·膏液第五》。

规律，又张扬主体意识，实现人与自然的统一，这一精神可以概括为"真"。"庖丁解牛"精神，重在制器美学，既入乎其内，又出乎其外，目视与神遇统一（感性与理性统一），自然与自由统一，这一精神可以概括为"美"。

现代工匠还要树立五个意识，这就是"法匠"意识、"巧匠"意识、"义匠"意识、"艺匠"意识、"责匠"意识。"责匠"意识的"责"，就是责任感。"五匠"统一，则为大匠。

制器事业，在中国目前正处于非常重要的关键点：一是从制造大国向设计强国迈进；二是从仿制大国向创新强国迈进。在这样一个重要时刻，弘扬中华匠学精神具有重要的意义，中国的设计师、制器人，当奋发图强，为国家的强大、民族的振兴、人民的幸福作出自己的贡献。

四、中国古代朴素美的当代转化 ①

距今 2000 多年前，中国道家学派的代表人物老子首倡"朴素"观。"朴"是没有雕琢的木，"素"是没有染色的丝。老子用它们代表事物原本的状态即自然的状态。老子从哲学的高度提出"道法自然"的思想，认为自然才是事物的极致，也是人精神所应追求的极致，"见素抱朴"是"道法自然"的美学表达。

朴素观首创于道家学派，亦为儒墨等学派首肯并融入自身的学说，在现实生活层面，朴素观与主要由墨家与儒家创立的节俭观合流，成为中华民族共同奉行的道德观、审美观。人们对朴素的理解，最容易想到是节俭，这没错。农业生产是一种体力耗费很大的劳动，中国格言说"一粥一饭，当思来处不易；半丝半缕，恒念物力维艰"。中华民族传统文化认为，劳动成果既是民力的结晶，也是上天的恩赐，它将这种成果称为"天物"，糟蹋劳动成果的行径，既是践踏民力，又是"暴殄天物"，人天不容。

客观地说，虽然广大民众是崇尚朴素节俭的，但统治阶级出于特权思想并不遵守这一律令，他们尽其所能过着腐化奢靡的生活。值得指出的是，

---

① 此文原载《人民日报》2016 年 1 月 18 日，题为《朴素之美》，内容有所删改，此为原稿。

尽管统治者实际上并不遵守这一律令,但对于这一律令仍存一定的敬畏之心,因为这一律令既来自神明,也是祖宗成法。《尚书》中就记载大禹的训诫:"内作色荒,外作禽荒。甘酒嗜音,峻宇雕墙,有一于此,未或不亡。"在中国封建社会,没有哪位统治者明确否认过朴素节俭这一律令的神圣性。

让人非常痛心的是,进入工业社会,朴素节俭观公然遭到了抛弃。工业社会是一个赤裸裸地追求财富、追求金钱、追求享受的社会。在这个社会中,奢华一改向来的负面价值地位,成为竞相追捧的"香饽饽"。在工业社会,奢华以两种形式在社会上扮演着丑剧:

一种是本来遭到唾弃的封建统治阶级的生活方式重新粉墨登场。尽管封建社会早就消灭了,但有些人对封建统治阶级特别是最高统治者——皇上的生活十分向往。商家看中了这一点。"帝王享受""贵族品位"之类广告语满天飞,真可谓沉渣泛起,恶臭熏天。过去仅限于宫廷的"满汉全席"几乎风行全国,假皇宫、假白宫在诸多大城市比比皆是。

另一种是面子消费。中国人讲面子,面子不只是一种虚荣心理,还是一种等级思想。面子消费在封建社会早就存在了,与封建社会不同的是,当今的面子不只是身份地位的体现,还是捞钱的工具。开一部宝马车真的只是为了撑面子?不是,而是为了用这面子去赚取更多的钱。花上一两个亿办场婚礼真的只是为了撑足面子?不是,因为这一两个亿可以带来 N 个亿的利益。

工业社会将财富置于至高无上的地位,追求财富成为天经地义的事,与之相关,奢靡生活不仅不是丑闻,而且值得炫耀。如果说,在农业社会,朴素节俭观对于贪图享受的统治者还多少有一定约束力的话,那么,在工业社会,朴素节俭观对有钱人毫无意义。虽然即使在工业社会真正能够享受奢华的也只是极少数人,但是它影响很坏,第一,奢华在工业社会成为一种价值导向,腐蚀人心,催生腐败,造成严重的社会问题;第二,奢华是以大量浪费资源、污染环境为代价的,资源、环境并不属于极少数有钱人,它属于全人类,谁也没有特权浪费资源,污染环境。

工业文明,在某些方面相对于农业文明是一种进步,但是工业文明并非尽善尽美，至少在将人片面地引导到无节制地攫取财富且无节制地耗费财富这一点上，存在严重的片面性，其反人类、反生态的性质非常明显。基于工业文明所存在的反人类、反生态的性质，工业文明自其诞生之日起，就不断地遭到人们的批判。

一种新文明——生态文明应运而生。基于工业文明掠夺资源所造成的环境严重破坏的严重现实，一种新的生产方式——文明与生态共生的生产方式诞生了；一种新的生活方式——低碳、"绿色"的生活方式提出来了；与之相应，一种新的审美观念——朴素审美观诞生了。

朴素——作为生态文明时代标志性的美，必须是资源节约型的，也就是说，它必须是低碳的。任何高耗能的生活方式都谈不上朴素，尽管它可能拥有朴素的外表。与之相关，朴素必须是环境保护型的。任何生活方式，如果产生诸多垃圾或者垃圾不易回收，这种生活方式就与朴素无缘。

生态文明的朴素美必须合乎生态公正的原则，生态公正是生态伦理的核心，生态公正突出体现在对同在地球上生存的动植物的公正，这种公正一是体现在对于动植物生存权利的尊重上，目前人类认同的生态公正原则仅达于动植物物种保护的程度上，远达不到保护动植物所有的个体。尽管如此，珍稀动植物是个例外，对于珍稀动植物，即使只是个体，也受到法律严格的保护。与之相关，任何以毁伤珍稀动植物而创造的生活方式绝对谈不上美。

生态公正原则另一重要体现是：在精神上尊重动植物自身的价值。美国罗瓦赫原野公园有一块旨在保护花木的标牌，原来写的是"请留下鲜花供人欣赏"，现在的标牌上写的是"请让鲜花开放"。虽然两块标牌的主旨都在爱惜鲜花，却是两种不同的伦理立场："请留下鲜花供人欣赏"显然是站在人本位的立场上的，肯定人欣赏花的权利和花对于人的价值；而"请让鲜花开放"却是站在生态公正的立场，肯定了植物开花的权利和属于它自身的价值。朴素美作为生态文明标志性的美，应该体现出生态公正的原则。

基于生态文明时代的朴素美本质是生态的，因此，它特别尊重原生态的自然，基于此，生态文明的朴素应具有更多的原生态的意味，摈弃过度的形式化、修饰化、园林化、包装化,尽管这种形式、修饰、包装具有某种文化品位。

生态文明时代的朴素美既是对工业社会那种严重破坏生态的奢华美的批判,又是对农业文明具有生态意味的朴素美的回归,回归不是复旧,而是否定之否定的升华。

中国农业社会主要由道家创立的朴素观在精神上发展出一种以自然为本位的崇真尚善臻美的哲学观、道德观、美学观。具体来说,主要有:本色观,崇尚天然,崇尚纯真,以本色为真,以本色为美,如《论语》引《诗经》中所描绘的那位姑娘"巧笑倩兮,美目盼兮,素以为绚兮"。恬淡观,不慕繁华,不贪名利,以清廉为贵,以平淡为美。清新观,不繁复,不艳丽,清雅,简洁,充满生气,如苏轼所云"其身与竹化,无穷出清新"。精诚观,《中庸》云:"诚者,天之道也。诚之者,人之道也。"《庄子》云:"不精不诚不能动人。""诚"为真,为信,以诚为尊,以信为美。此外,朴素观还导出重质实轻修饰、重内容轻形式等观念。这些观念均含有一定的尊重生态的意味,完全可以经过适当改造融入新时代的朴素观中。

就中国传统美学来说,朴素是最高的美,道家哲学将朴素视为自然,自然即自然而然,自然而然即本真,即自由。这种美灵动而无限,既是美之极致,又是美之根源。老子说是"玄之又玄,众妙之门"。儒家哲学将朴素纳入节俭,荀子云:"足国之道,节用裕民而善臧其余。"司马光说:"俭,德之共也,侈,恶之大也,共,同也,言有德者皆由俭来也。"视"俭"为"足国之道",又是美德之由,以节俭为内容的朴素美其地位可想而知。

视朴素为美不独中华民族为然,世界各民族也都如此。法国雕塑家罗丹崇奉自然,他说他最喜欢的一句箴言就是"自然总是美的"。他还说:"美只有一种,即宣示真实的美。当一个真理,一个深刻的思想,一种强烈的感情,闪耀在某一文学或艺术的作品之中,这种文体、色彩和素描,就一定是卓越的。"罗丹这里说的"自然""真实",均可以理解成"朴素"。

朴素作为生态文明标志性的美,充分吸收了人类已经创造的文明中一切朴素美的精华,由于它建构在新的文明之中,较之主要创建于农业文明的朴素审美观有着实质不同。在生态文明的朴素观中，虽然也类似农业文明的朴素观那样，尊重自然，奉自然为美的灵魂，但实际上，这种尊重的立足点是生态，因而，其实不是自然而是生态才是朴素美的灵魂。

从人类的利益出发，我们所希望的生态不是与人的利益相敌对的生态，而是有利于人类生存与发展的生态。然而生态自有其规律，完全不会迁就人类。人类唯一能做的就是通过自身的努力，调节人与生态的矛盾，尽量实现文明与生态的协调发展。新时代的朴素审美观就建构在这一宏伟的历史使命中，作为一种审美精神，它也反过来促进着这一宏伟的历史使命的实施。

朴素是生态文明的标志性的美，之所以能成为标志，是因为朴素这一概念最直接、最充分地表示这种审美形态是以生态为灵魂的。值得说明的是，虽然朴素是生态文明时代标志性的美，但不是唯一的美。生态文明时代的审美形态在尊重生态这一前提下拥有诸多的形态，生态文明较之人类前此所创造的任何一个文明更伟大，它的审美必然较之人类前此所创造的任何一个文明更丰富，更辉煌，更具有活力！

第三节　中国古典美学对全球美学构建的贡献

众所周知，科学技术特别是信息技术的高度发展，使得整个世界更加紧密地联系在一起，任何一个地方发生的事都程度不一地影响到别的地方的人们。人们的交往非常密切，科学技术的交流、生活方式的影响，特别是价值观念的相互作用得到空前的加强。这就是我们说的全球化。长期以来，全球化被理解成西方化，这当然不是没有根据的，因为事实上，近代的全球化的主流是西方文化的源源不绝地输入东方，而东方文化较少地影响到西方。但是，这个现象不会永远如此。各个民族都有自己优秀的文化，这种优秀性通过各个民族的交往而有可能为他民族所接受。在全球化的过程中，优胜劣败是不可避免的。优胜劣败也未必不是好事。当然，每个民族在全球化的竞争中都想取胜。这个胜，有两重意义：一是尽量吸取人家好的东西，二是尽量介绍自己优秀的东西。最终的结果还只能是和合，即本民族的东西与他民族的东西和合。全球化的实质，不仅是全球各民族文化的竞争，更是全球各民族文化的相互学习、吸收，最终是优秀文化全人类共享。时代进入到 21 世纪，全球化以过去从来没有过的规模发展着。在这样的背景下，我认为，再没有古典形态的那种只是体现本民族审美观的美学了。严格说，在全球化的今天，只有一种美学，那就是全球美学。说只有全球美学，并不否定各民族、各国度、各地区美学的特色。就当代中国来说，我们要建立的不是独立的中国美学，而只能是具有中国特色的全球美学。

一、中西美学的相互印证

科学意义上的学科分类是西方人建立的，由于这种分类有着明显的优越性，全人类都接受了，所以才有全人类都认可的自然科学与人文社会科学，有了哲学，有了数学，有了化学，也有了美学。虽然近代科学意义上的学科是西方建立的，但并不等于只有西方才有这些学科。中国古代没有建立现代意义的哲学学科，但不能说古代中国没有哲学。同样，中国古代没有现代意义的美学，也不等于说中国没有自己的美学。

事实是，中国古代不仅有着丰富的美学思想，而且有一个完整的与西方美学可以相互印证但又不一样的美学体系。在学术界，过去比较多地强调中国古典美学与西方古典美学的区别，这种研究是必要的，事实上，它们也的确不同。但是这种不同并没有达到不可交流不可理解的程度，而在更大意义上，这两种美学体系倒是相互印证的，只是说法不同，而且其精细处有所差异罢了。中西美学的相互印证，主要表现在五个方面：

第一，关于审美基本性质的认识：中西美学都认识到审美是感性的，同时又不停留于感性，亦不抛弃感性，而是在感性的基础上实现对感性与理性的双向超越，实现感性与理性的统一。关于这个涉及审美本质的基本点，康德、黑格尔、席勒均有属于自己的但又相互贯通的说法。而在中国古代美学，则大量地表现为对审美中主体与客体关系的看法，景与情、象与意的看法，进而在中国古典美学的最高范畴"境界"中达到主客两忘、情景互化的地步。在这个基本点上,相互参照处是非常丰富的。特别是实现主客统一的移情理论、心理距离理论不仅在西方而且在中国都可以找到大量类似的文献。

第二,关于艺术审美规律的认识:艺术作为人类审美的最为纯粹的形式,蕴藏着大量的审美奥秘。不管是西方还是中国,对艺术的审美规律都有大量的论述,这些论述,涉及的基本问题是相同的,其中主要是处理作为创作原料的客观对象与作为创作主体的艺术家本人的关系问题。两者的对立统一,应是中西美学的共同看法。这个过程中,认识与体验、写实与写意、言志与缘情、想象与创造、灵感与功夫、自我实现与社会价值等问题都以不同的表述方式涉及,而且观点同中有异,异中有同。

第三,关于审美的范畴体系:在这方面,西方美学中的范畴如美、优美、壮美、崇高、悲剧、喜剧、丑、滑稽、幽默等在中国古典美学中都能找到对应的概念。中国古典美学中的范畴体系虽然未必都能在西方语汇中找到合适的对象,但是除少数概念如境界、气韵外,大部分还是能够找到合适的翻译。

第四,关于一些审美现象的认识:如审美的个体性问题、审美的情感性问题、审美的愉悦性问题、审美的共同性问题、审美的超越性问题、审美的直觉性问题,有着大量的相似的言论。

第五,关于真善美相统一的文化精神:审美作为人性追求,作为人的最高的精神定性,不论是西方还是中国都给予高度的肯定。审美是人的价值体系,它必然体现在艺术创作与欣赏评价活动之中,也体现在日常生活之中。这种品评,中西方相通之处甚多,其中最为根本的是坚持真善美相统一的原则。

我认为,以上五个方面,我们过去的研究是不够的,我们太注意中西美学的差异,而忽视中西美学的认同。有学者甚至认为重建中国美学,其重大意义在于找到中国美学的现代价值,这现代价值并不表现在中国美学与西方美学的共同性上,而是表现在中国美学的特殊性上,表现在它为人类的美学研究所提供的无可替代的美学思路上。如果是这样,那还有什么美学的全球化,还有什么美学交流?那中国与西方只会越来越隔膜。

二、全球美学

谈到全球美学，不能不注意到自然科学与人文科学的区别。自然科学的全球性没有人怀疑，但谈到人文科学，有没有全球性，就有人怀疑了。是要充分注意到自然科学与人文科学的区别。自然科学的研究对象是唯一的，虽然对它的认识也会存在一些因民族文化传统及民族文化心理带来的差异，但那结论如若以最为抽象的数学语言表述时，其差异性就给消解完了。自然科学研究只有一种价值尺度：是不是符合对象实际。客体的唯一性与价值尺度的一元性，保证了这种研究不具有多元性或者多解性。而人文社会科学的研究就有些不同。人文社会科学的研究对象是人，如果仅就自然人来说，它的研究对象也存在唯一性。但这种研究不属于人文科学。人文科学研究的人主要是社会人。作为社会的人，它是各种社会关系的总和，复杂的社会因素影响到人们对人文科学的看法。但是人文科学还是有全球性的，如伦理学，各个民族有自己的伦理原则，但也有全人类基本上可以认同的伦理原则。

人文社会科学对人的研究因不同的学科有所差别。就美学来说，因为更多地涉及人的情感世界，更多地涉及社会各个方面的价值体系，而且其审美体验性强于它的认识性，这样，它的一般性较之别的人文社会科学就弱多了。尽管如此，只要是美学，全世界的美学家都应该能进行交流，如果不能交流，那肯定不是美学。就这个意义上讲，应该有一种全球性的美学存在。美学研究的对象是人类的审美活动，各民族各国家的审美活动虽然千差万别，但还是应有共同性的，这种共同性是决定审美活动之所以为审美活动的本质性的东西。就这个意义上说，也应有全球各民族所能接受的审美活动存在。出于以上两点，虽然没有抽象意义上的全球美学，但应具有各个民族特色的全球美学。这正如没有抽象意义上的苹果，却有具体的苹果存在一样。正是从具体的苹果上我们认识了苹果的共性，同样，也正是从各民族的美学中我们认识了全球的美学。

当然，在世界上基本上处于不相往来的或只有极少往来的古代，全球美学是没有意义的。如果要探索一下全球美学提出的背景，不能不追溯到近代的工业革命与资本主义的兴起。工业革命推动了生产力的发展，带来一系列全球性的变革：首先是全球市场的建立，为了追逐高利润，人们的交往大大增多，与此相关，科学技术高度发展，为人们的交往创造了可能性。马克思、恩格斯最早注意到这种变化，他们在《共产党宣言》中提出"世界文学"的概念①。其实，出现的不只是世界文学，而是世界文化。其中也包括美学。这是文化的全球化。

文化的全球化首先出现在科学技术上，这是自然的。因为科学技术解决的是人与自然的关系问题，没有意识形态性。意识形态与生活方式在有些人看来是不会出现全球化的，事实也未必如此。虽然意识形态特别是宗教上的矛盾冲突仍然显得激烈，但是其间的理解、吸收、宽容也在日益扩大。历史发展的总体趋势是人类的和谐、进步、共同发展。当然，人类的趋和，只能是"和而不同"。这个"不同"就是各个民族、各个国家、各个地区仍然保持着它的特色，但在大的方面，必然是与别的民族、别的国家、别的地区是相一致的，或者是同调的。既然人们的交往增加了，人们的审美观念会发生碰撞，在碰撞中增进了解，增进相互融合。一个多世纪来的事实足以证明，人们的传统审美观念的壁垒在逐渐消融，全球审美观正在逐渐形成。

我们的文化研究包括美学研究长期以来脱离全球审美观逐渐形成的事实，而走一条与之背道而驰的道路。我们的比较美学研究，过于强调中西美学的差异，无视中西美学本来就具有共同性而在近代以来实际上在走向融合的现实。比如，有的学者认为，在审美上，西方讲认识，中国讲体验。西方讲再现，中国讲表现。这种说法至少是不完善的。事实上，中国美学不仅讲体验，讲表现，也讲认识，讲再现。同样，西方美学不仅讲认识，讲再现，也讲体验，讲表现。在这一点上，有些汉学家倒是比我们清醒。如美国汉学家安乐哲、罗思文说："在中西哲学的比较研究中，我们发现，中国传统不像先前所假设的那样，与西方主流文化完全相反，缺少超验论并不等

---

① 《马克思恩格斯列宁斯大林论文艺》，人民文学出版社 1980 年版，第 68 页。

于固有论；缺少客观性并不等于主观性；缺少绝对主义并不等于相对主义；没有划分为原子的个体并不意味着只存在若干毫无个性的集合体。"① 这就是说，哲学上的差异并不导致两种哲学体系的对立，更不导致两种哲学体系不可理解。事实上，它们都是完善的个体，基本因素一样不缺，只是各种因素的量及其组合不同罢了。长期以来，人们在中国哲学的认识上存在误区，总是认为由于汉语系词不发达，因而中国哲学中少本体论，这实在是大错特错的，汉语不是没有联系词，只是少用联系词。少用或不用系词，并不意味着汉语没有判断存在，更不影响中国哲学本体论的存在。同样，在中国美学中没有将崇高这个范畴作为美学概念加以确定，但不影响中国美学中有类似西方的崇高现象存在。如果说，对于古典形态的中国美学与西方美学我们还只能从内在精神上理解它们的相通，那么，在今天，严格意义上的中国美学与西方美学实际上并不存在。中国人的审美生活与西方人的审美生活没有本质性的区别。

三、中国古代美学的特殊贡献

美学作为一门人文学科，一方面，它有超时空性，我们中国人能理解西方的审美观，他们也能理解我们的审美观；同样，我们对于古人的审美观，也是能理解的。其原因很简单，我们都是人，我们有历史感。另一方面，我们也要看到，美学它是有时空性的。正如车尔尼雪夫斯基说，"每一代的美都是而且也应该是为那一代而存在，它毫不破坏和谐，毫不违反那一代的美的要求；当美与那一代一同消逝的时候，再下一代就将会有它自己的美、新的美，谁也不会有所抱怨的。……今天能有多少美的享受，今天就给多少；明天是新的一天，有新的要求，只有新的美才能满足它们。"② 当代美学的建构，有一个基点、多个来源。基点是当代人的审美生活。它既是当代审美生活的理论概括，又是当代审美生活的理论指导。它的来源是很多的，

① 安乐哲、罗思文：《论语的哲学诠释》，中国社会科学出版社 2003 年版，第 36 页。
② 车尔尼雪夫斯基：《美学论文选》，人民文学出版社 1957 年版，第 125 页。

有现实的来源,有历史的来源,有本民族传统文化的来源,也有他民族传统文化与当代文化的来源。

作为中国学者,我们建构的当代美学虽然也是全球性的,却是具有中国特色的,首先是为中国人服务的。作为中国特色,一是中国当代文化的特色,一是中国传统文化的特色。西方美学家也在建构他们的全球美学,自然也只能是具有他所在的民族特色的全球美学。从当代全球美学建构的意义上来讲,中国传统美学具有重要的价值,主要有:

第一,中国古代的天人合一思想将成为构建人与自然和谐的哲学基础。人类的审美理想是自然的人化与人的自然化实现完善的统一。中国古代哲学中,儒家比较多地讲自然的人化,而道家则比较多地讲人的自然化,中国化了的佛教喜欢讲圆融,这三者均在构建现代人的生存方式上发挥重要的作用。

第二,中国古代美学的生态意识为当代全球美学的构建提供了丰富的营养。生态虽是现代的文化概念,但生态意识却是古代就有的。在中国,生态意识很强。儒家的"乐水""乐山",道家的"道法自然",《周易》的"生生之谓易""天地之大德曰生",宋明理学家的"赞天地之化育"都含有生态的意识。生态是中国古代美学的重要内容。中国古代说的美都具有很强的生态性。这些,在当代文化的建构中都将发生重要的作用。目前已引起西方有识之士的注意。

第三,中国古代美学中的气韵观将成为当代全球美学的精神内核。气韵是生命两种形态,气强调生命的外放的一面、刚健的一面,而韵则强调生命的内敛的一面、柔弱的一面。它们融合,则构成审美的理想。与气韵说相近的还有"隐秀"说,它们都有可能成为美的理想形态。

第四,中国古代美学的"乐生"意识将成为当代人生命意义的重要理论支柱。西方美学偏重于悲剧,完全是古典性的,不是现代性的。而中国古典美学中的"乐生"思想则具有超前性、当代性。

第五,中国古代美学中自然"至美"观将成为当代全球美学的重要理论组成部分。现代美学与传统美学一个重要不同,传统美学是将艺术美作为美的最高形态与典范形态的。这点，在西方与东方莫不如此。黑格尔将美学径直理解成艺术哲学，他只是基于约定俗成才接受由鲍姆嘉通提出"埃斯特惕克"这个名词的。这个观点经黑格尔强化，一直在西方占据优势地位。讲美学必讲艺术，讲美必以艺术美为最高的美与典范的美。现代美学已开始发生转移。在生态主义进入美学成为考察审美活动重要视角的背景下，自然美以其生态的优越性而受到人类的青睐。于是，不是艺术美而是自然美成为最高美与典范美。

第六，中国古代美学"境界"这个范畴将可能成为全球美学中的本体论的范畴。境界有两个重要的性质：超越性与体验性。它不是认识，但以认识为基础，是对认识的超越；它不是感性，又以感性为基础，是对感性的超越；它不是理性，但融解理性，是对理性的升华。我认为，中国古代美学的"境界"理论经过改造，可以成为对美的本质的新解释。它对构建现代人的文化心理结构有重大的意义。美学本体有两个层面：最低层面为情象，它是审美悬置的产物；最高层面为境界，它是审美超越的结晶。从审美悬置到审美超越，体现出审美的发生与升华的全过程。境界作为真善美的统一，它充分地显示出人之所以为人的本质。①

第七，中国古代美学中"和"的概念将成为世界美学中最具世界意义的范畴。中国传统文化强调"和为贵"。这和包含人与自然之和、人与人之和、人的内心世界之和。中国传统文化讲的"和"最大特色是交感性与生命性。交感性强调构成和的因素相互融化，我中有你，你中有我，不是混合，而是化合。生命性强调这种和具有生命的意义，是对人性的尊重，对生态的尊重。"和而不同"是中国哲学的重要命题，也是中国美学的重要命题。这一命题的科学性与明显的优越性，必然为世界进步人士所接受。

第八，中国古代美学中的准宗教意识可以在一定程度上淡化世界激烈的宗教矛盾。中国有自己的宗教，但中国的宗教没有达到国教的地步，无论中国化的佛教，还是中国土生土长的道教，抑或具宗教精神的儒教，都具

---

① 参见陈望衡：《当代美学原理》第五、六、七章，人民出版社 2003 年版。

有相当的美学意味。它的里面有很多值得发掘的东西，可以用来构建新的美学思想。

第九，中国古代的"家园"观、"天下"观、"大生"观、"广生"观、"和居"观、"乐居"观等环境美学理念当为构建全球生态文明美学、环境美学提供智慧。中国古代关于生态环境有着许多重要的思想。其中最重要有三：(1)"家园"和"天下"观。"家园"观，强调环境是我们的家，我们要像爱护家园那样爱护环境；"天下"观，则将人类、自然、生物界全看成一家人，看成命运共同体。以"天下为公"的胸怀来处理各种关系，实现生态公正、环境正义。(2)"大生"观与"广生"观。生，指生命，当生提到大生、广生的高度，这生，就不只是一般的生命，而是指生态了。生态作为态，既有人的生命，又有物的生命；既有生命物，又有非生命物，而非生命物是生命物的来源与依托。(3)"和居"观与"乐居"观。和居重在与其他生物的和谐共处；乐居强调人的生活质量。二者的统一是环境美学的最高境界。所有这一切都是我们祖先的生活智慧，又都是全人类宝贵的精神财富。

中国文化的未来是可乐观的。也许在一个较长的时间内，西方文化还会在中国占优势，但中国传统文化的魅力与巨大能量不可低估。在现代化的进程中，一方面它自身要调整，要净化，要改造，要发展以适应现代化；另一方面，它自身的巨大潜力必然要对西方的精神文化与社会文化进行改造。由于中国古代文化的早熟性与圆融性，它在某种意义上是指向未来的。也正是因为它的熟是早熟、不正常的熟，因此，它的未来价值需经现代科学的改造与提炼才能获得，中国古代美学的研究非常需要这种现代科学的改造与提炼。

美学系统基本上有两种，一种是认识论的美学系统，另一种是体验论的美学系统。一般来说，西方美学属于认识论美学系统，或者说以认识论系统美学为主潮；中国古代美学是属于体验论美学系统的，或者说，以体验论美学系统为主潮。21世纪美学一大使命就是整合这两种美学系统。在中国，它采取两种方式进行：一是在中国美学内部，古代形态与现代形态的整合；另一是在世界美学范围内，中国美学与西方美学的整合。

美学的发展以构建更好的人类生存方式与生存环境为使命。现代人的生存，有多种问题存在。最为重要的问题有三个：一是人与自然的关系；二是人与人之间的关系；三是人的文化心理结构内部感性与理性的关系。美学在这三个方面都要发挥特殊的重要作用。美学所追求的和谐首先是人与自然环境的和谐。这种和谐作为人类生存状态的理想必须是生态的，因而生态平衡成为美学的题中应有之义，生态成为美的基本因子。美学所追求的和谐，也应是人与社会的统一，因而社会幸福成为美学的最高追求之一。笔者认为，一个幸福的社会不仅是一个法治的社会，也应是一个文明的社会、一个美好的社会。故而从解决社会矛盾的方式来说，不仅要依法治国、以德治国，而且还要以美治国。将依法治国与以德治国的强制性化为以美治国的自觉性。美学所追求的和谐最终要归之于个体心灵的和谐。个体的精神的愉悦成为美学关注的核心。在这里，境界作为个体精神超越的结晶，不仅实现了对功利与审美对立的超越，而且实现了现实与理想、感性与理想、主体与客体、有限与无限等多种对立的超越，而进入真善美相融合的精神世界。真善美统一一直是人类的追求，这种追求在不同的时代具有不同的内容与意义。如果说在古代，那种统一以善为核心、善即美的话，那么，在当今这种统一就逐步走向以美为核心。不是善，也不是真，而是美成为最高的精神境界，因为美必然是善，也是真。这种变化反映了当今文化新的发展趋势。

构建中国特色的当代全球美学的使命历史性地落在当代中国美学家们身上。任重而道远！

附　录
美学中的身体境遇[①]

　　"身体"的价值在今天无疑得到了大幅度的上扬。身体的生产性和消费性受到关注，人们也从身体的历史性建构出发质疑性别秩序的合理性，"身体社会学"登堂入室；身体自身的权利得到了主张，而身体欲望的自主和放纵，也往往被视为是对笼罩个体的统一性道德话语的反抗，"身体伦理学"浮出水面；越来越泛滥的身体自身成为一种高密度、高清晰度的交流的媒体，随着敞开的身体符号充斥社会的各个角落，人们裸露的欲望甚至超过了观赏的兴趣，"身体传播学"招摇过市；身体写作包括所谓的"下半身写作"鼓噪一时，"性别诗学"和"身体叙事学"等也方兴未艾。从许多角度看，身体的权益一方面被尊重，另一方面也是被滥用甚至盗用了，它成为当代欲望化、感官化生活的一个症候。身体的勃兴作为一个文化现象是耐人寻味的。享有"感性学"之名的美学自然无法回避对身体现象的思考，"身体美学"也许比其他的学说更具有存在的合理性。总的来说，身体美学带有逃离传统的"心本体"的美学路径的企图，不仅是把身体作为被观照的美的对象，更重要的是探讨身体在美的感受、其中的主导功能和内在机制，研究身体属性在审美创造活动中不可忽视、不可替代的独特价值。在身体美

---

① 　此文由本人与指导的博士研究生吴志翔合写，发表过。

学看来，审美活动中的"生命之力"要高于"理性之力"，而其中的"生理热量"又要高于"心理能量"。

第一节　身体价值上扬与审美重心下移

当我们在谈论"身体"的时候，它首先指的是"人的身体"，是生理性、器质性的具有血肉属性的实体，同时也是欲望化的内含着快感和痛感的个体。在中西古典美学史上，身体的历史境遇并不太佳，地位都不那么高：作为血肉的实体，它仅仅是"物"，是"形"，与之对应的是更为灵动的"心"，是"神"；作为欲望的个体，它仅仅是"感官"，是滞留于个体的"快感"的载体，与之对应的是普遍化的"理性"，是超越了生理性快感的"智性""诗性"。而当身体同时被作为血肉实体和欲望个体的时候，它甚至处于一个比普通之"物"层次更低的位置，因为欲望非但无助于美感的生成和对纯粹美的趋近，反而会构成对审美态度的干扰和对具有神性的纯粹美本体的污染。总之，在身体之上，有一个声势浩大备受尊崇的概念大家族："神""灵""精神""理性""智性""诗性"等。它们几乎都因为与一个笨拙的、盲目的、粗鄙的、有限的、锁闭于自身的、必将腐朽的"身体"及感官世界构成对应关系而凸显其各自的价值。

在西方美学史的源头，美往往意味着感官享乐。"问题的关键在于，这种情欲的享乐必得通过种种途径上升到神性的存在。"[①] 从柏拉图开始，就有一种把美视为某种"自在之物"（绝对理念或理性、神性等）显现的倾向。美也许在感性形式中体现，但其本源则是超出感官世界的更高存在，美的真正实现需要经历一个不断攀缘和扩张的过程：从现实之物上升到理想境地、从有限扩展到无限、从个体扩大到"类"再扩大到非人类性的本体存在、从肉身以及肉身可感知之物抽象为完全不能被感官所把握的精神，"先从人世间个别的美的事物开始，逐渐提升到最高境界的美，好像升梯，逐步上

---

① 刘小枫：《个体信仰与文化理论》，四川人民出版社 1997 年版，第 54 页。

进，从一个美形体到两个美形体，从两个美形体到全体的美形体；再从美的形体到美的行为制度，从美的行为制度到美的学问知识，最后再从各种美的学问知识一直到以美本身为对象的那种学问，彻悟美的本体。"① 这种理性主义的思维传统一直笼罩着包括普罗丁、奥古斯丁、鲍姆嘉通、康德、黑格尔等思想家和美学家。普罗丁认为神是美的来源，一切人都须先变成神圣的和善的，才能观照神和美。奥古斯丁认为只有当灵魂驾驭肉体不断上升，才能与作为最高美的无限存在上帝合一，否则灵魂会被肉体拖累而堕于黑暗。鲍姆嘉通认为理性是明晰的，而感性认识则是低级的、晦暗的，美只不过是感性知识的"完善"。康德认为，美是超越了利害的，美感不涉及欲念，而只涉及对象的形式本身。黑格尔认为，美是理念的感性显现，"解脱了有限事物的相对性，上升到理念和真实的绝对境界"，美才是可能的。在这种理性主义、整体主义的框架里，感性越稀薄，个体性越弱，美就越纯粹，而作为感性稠密的一个形体、作为欲望凝聚的一个机体，"身体"的美学意义无法得到明确的认识。也因此，这些美学家无不把美划分成不同的等级：柏拉图认为"心灵的美"比"形体的美"更可珍贵；普罗丁认为越是无形体的、越是接近于神圣的事物越能独立于肉体之外，因而就越美；托马斯·阿奎那把"为理性服务"的视觉和听觉的对象看成是美的，而其他身体感官能体验到快感的事物则并不是美。诸如此类。

　　中国传统美学史上同样存在一个"精神先于、高于身体"的主流，对身体价值的轻忽主要表现在处理"形神"关系时，少有例外地高度肯定"神"而贬低"形"。庄子说："精神本于道，形本生于精，而万物以形相生"②，身体作为"形"是隶属于"神"的，而这一"神"是自由无碍的，是超越个体往来于天地之间的普遍性："精神四达并流，无所不极，上际于天，下蟠于地，化育成物，不可为象，其名为同帝。"③ 庄子眼里的"真人""神人"都是能够以"神""守形"的人。《管子·业内》篇的作者则认为"人之生也，天出其精，

①　《西方美学家论美和美感》，商务印书馆 1982 年版，第 22 页。

②　《庄子·知北游》。

③　《庄子·刻意》。

地出其形,合此以为人"。作为一个喻象,"精"("心""神")肇始自澄明的"天空",它所开启的是一个灵动的意义世界,而"形"("身")却源自暧昧的、含混的、沉没在阴影里自我守护的"大地"。人想要获得自由,必须获得超出自身的精神性,敞开审美的"天窗",摆脱有限肉身的拘缚,克服感官欲望的桎梏,过滤掉附着于身体之上的"杂质",达到"传神""通灵""体道"的境地,才有资格上升为审美形象,所谓的体验也必须摆脱了身体快感才称得上是审美体验。身体无非是"神之所托",是寄寓灵性、传达精神的工具或载体,很多时候还是会污染纯洁心性所以需要自我否定、弃绝的"臭皮囊"。身体本身常常是清空之美、灵性之美、理想之美的仇敌。无论那是"神""灵""空""无"还是别的什么,在身体之外总是有一个不关涉利害和欲念的超然存在,它常常覆盖了身体在审美活动中自足自为的正当诉求。而当纯粹抽象的精神价值,不断地扩张放大为远离身体(肉体、个体)的"天道""天理""神圣性",乃至衍化出一整套规训和惩戒机制的时候,被贬抑的除了"人欲"所附着的肉身之外,个体性的"心"也因为事实上与身体有粘连而受到禁锢。

由此观之,普遍性、绝对化的精神施加于身体的绝对威权非但不利于身体的健美,事实上也不利于个体心性的解放和独立精神的发育。精神越是远离尘世和肉身,越是高度纯洁化抽象化绝对化,身体所受到的摧残就有可能越厉害,个体心灵的状态也有可能越萎靡无力,人类离所谓的"审美精神"也就越远。无论是西方神学发达的中世纪,还是中国理学势大的宋明朝,匍匐于尘埃中的除了身体还有灵魂,在不可思议的残忍中发出恶臭的除了"贞洁锁""三寸金莲"还有畸形的审美观念。理性对于感性、神对于形、灵魂对于身体、美对于欲的疏远和排斥,结果却使得无助的个体在身心两方面皆沦为重灾区。这就是割裂身心尤其是漠视身体以及身体正当欲求的后果。身心本来应该是共居一个共同体,交融于一个生命场,互相涵养,互相生成,互相遮蔽同时又互相照亮的。

美学对于身体的发现是出于对身心合一的个体性的尊重,也是出于对鲜活而感性的生命的尊重。从整个西方美学史看,人类经历了一个审美重心不断下移的过程，从"美的观念"来看，可以大体上可分为"美是理念或理念的分享""美是理性与感性的和谐""美是感性生命的表现"等几个阶段；从"美的主体"来看，可以分为"非人化的精神主体即神或理念""作为逻辑主语的主体即'我思故我在'的'我'""作为心理本体的主体即有快感痛感的'我'"；从"美的感觉"来看，可以分为"凝神静观的狂喜""不涉及欲念的快感""内在感官的满足""对象化的快感"等。超越于现实世界的"美本身"的神性、先验性和美的纯粹性逐渐减弱，经验意味和属人的生命感不断增强；与之相应的是美感的"纯度"也不断降低，而表现出越来越强烈的生命体征。尤其是近代以来，随着心理学的勃兴，美学摆脱传统形而上学束缚的冲动变得更加强烈起来，美学对于美感、快感的探究兴趣要远远大于对所谓"美本身"的思考。像"移情说""内模仿说"等已经开始高度重视身体在审美活动中的功能和效应。直觉主义、表现主义、存在主义美学都立足于把有血有肉的个体生命视为审美体验、审美创造的开端和归宿。

　　而随着反本质主义思想的持续演进，人类审美重心还在进一步下移，其可以理解的结果就是，连"美本身"的存在也因为语义悖论而变得非常可疑了，它几乎就是形而上学的一个谎言，是唯理思维的一个虚构。原来人们深信不疑的人的"理性本质""思本质"同样变得疑窦重重。现象学强调的是"现象先于本质""现象创造本质"，所有那些明晰的、逻辑化的理性的言说事实上都脱离了真实的"生活世界"，剥夺了关于生存的最真切感觉。唯一可靠的是什么？不是笛卡尔意义上的抽象的、透明的"思"，而是身体现象。意义不在生活之外，而就在因为身体而展开的生活经验之中涌现。任何从有限到无限、从此在到彼岸、从经验到超验的超越之旅都将落入旧哲学的窠臼。如此，身体作为个体存在最直接的现实，其价值必然大幅上扬。如果说语言因为规定了思维的边界而取代理性成为一种"元思想"的话，那么身体甚至以其超出语言在体贴存在上的直接性，同样有可能被视为一种"元思想"。也因此有人还提出了"肉体思维""身体思维"的概念，认为只有身体能经验到存在的暧昧的完整性。在逻各斯精神史的谱系里理性当然是比感性更高的一种天赋或智能,但不可否认人们却用自己锻造出来的工具吞噬了鲜活的感觉,用符号化的思维窒息了感性直觉的能力;可是身体却仍然能较好地葆有原初时期丰沛而生动的敏感,从现象学的眼光来看,身体的暧昧含混、本性具足、"不言而喻",并非人作为存在者的弱点,而恰恰是更接近于存在的。身体是具体的,正如生命是具体的一样。西美尔和舍勒都是从这个意义上认为,女人比男人更接近存在,"男人感到与自己的身体有一种距离","女人是更契合大地、更为植物性的生物"。看重身体,就是要让人的全部感官都开放于世界,人的整体被世界包围,人作为存在者涵泳于存在本身的丰富性。所谓"审美体验"终究是要靠身体而非语言和逻辑完成的。言说是逻各斯,是属于被逻辑之网捕获的有限部分,是被理性的追光打亮的明快的部分。体验则常常超出理性和逻辑的狭窄巷道,而弥散于广袤的"存在荒野"、幽深的"现象丛林",人在体验中能感受、直觉到幽冥中萌动的存在,却无法言说。而那"无法言说"的阴影恰恰是审美体验中最值得珍视的部分。

美学从"类神学"到"精神哲学",再逐步经验化为"心理学",在尼采那儿则具体化为体现生命意志的"艺术生理学"或"应用生物学",伴随着审美重心的不断下移,人们对于审美活动(无论是审美欣赏、审美创造还是审美评判)的生理基础已经不再抱一丝怀疑。身体并不是受制于灵魂的一个被动的笨拙之物,身体的知觉本身同样是富于灵性和创造性的,那灵性并非来自外在于身体或飘浮于身体之上的灵魂或精神,它是身体自具的本性,正如身体的节奏和韵律从来就不是某种超出身体的神灵所赋予的一样。审美感觉与身体知觉具有如此紧密的相关性,以至于心理学家马斯洛认为"从最严格的生物学意义上,人类对于美的需要正像人类需要钙一样,美使得人类更为健康",甚至"对美的剥夺也能引起疾病"[1]。而审美的这种特性也不再被简单地归结为是一种"心理现象",因为在以现象学视角研究身体知觉的梅洛·庞蒂看来,"心理现象"与"生理现象"、"自为"与"自在"在

---

[1] 马斯洛:《人性能达到的境界》,云南人民出版社 1987 年版,第 194 页。

同一个身体上是混合在一块儿的，身体并非只有物理和生理事实，"灵魂在身体的各个部分表现出来"①，他借用现代生理学的观点表示："心理事件不能用笛卡尔主义的生理学来解释，并被设想为一种自在过程和一种我思活动的接近。灵魂和身体的结合不是由两种外在的东西——一个是客体，另一个是主体——之间的一种随意决定来保证的。灵魂和身体的结合每时每刻在存在的运动中实现。我们通过第一入口即生理学入口，进入身体时在身体中发现的就是存在。"② 看来，审美重心下移不仅意味着美的存在方式从缥缈的天国"下凡"到人间的个体身上，美感或审美判断的所谓"最终依据"从不可把握的本体世界"迁移"入知觉的现象领地，而且，人类群体中审美意识的体现者、创造者、判断者，其身份也从本身就是自然的最高存在"神"、替自然立法的"天才"跌落到任何一位"拥有身体的人"或"拥有人的身体"。同时，似乎在身体内部也发生了一场"自上而下"的运动：审美的发生地有一大部分从心理场域转移到了生理机体；美的裁断权也在一定程度上由"思之官"让渡给了所谓"下半身"的性欲冲动和情欲偏好；审美中更多依赖于视觉、听觉的审美认知方式，也或多或少让位于原本被视为更低级的嗅觉、味觉、触觉等感官。对很多人来说，身体意义上的"爽"就像是灵魂找到终极家园的狂喜；"跟着感觉走"就如同羔羊紧紧地跟着那位"曾经永恒"的上帝。

第二节　身体的欣赏与人类的自恋

尽管"身体美学"的提出是晚近的事，但身体作为审美对象却是自古有之。毕竟身体不是一种杂乱的堆积，而是一个获得高度发展的有机的生命体。竭力要把人的感性欲求引向神性境地的柏拉图并没有对身体之美置之不理，他曾说过"最美的境界在于心灵的优美与身体的优美谐和一致，融成

---

① 梅洛－庞蒂：《知觉现象学》，商务印书馆 2003 年版，第 109 页。
② 梅洛－庞蒂：《知觉现象学》，商务印书馆 2003 年版，第 124—125 页。

一个整体"①。而且他也如此描述过审美体验的一个身体特性："当他凝视的
时候，寒颤就经过自然的转变，变成一种从未经验过的高热，浑身流汗。因
为他的眼睛接受到美的放射体，因它而发热，他的羽翼也因它而受滋润。"②
只不过，所谓"身体的优美"如果不能见出神性也就无法获得那种协调而整
一的形式感，因此那种"优美"是不能独立存在的；而且所"凝视"的对象虽
然是"美形"，但人们是犹如"敬神"一般地面对那形体的，"寒颤"也好，"高
热"也罢，并非实在身体的生命体征，"遍体沸腾跳动""沸腾发烧，又痒又
疼"的不是身体，而是个体的"灵魂"在面对更高存在时的反应。普罗丁说
得更明确，肉体是美的敌人，"耽于肉体美而不肯抛弃它的人"就像那个希
腊神话中著名的美少年 Narcissus 一样，因为看见水中自己的影子就爱上了
他自己，结果纵身入水而淹死，死后化为妩媚动人的水仙花。在西方的文
化象征系统里，Narcissus 被用来表示"身体观窥欲""自恋"的意思。在普
罗丁眼里，那沉入水底的与其说是身体，还不如说是因为执着于身体而沉
沦的灵魂。身体仿佛生来就带着罪恶，它需要做的就是自我否定。由基督
教神学和美学所奠定的身体观绵延千年，其一个基本内核就是关于身体的
"耻感"。一个人应该为自己竟然有身体而羞愧，这具带着欲望的身体先天
就是不干净的，欲望无法根除，羞耻感也就相伴终生，人只有在一种极度的
谦卑、惶恐、自责、努力掩藏身体的举动中来补赎此身的原罪。爱身体，窥
视并且喜欢身体尤其是自己的身体，临水照花，揽镜自窥，顾影自怜者，得
到的是"自恋者"的恶谥和 Narcissus 般沉沦的下场。

　　随着人的主体性的上扬，审美重心开始下移，身体之美自然也受到了
相应的尊重。到文艺复兴时期，已经有人（如达·芬奇）认为人体是世界上
最美的形体。德国古典主义美学时期，康德、歌德、黑格尔、席勒都曾称颂
过身体之美。而身体之美的实现来自理性（精神）与感性（形式）的和谐。
康德在肯定合乎规则的形体之美时，充分肯定独具性格的天才之美——这

① 《西方美学家论美和美感》，商务印书馆 1982 年版，第 23 页。
② 《西方美学家论美和美感》，商务印书馆 1982 年版，第 35 页。

在表明精神价值仍然隐约主导着形体价值同时，也意味着那种精神已经不是抽象普遍的神性或理念，而更多地呈现为一种逸出普遍理性化规约的个性力量。黑格尔也明确提出，自然美的顶峰是动物的生命美，而最高级的动物美则是人体美。人体之美之所以优越于动物，就因为心灵在特有的人体结构里完全实现了自然生命的完整概念，因为人体中所见出的那种无限和自由的"理念"比动物要充分，所以更完满地体现了生命的观念，更有生气的扩张。① 黑格尔的"生命""生气"当然是精神性的，统辖于他的"理念"，但它们在具体化的过程中，已不复停留于那种绝对化、抽象化的人类性甚至超人类性，而是内在于个体的，与身体处在一种亲昵和无间的状态。

叔本华关于"人体美"的论述广为人知。他认为，"人体美是一种客观的表现，它标志着意志在其可以认识的最高阶段上最充分的客观化，亦即充分地表现在可感形式上的一般人类的理式。"② 这番话很容易让人误把叔本华当成一位新柏拉图主义者。其实，叔本华眼里的身体就是意志的客观化，它让意志本身变得可见可感。"牙齿、食道、肠的输送就是客观化了的饥饿；生殖器是客观化了的性欲。"作为存在本质的"意志"与柏拉图的"理式"相去甚远，意志是一种与身体关系密切的生命冲力，很多时候这个概念可以与"欲望"并置或交换。如果说"理式"是个远离个人意欲甚至摆脱了人类性的"冷光源"的话，"意志"就是个爱滋生事端的、内在于生命体的"热光源"。只有意志的寂灭才能换来心的和平，而对美的人体的观照就有此效："任何对象都不能像最美的人面和体态这样迅速地把我们带入纯粹的审美观照，一见就使我们立刻充满了一种不可言诠的快感，使我们超脱了自己的一切烦恼的事情。"③ 意志达到充分的客观化以后，人的个性消失了，翻腾的欲望止息了，由欲望而生的痛苦也烟消云散了，"纯粹的审美快感经久不息"。也就是说，对于人体美的观照有助于欲望的缓解和生命冲力的自我取消，使人能够往"虚无"的道路上迈进。叔本华还提出了"优美

① 参见黑格尔：《美学》第一卷，商务印书馆 1979 年版，第 193 页。
② 《西方美学家论美和美感》，商务印书馆 1982 年版，第 227 页。
③ 《西方美学家论美和美感》，商务印书馆 1982 年版，第 227 页。

不能不具有某种程度的肉体之美"这种论点，但他的走向虚无"解脱"的消极身体美学观颇让人讨厌。所幸的是它的真正价值在于催生出了尼采的强力意志，尼采完全从相反的方向，即从生命强力的激荡和创造力意志的奔涌这个角度，高度肯定了身体的价值和身体美学的正当性。热爱身体尤其是自己身体的举动被讥为"自恋"，尼采则坚决地为这种"自恋"恢复名誉。自恋是出自一种对于身体的强烈的爱，是明显的自爱，是对于身体耻感的摆脱。尼采说过，如果一个人不爱自己，甚至厌恶自己的身体，带着对肉身的罪恶感生活，那么生活如同地狱。尼采说："我们应当自由，无畏，在无罪的自私中自我生长和茂盛！"自由的表现就是"不再羞于自己"。他借醒悟者的口说："我整个地是肉体，而不是其他什么；灵魂是肉体某一部分的名称。"①肉体就是一个"大理智"，肉体里的理智多于所谓最高智慧中的理智，肉体就是肉体自己的主人。他极度轻蔑"肉体的轻蔑者"，大声呼吁人必须学会以一种卫生而健康的爱来爱自己，人只有爱自己的身体才是对自己最大的尊重，自恋无罪。

对身体美的禁忌背后不乏潜意识里的道德罪感动机，在西方是基督教带来人心中的道德罪感，"疯狂的基督教概念深深地遗传给了现代性血肉"②，在中国是儒教尤其是理学加于人身的道德罪感。所以，在一定程度上，尼采式的"自恋"是具有人性解放意义的。走出上帝的恩光，人类必然变得自恋，人类也应该自恋。因为此时人成为自己的上帝。如果没有这样的自恋，那么真正的"自我"将会消失。人们关于生命连续性的感觉全部来自自恋，关于身体真实性的感觉同样来自自恋。没有自恋的顾盼和回忆，人生将处在不可持续的断裂和遗弃中，没有自恋的凝视和抚摸，人的身体也只是异己而虚幻的冷漠存在。值得一提的是，除了女性历史上地位的低下之外，女性更强的自恋性也使得女性身体更容易成为被注视（包括男人和女人自己）的审美客体。波伏瓦认为女性由于缺少向外展

---

① 尼采：《查拉斯图特拉如是说》，文化艺术出版社 1987 年版，第 31 页。

② 尼采：《权力意志》，商务印书馆 1991 年版，第 765 页。

开的欲望，很少通过面对世界的外部活动来表现自己，确立自己的"现实性"，于是只能"向内"即从人的身体的内在性去寻找她的现实性，于是女人产生了"把她自己奉献给她的欲望"。波伏瓦曾描述过女人把自己当成客体的状态：她（主体）开始欣赏她（客体）如绸缎和天鹅绒、可以触摸的身体，她自己以情人的目光注视那个身体，于是她用嘴唇贴着镜子，好像在吻她的映像，她还微笑着嘟囔："真可爱，我简直太可爱了！"在这样的时候，她宣称："我爱我自己，我就是我的上帝！"此时是女人感到最快活、得意和充实的，她从镜子所映出的五官和身段中看到了美、欲望、爱情和幸福，并且会在她的一生中都追求那令人炫目的启示所带来的希望。这样的感觉与尼采式自恋如出一辙，尼采在《权力意志》（807 节）中说，自恋者甚至不会感冒，因为她陶醉于自己的美，她在自我欣赏，真正令她陶醉的其实就是她的身体。也因此，正如有的女性主义者指出的那样，"女人"与"美人"几近同义，作为"美人"的女人在形而上的以及经验的美学讨论中，其审美主体的身份往往被模糊或抹去，突出的是女性身体的"可看性"。女性也因此置身于"审美主体"与"被观照的客体"之间的两难情境中。① 但是如果我们撇开关于两性身体的社会学考量，而是从更普遍的意义上来看，则可以发现人类的"自恋"以及对于身体的审美欣赏，其实是人类在挣脱比肉身更高的存在之"眷顾"以后，在消除了关于身体的精神暴力和道德罪感之后，独立于荒原、裸露于地表，对自我身份进行的一种确认。在这种自我欣赏的不可剥夺的时刻，人类的身体并非因为"神性"而是因为人的"身体性"或身体的"人性"才独具魅力，也就是说，所谓神性、灵性恰恰是因为服从于身体性、人性才能获得意义，"她是维纳斯，把美貌作为财富赋予了世界"。

　　在中国传统文化视域里，身体常常被当成祸患之始，它就像是拖在灵性之后的一个阴影，是那种纯粹透明的精神的负累。老子说："人大之患，在吾有身。"庄子甚至反对人的身体从与自然的同一性中独立出来："今一

---

① 　参见叶舒宪：《性别诗学》，社会科学文献出版社 1999 年版，第 43—52 页。

犯人形，而曰'人耳！人耳！'，夫造化者必以为不祥之人。"① 一个人只有
"形如槁木，心如死灰"才能接近审美状态，只有"吾丧我"才能"闻天籁"。
而到魏晋时期，包括身体、人格等在内的人的美得到了发现。宗白华先生
认为中国美学可以称作是"出发于'人物品藻'之美学"。可以说魏晋时期
人是最"自恋"的。卫玠过江"见此茫茫"而喟叹，阮籍独驾"车迹所穷"辄
痛哭而返，桓温见当年所植树木而"泫然流泪"……无不是自恋的表现。
自恋者必懂得人的欣赏。如嵇康长得"风姿特秀"，时人评价多是"萧萧如
松下风""岩岩如孤松之独立"等，都是拿自然界的美来形容人物之美。而
这人物之美中，除了人格之美外，也还有身体的美。"人格美的推重已滥觞
于汉末，上溯至孔子及儒家的重视人格及其气象。'世说新语时代'尤沉醉
于人物的容貌、器识、肉体与精神的美。"② 虽然魏晋人物品藻的重心仍然
是在人物的"神"，但此时的"神"已不复是外在于个体生命的普遍性，而是
直接与生命的感性表现相关，"神"见于身体，常常成为生动之"韵"，如"体
韵""神韵""风韵""情韵"等。看重从一个人的形相把握到"神""韵"，
并不是要把身体工具化，成为向至高的"道"飞升的中介，而是如徐复观先
生所说，"要由人的第一自然的形相，以发现出人的第二自然的形相，因而
成就人的艺术形相之美。……人伦鉴识，至此已经完全摆脱了道德的实践
性，及政治的实用性，而成为当时的门第贵族对人自身的形相之美的趣味
欣赏。"③

　　应该说，魏晋时期生命感性的灿烂绽放，其对身体意识的高度自觉，也
直接参与塑造了中国美学的"体验性"品格。钱钟书先生称之为"统盘的
人化或生命化"。他在著名论文《中国固有的文学批评的一个特点》中援引
大量例证来说明"身体"是如何化为审美品评的"生命化名词"的。《文心
雕龙·风骨篇》云："词之待骨，如体之树骸；情之含风，犹形之包气……瘠
义肥词"；又《附会篇》云："以情志为神明，事义为骨髓，词采为肌肤，宫商

---

① 《庄子·大宗师》。
② 《宗白华全集》，安徽教育出版社1994年版，第280页。
③ 《徐复观文集》，湖北人民出版社2002年版，第131页。

为声气……义脉不流，偏枯文体"；《颜氏家训·文章篇》云："文章当以理致为心肾，气调为筋骨，事义为皮肤"；魏文帝《典论》云："孔融体气高妙"；钟嵘《诗品》云："陈思骨气奇高，体被文质"；钱钟书写道："这种例子哪里举得尽呢？我们自己喜欢乱谈诗文的人，谈到文学批评，也会用什么'气'、'骨'、'力'、'魄'、'神'、'脉'、'髓'、'文心'、'句眼'等名词。"他认为，要理解这种"人化文评"的好处，"我们先得知道人体在美学上有何地位"，只有达到了那种"表里心物最凑泊的和谐""表里神体的调融"，才会有"人体化文评的一元性"[①]。对身体的欣赏和带着人类骄傲感的自恋，由"近取诸身"的隐喻式思维把身体推向美学评品话语系统并使之成为一个无所不在的评价尺度，这些都应该是身体美学得以成立的前提或要素。但身体美学作为一种极具当下性甚至颠覆性的价值思考，得以自我验证的基础是，不但要把身体从理性的规训、社会的拘缚中解脱出来，而且要改变身体和知觉仅仅作为客体的被动性，将身体视为审美体验和创造的真正主体。

第三节　审美体验者与审美创造者的身体

在审美体验活动中，身体不但是始终在场的，而且还是美感的主体，并非只是一个被身体之外普遍性、理性化的精神所"借用"的躯壳。但在传统的美学分析中，身体是被虚化了的，是一个精神性而非肉身的主体。当然"沉重的肉身"无法把自己变成透明的、无重量的轻逸灵性，于是传统美学家就强调审美活动中要发挥"更具精神性的感官"的功能，比如柏拉图就认为美的对象需要"用最明朗的感官来看她"，这"最明朗的感官"就是视觉，"视官在肉体感官之中是最尖锐的。"[②] 普罗丁也认为"美主要是通过视觉来接受的，就文词和各种音乐来说，美也可以通过听觉来接受"；物体美也要心灵凭理性来判断。理性就是"一种为审美而特设的功能"。[③] 托马斯·阿

---

① 《钱钟书散文》，浙江文艺出版社1997年版，第300—314页。
② 《西方美学家论美和美感》，商务印书馆1982年版，第34页。
③ 《朱光潜全集》，安徽教育出版社1990年版，第138页。

奎那在身体的各种感官之中只承认视觉和听觉是审美的感官，因为视觉与听觉"与认识关系最密切"，是"为理智服务的"，而美是属于形式因范畴的，只能通过视听去察觉。① 黑格尔也说："艺术的感性事物只涉及视听两个认识性的感觉，至于嗅觉，味觉和触觉则完全与艺术欣赏无关。"② 这种给身体不同感官、不同部位划分价值等级的思维惯性极其强大，似乎身体的别的感官主要是为了满足快感的，是生理性的，因此是美感经验的"拖累"。英国经验主义美学家夏夫兹伯里等人那么强调从感觉出发理解美，也仍然要把身体分为"动物性的部分和理性的部分"，一般的感官是属于动物性的部分，只有"内在的感官"才是与理性紧密结合的，是具有审美能力的。

　　"移情派"的美学家开始注重审美体验中整个身体的"卷入"或"没入"。立普斯那个著名的例子讲到，当我们作为欣赏者面对大教堂里的圆柱时，"我们感到身体明显地向上奋张，或者稳定地向下低沉；我们感到膨胀和扩大，或者限制和紧紧地压缩自己。"③ 在审美鉴赏时会发生移情作用，感情是通过身体和知觉的变化显示出来的，而且知觉与感情浑然一体。"内模仿说"同样突出身体在审美活动中的积极投入。自然主义美学家桑塔耶那也毫不犹豫地宣称："人体一切机能都对美感有贡献"④。在这些美学家眼里，身体不再被缩小、纯化为几个具有认识功能因此带有理性价值的视听感官，而是融合一切感官和器官在内的肉身，这个肉身也不是被动地接受形象和声音，而是富于创造性地直接参与到把对象人化、生命化的过程之中，使审美主体与客体、知觉与感情自发地浑然化为一体。

　　现象学美学家杜夫海纳关于"肉体感受"的阐述，更提升了身体在审美体验中不可取代的主导地位，它比思维要优先，因为肉体与世界之间的沟通，是比理性化的思维更古老的。他认为，一切感知的对象都是向人的肉身显示的，这个肉身就是"我自己，是充满着能感受世界的心灵的肉身"，

① 《朱光潜全集》，安徽教育出版社 1990 年版，第 153 页。
② 黑格尔：《美学》第一卷，商务印书馆 1979 年版，第 48 页。
③ 李斯托威尔：《近代美学史评述》，上海译文出版社 1980 年版，第 58 页。
④ 桑塔耶那：《美感》，中国社会科学出版社 1982 年版，第 26 页。

所谓的"意义"之类原本由更高存在赋予的东西，就是在肉体与世界的交流中产生，并且由肉体感受，"向我的肉体陈述的"，"意义本身因内在于感性必须通过肉体"。他反复强调，"审美对象首先呈现于肉体，非常迫切要求肉体立刻同它结合在一起"，而"审美对象的价值在很大程度上是以它吸引肉体的这种能力来衡量的"，"审美对象仿佛在迎合肉体的欲望，或者在唤起一个欲望，满足一个欲望"①。在知觉现象学看来，身体并非笨拙之物，而是能够让审美对象在自己身上得到重构的灵动之躯，在审美状态中身体与世界有着最深度的亲昵，而且"灵感就来自肉体"。即以音乐欣赏为例，比如，音乐的旋律和节奏与身体之间有着接近于"神秘"的应和关系，就像赫尔曼·罗兹所描述过的音乐与生命的同构性："音乐声调上可能具有无数个强度层次都复写了我们身体器官的成长与衰亡。"②迈耶尔论及音乐与感官之间关系时说，乐音让人们产生反应，这种反应不但导致强烈的情感和或心境，"在某种条件下可以强烈到那样的程度，以至可以突变为纯粹生理的作用，例如被音乐情感的激情所震撼，或者至于眩晕"③。而有位乐评家更是评价道，他在贝多芬的音乐中听到的不是一个交响曲，"它是贝多芬的精神，也是他的精神和体液"④。这些关于审美体验的描述中，身体的作用没有被低估，不再是要让理性超越身体达到另一境界，而是身体超越了理性、超越了语言、超越了逻辑，逗留于"只可意会难以言传"的状态，如果说要有意义，那意义也绽放于身体的每一个感官，弥漫于身体的每一个细胞。

同样已经有无数的证据表明，身体性的记忆也比所谓纯粹观念性、精神性的记忆要深刻、持久、丰盈，比如嗅觉对于气味的敏感能够轻易把一个人带回到遥远的场景之中，把本来消遁于幽缈之中的既往信息鲜活地召唤回来。再比如爱人之间关于性爱的肉体感觉和身体记忆，虽然无法付诸理性化的语言，但身体却凭借自身那种不言而喻、不可理喻的感觉在言说，大

---

① 　米·杜夫海纳：《审美经验现象学》，文化艺术出版社 1992 年版，第 374—378 页。

② 　《美学新潮》，四川科学出版社 1986 年版。

③ 　恩·迈耶：《音乐美学若干问题》，人民音乐出版社 1984 年版，第 33 页。

④ 　柯克：《音乐语言》，人民音乐出版社 1981 年版，第 255 页。

有"金风玉露一相逢,便胜却人间无数""不著一字,尽得风流"的况味。

前文提到过,中国美学具有"体验性"品格。体贴、体会、体悟、体味、体察、体现……无不是从身体出发的。比如,"味觉"在西方美感论中是没有地位的,而在中国美学中,"味"则是审美体验论的中心范畴。"'味'一头连着审美深入,含有审美探寻、咀嚼、品研的意思,它或可作为'悟'的前导,又是'悟'后审美心理活动的自由延伸。'味'的另一头连着审美享受,它具有品味的意思。'味'表示此种审美享受无比的美妙、神奇、绵绵不绝。"① 美学的品评系统中,有各种各样的"味":"正味""奇味""兴味""神味""真味""鲜味""至味""厚味""醇味""淡味""怡味""甘味""清味""德味""情味"等。与视听感官相比,味觉无疑更具身体性,当一个人在品味对象时,他与对象之间并无间隔疏离,而是互渗、融合的。刘勰讲"滋味""气力"(《文心雕龙》);钟嵘也推崇"众作之有滋味者也"(《诗品序》);司空图说"辩于味,而后可以言诗",而且还用"酸""咸"等来表达诗味(《与李生论诗书》);苏轼也说要"寄至味于澹泊",好诗之美"常在咸酸之外";贺贻孙称诵读好诗"口颔涎流,滋味无穷,咀嚼不尽"(《诗筏》)。此类论述,不胜枚举。同样,中国美学中比较看重的审美姿态"游"也是身体性的,身体直接置身于现场,感官得到了全面解放,美的境界也因此作用于整个身体,令四肢百骸无不畅快。

美学得以成立的基础不仅仅是把身体看成审美客体,也不仅仅视身体(肉体)为审美感受或审美体验的"第一入口",而且更是充分重视身体作为审美创造主体的意义。尼采毫无疑问是率先旗帜鲜明地尊重审美创造的肉体属性的思想家,而这种"身体美学观"的基础在于他对生命力的推崇,对强力意志的膜拜。他认为生命是我们最熟悉的存在形式,这种存在必然是生机勃勃的,它就是强力意志,或曰创造力意志,而"艺术是生命的真正使命,艺术是生命的形而上学活动"②,"艺术是生命最大的兴奋剂"③。海德格

---

① 陈望衡:《中国古典美学史》,湖南教育出版社 1998 年版,第 10—11 页。

② 尼采:《权力意志》,商务印书馆 1991 年版,第 853 页。

③ 尼采:《权力意志》,商务印书馆 1991 年版,第 808 页。

尔非常准确地把握住了尼采艺术观的内核："他要从艺术家角度来认识艺术及其全部本质，而且是有意识地、明确地反对那种从'欣赏者'和'体验者'角度来表象艺术的艺术观。"① 如果只是从接受者的角度来看待美的经验，那只能算是"女性美学"，他所看重的则是关于艺术家的"男性美学"。尼采最具颠覆性的，同时也是最大程度地为身体美学开拓了道路的是他关于"艺术生理学"的论述。海德格尔认为，如果说黑格尔把美学提高为一种"精神形而上学"，那么尼采则把艺术哲学的美学变成"艺术生理学"。尼采自己也明确提出："确实，美学无非是一门应用生理学。"② 这种艺术生理学已经完全超出了经验主义的心理美学范畴。关于这个问题，大概没有人比海德格尔阐说得更清晰更精当的了。他认为，在尼采这里，"感情状态"被归结为神经系统的激动，被归结为"身体状态"，而千古以来，所谓"感情状态"都是被看作是属于"纯粹心灵"的，可是尼采却说它应该被归结为身体状态。这样的理解路径是否贬低了艺术创造呢？把艺术移交给生理学，会不会把艺术贬低到"胃液作用"的水平上了？其实不然，如果这么想，那么就仍然是把身体看成了一团粗鄙血肉，仍然认为在"生理学根本不知道的一个领域"即身体之上的形而上学领域预先存在着某种价值设定的终极依据和判断尺度。事实上，"身体"或"生理学"并非与我们一般概念中的所谓"心"相分离，"从整体上看，这恰恰就是那个未被撕碎的、也撕不碎的身——心统一体，就是被设定为审美状态之领域的生命体，即：人类活生生的'自然'。"③ 也就是说，所谓"身体状态本身已始终是某种心灵之物"，就审美创造而言，生理状态本身是内涵了心理状态的；反之，当尼采说心理学的时候，也总是同时意指身体状态、生理学上的东西。"说到底，我们不可这样来划分，仿佛楼下居住着身体状况，而楼上居住着感情。作为自我感受的感情恰恰就是我们身体性存在的方式。……在自我感受中，身体自始就已经被扣留在我们自身之中了，而且，身体在其身体状态中充溢着我们

---

① 马丁·海德格尔：《尼采》，商务印书馆 2003 年版，第 75 页。

② 马丁·海德格尔：《尼采》，商务印书馆 2003 年版，第 99 页。

③ 马丁·海德格尔：《尼采》，商务印书馆 2003 年版，第 104 页。

自身。我们并不像我们在口袋里带着一把小刀那样'拥有'一个身体。……我们并非'拥有'（haben）一个身体，而毋宁说，我们身体性地'存在'（sind）。"①我们并非首先是生活着，然后还具有一个装备即身体，而不如说，我们通过我们的肉身存在而生活着。既然艺术即意味着创造力意志，那么当然，"作为艺术生理学的美学"也就是"作为艺术家生理学的美学"。尼采把艺术家创造力奔涌的身体状态称为"陶醉"。这种"陶醉"乃是一个"生理学的先决条件"，只有"陶醉"时身体达到相当的"兴奋性"，艺术才有可能。不仅仅酒神精神即狄奥尼索斯精神是陶醉，梦幻的阿波罗精神也是陶醉的一种方式。每一种感情都是"肉身存在"，"陶醉"也是肉身地存在着的情调，是"肉身性的心情"，是一种"被扣留在心情中的肉身存在"，一种被交织于肉身存在中的心情。它能带来力的提高感和丰富感。艺术家的身体在"陶醉"中，比所有那些被弱者道德束缚、缺乏强力意志（即创造力意志）者的身体更不易体会到羞耻感。"正因为艺术家是艺术家，是创造者，所以他们必须审视自己：他们缺乏对自己的羞耻感，尤其缺乏对伟大激情的羞耻感。"②艺术家往往自恋，那是出于对健全肉体和健康本能的毫无羞耻的正当之爱，"创造性的肉体为自己创造了精神，作为它的意志之手"③。

不是从生命意志哲学而是从现象学视角出发，梅洛－庞蒂和杜夫海纳等人也高度肯定创造者身体的意义。在《眼与心》一书中，梅洛－庞蒂说，我们看不出心灵怎样绘画，画家是向世界"贡献出自己的身体"才把世界变成图画的。就像尼采认为肉体有"大理智"，杜夫海纳认为肉体首先是有"智力"的那样，他也相信肉体有着自己的"天赋"，就像通神的人有着不可理喻的语言天才一般。必须要认真对待艺术家那"正在工作着的和现实的身体"，它不仅仅是一块占据了空间的实体，它是"看与动的交织物"。"画家的世界是一个肉体可见的、仅仅是肉眼可见的世界，而且几乎是一个疯狂

---

① 马丁·海德格尔：《尼采》，商务印书馆2003年版，第108页。
② 马丁·海德格尔：《尼采》，商务印书馆2003年版，第112页。
③ 尼采：《查拉斯图特拉如是说》，文化艺术出版社1987年版，第32页。

的世界。"① 而突出这种肉身之眼的目的，就是为了澄清普罗丁式、笛卡尔式的所谓"肉眼看不见什么，心灵是唯一的一盏明灯，一切幻想都是在想上帝时产生的"这种形而上学构造。

20 世纪以来，越来越多的美学家尤其是艺术批评家、艺术史学者，开始切实地关注起艺术家的身体问题。其中一大关切点就是证明艺术家往往拥有超乎常人的"旺盛的肉体活力"和"生命感的高涨"，艺术家的身体状态更少理性的规训、道德的教化、世俗的规范，就像尼采说的，"审美状态仅仅出现在那些能使肉体的活力横溢的天性之中，第一推动力永远是在肉体的活力里面。"② 清醒的人、疲倦的人、干巴巴的人不具有艺术原创的动力，由于身体的缘故他们没有"内在丰富的迫力"，没有"本能的强力感的异常扩展"，没有"冲决一切堤防的必然泛滥"。但是，艺术家的身体在冲决堤防获得涌流喷射的自由表现的同时，其实也往往是突破了保全自身的安全底线。理性和世俗的大堤既是创造的障碍，也是自我保护的屏障；身体与世界之间的绝缘层既限制了本能的扩张，降低了存在的敏感性，也在呵护脆弱个体的内在平衡。所以，当这样的堤防和绝缘层消除以后，艺术家其实也屡屡置自己于危险的境地。他们敏感而脆弱，他们体验到的快乐与痛苦都极度尖锐，他们的身体也在灼热与酷寒之间摇摆，往往支离而且分裂，就像海涅诗里写的那样："世界裂成两半，裂缝正好穿过我的心"。也许休谟当年评价卢梭的一番话特别适合形容创造型艺术家的状态，休谟认为卢梭的身心敏感性达到从未见到任何先例的高度，"然而这种敏感性给予他的还是一种痛苦甚于快乐的尖锐的感觉，他好像这样一个人，这个人不仅被剥掉了衣服，而且被剥掉了皮肤，在这种情况下被赶出去和猛烈的狂风暴雨进行搏斗"③。因此，从生物学、病理学的角度看，艺术家的身体恰恰是不健康的。艾德蒙德·威尔逊在《伤痛与弓》中试图证明，艺术家们由于伤痛、疾患所致的身心痛苦与艺术创造之间存在某种隐秘的联系。比如，

---

① 《二十世纪西方美学名著选》下卷，复旦大学出版社 1988 年版，第 236 页。
② 尼采：《悲剧的诞生》，三联书店 1986 年版，第 351 页。
③ 罗素：《西方哲学史》下卷，商务印书馆 1991 年版，第 232 页。

丢勒有忧郁症，蒙克、库宾、凡·高等患有精神分裂症，亨利·卢梭有智能低下症，劳维斯·柯林斯有右半脑疾病……"美术家的反应水平比一般人更趋于感官化、本能化和生命化。这并非贬低他们的艺术感受，因为在我们看来，那种从心灵直至肉体的痛苦反应常常会比未经身心战栗的所谓痛苦深刻、感人得多。"譬如在凡·高的画里，人们很难找到安宁平和的东西，"一切知觉物似乎都不驯顺，在扭动，在挣扎，在痉挛，这些都来自画家的特殊的身体状态和极度不安的灵魂的深处。"① 我们还可以发现，探讨身体的痛感（无论是创造者还是体验者）几乎是美学研究不可回避的一个主题，因为是肉体感受而非飘浮身体之上的思想，是痛感而非快感，确证并强化了个体存在的真切感。已经有不止一位思想家喊出了"我痛故我在"的口号。

　　经过这么一番对审美历史框架下身体境遇的冗长考察，我们应该承认，从身体出发来研究艺术和美学，追索审美欣赏、审美体验、审美创造与身体之间的内在线索，未见得是一条多么荒谬的美学研究之途。身体美学的意义不仅仅在于它补偿了美学以往只研究"没有身体的人"之缺失，更重要的是，它恢复了身体本应享有的尊严，肯定了身体内在的"智力""理智"和"灵性"，而它们原本只能是隶属于一颗非肉身性的形而上学之"心"即"精神"的，可以这么说，在身体美学的视域里，身心完全交融合一的整体性才得以真正建立并呈现出来。就像海德格尔说的那样，我们并非是"拥有"身体，只要承认"人"并非一个空洞的概念，那么正是借助于身体"我"才得到聚集，得到守护，我们就是"身体性的存在"，忽视了身体其实就是遗忘了存在。

　　中国的身体美学其实一直存在着，它发生于先秦，但没有得到彰显。汉代比较突出了，多年的战乱，让人们倍加珍惜肉体生命。黄老哲学的兴起让身体美学闪亮登场。养生学、医学、房中术、美学杂糅在一起，让人眼花缭乱。魏晋南北朝，玄学参与进来，服药不仅成为养生治病的方法之一，而且成为精神修养的一道法门。其中的快乐当然只有玄学家们自己可以体

---

① 　丁宁：《艺术的深度》，浙江大学出版社 1999 年版，第 106 页。

会。唐朝，身体美学在皇家得到空前重视。贵妃入浴成为亮丽的风景线，堂而皇之出现在白居易的诗作中，一点也没有得到社会批评。宋朝，理学势力空前强大，几乎控制整个社会，公开地宣扬身体美学，是会遭到迫害的。这个时候，就是皇家也只能偷偷地弄自己的身体美学，也绝不会向外面透露，并炫耀着。明朝，身体美学遇到最好的机会，资本主义经济在中国东南沿海城市快速发展，让部分商人成为社会的娇宠，他们在赚了大把的钱后，岂肯只是藏在地窖里，必然大肆挥霍，寻求感官刺激与身体快适，于是，催生了色情生活的繁荣，身体的美，在色情小说《金瓶梅》中得到露骨的描绘，因为描绘得惟妙惟肖，具有很高的艺术技巧，且道德取向也具有一定的正面性，因此，此作品一直得到很高的评价，尽管由于理学家们的不喜欢，市面上的流行遇到一定的障碍，但此书没有被禁绝过。明朝的这种开放的情况，在清朝有所收敛，原因一是清统治者对于宋明理学高度重视，不容许伤风败俗的现象在社会泛滥，二是清朝闭关锁国，商品经济受到一定的限制，城市反倒没有明朝的繁荣。不过，情况很快就发生变化了，1840年以英国帝国主义为首的列强打进北京，迫使清朝实施开放政策。殖民主义的商品经济快速发展，上海等沿海开放城市迅速进入世界近代城市之列，身体美学在殖民文化的背景下得到了一定的发展，与性相关的美学著作粉墨登场，其中，也有比较严肃的科学性的身体美学，如张竞生的美学。

　　身体美学在中国虽然一直存在着，但是关于它的研究由于种种局限没有得到很好的开展，但有一点似乎很明显，人们没有理由否定它的存在。在今天，中国美学是不是可以考虑补上身体美学这一课？